Dirk Meier

Naturgewalten
im Weltnaturerbe Wattenmeer

Dirk Meier

NATURGEWALTEN
im Weltnaturerbe Wattenmeer

BOYENS

BOYENS
BUCHVERLAG

ISBN 978-3-8042-1355-5

© 2012 by Boyens Buchverlag GmbH & Co. KG
Alle Rechte vorbehalten
Umschlagfoto: Ingo Lau
Gestaltung: Christiane Hagge
Herstellung: Boyens Buchverlag
Druck: Boyens Offset
Printed in Germany

Inhaltsverzeichnis

Vorwort 7

Wasser und Wind als Gestalter des Naturraums 8
UNESCO Weltnaturerbe Wattenmeer 9
Nordsee und Wattenmeer 11
Entstehung von Sturmfluten 16
Vom Wind geformt: Küstendünen 17
Marschen: Land aus dem Meer 19
Sietländer und Moore 22

Küsten im Wandel:
Der nacheiszeitliche Meeresspiegelanstieg 22

Wasser und Wind formen die Küsten:
Die natürliche Landschaftsentwicklung
der Küstenregionen 29
Niederländische Nordseeküste 29
Niedersächsische Nordseeküste 34
Die Flusslandschaft der Elbe 37
Schleswig-holsteinische Nordseeküste 38
Dänische Wattenmeerküste 47

Leben mit Wasser und Wind:
Frühe Besiedlung der Nordseemarschen 49
Das Wattenmeer in der antiken Überlieferung 50
Terpen- und Wierdenlandschaften in den See-
marschen der nördlichen Niederlande 54
Frühe Marschensiedlungen zwischen Ems und Elbe 59
Frühe Marschensiedlungen in Schleswig-Holstein 70

Mensch und Naturgewalten:
Deichbau und Sturmfluten an der Nordsee 78
Klimaentwicklung und Schwankungen des Mittleren
Wasserstandes von 1000 bis 1800 80
Deichbautechnik, Deichrechte und Deichverwaltung 80
Deiche und Polder in den nördlichen Niederlanden 88
Eindeichungen und Meeresbuchten in Niedersachsen 90
Deichbau und Sturmfluten an der Nordseeküste
Schleswig-Holsteins 97
Dithmarschen 98

Eiderstedt 103
Die Lundenbergharde –
Versunkene Kulturlandschaft im Wattenmeer 109
Nordfriesische Festlandsmarschen 112

Zwischen Land und Meer: Die nordfriesischen Uthlande 119
Der Strand bis 1362 120
Rungholt 128
Die Marcellusflut von 1362 134
Alt-Nordstrand zwischen 1362 und 1634 141
Die Burchardiflut von 1634 152
Kulturspuren im Wattenmeer 160
Pellworm und Nordstrand nach 1634 167
Die Halligen 171
Föhr 181
Amrum 183
Sylt 185

Von Strömung und Wind geformt: Dünen- und Sandinseln 193
Die westfriesischen Inseln 194
Die ostfriesischen Inseln 195
Sandplaten an der schleswig-holsteinischen
Nordseeküste 201
Die dänischen Dünen- und Sandinseln 202

**Die Gewalt des Binnenwassers: Moorkultivierung und
Flussabdämmungen** 204
Moorkultivierung und Entwässerung 205
Die Abdämmung von Treene und Eider 210

**Sturmfluten der Neuzeit, Küstenschutzmaßnahmen und
Szenarien** 214
Die Weihnachtsflut von 1717 und die Eisflut von 1718 214
Die Februarflut von 1825 218
Die Holland-Sturmflut von 1953 221
Die Hamburg-Sturmflut von 1962 222
Der Capella-Orkan von 1976 223
Szenarien des Meeresspiegelanstiegs 224

Epilog: Trutz, blanke Hans 227

Literatur in Auswahl 228

Vorwort

Ol Büsum liggt in wille Haff,
de Flot, de keem un wöhl en Graff,
de Flot, de keem un spöl un spöl,
bet se de Insel unnerwöhl.

So charakterisierte der niederdeutsche Dichter Klaus Groth die Kräfte von Wasser und Wind, welche die Insel Büsum zerstörten. Jahrtausende abhängig von den Naturgewalten und der dadurch beeinflussten Umwelt, hat der Mensch durch Deichbau und Entwässerung seit dem hohen Mittelalter eine Kulturlandschaft von europäischer Bedeutung geschaffen. Natur und Kultur begegnen sich hier immer wieder und oft auf dramatische Weise. Untergegangene, in das Wattenmeer einbezogene, von Meeresablagerungen bedeckte und wieder freigespülte Warften, Kirchen, Deiche und Fluren symbolisieren diese Geschichte als greifbare Erinnerungskultur.

Dieses Buch vermittelt, wie das Nordseeküstengebiet entstand und welche Naturgewalten die amphibische Landschaft prägten. Es spannt einen landschaftsgeschichtlichen Bogen von den Niederlanden bis nach Dänemark. Im Mittelpunkt steht das schleswig-holsteinische Watten- und Nordseeküstengebiet, wo unter meiner Leitung seit 1988 zahlreiche geoarchäologische Untersuchungen erfolgten.

Gerne denke ich an gemeinsame Wattexkursionen mit Cornelia Mertens, Robert Brauer und Hellmut Bahnsen zu Kulturspuren im nordfriesischen Wattenmeer zurück. Cornelia Mertens stellte für dieses Buch Luftbilder zur Verfügung. Dieses Buch versteht sich als Begleiter in die von den Auseinandersetzungen zwischen Mensch und Meer geprägte Umweltgeschichte des Weltnaturerbes Wattenmeer. Wer das Wattenmeer selbst erkunden möchte, sollte sich stets einer Führung anschließen, wie sie vielfach von den Nationalparkwattführern angeboten werden.

Dirk Meier

Wasser und Wind als Gestalter des Naturraums

Das etwa 9.000 km² große, sich vom holländischen Den Helder im Südwesten bis nach Blåvandshuk in Dänemark ausdehnende Wattenmeer, dessen niederländische und deutsche Gebiete zu großen Teilen seit 2009 Weltnaturerbe der UNESCO sind, gehört zu den faszinierendsten europäischen Natur- und Kulturlandschaften. Es ist die größte zusammenhängende Wattenlandschaft der Erde und dient unzähligen Vögeln und Fischen als Rastplatz ebenso wie als Nahrungsquelle. Geformt von den Kräften der Natur, von Wind, Wasser, Sand und Gezeiten, bildeten sich im Wattenmeer besondere Lebensgemeinschaften aus. Wie dieser faszinierende Landschaftsraum vom Menschen besiedelt und verändert wurde und welchen Einfluss auf diesen Prozess andererseits Umwelt und die Naturgewalten von Wind und Wasser ausübten, erläutert dieses Buch.

Weltnaturerbe Wattenmeer.
Grafik: CWSS

Das Wattenmeer ist eine der wichtigsten globalen Refugien des Vogelzugs.
Das Foto zeigt Nonnengänse im Wesselburener Koog.
Foto: Dirk Ingo Franke

UNESCO Weltnaturerbe Wattenmeer

Das UNESCO Weltnaturerbe Wattenmeer umfasst mit etwa 10.000 km² und einer Küstenlänge von rund 400 km das deutsche und niederländische Gebiet des Wattenmeeres. Dessen Nominierung erfolgte aufgrund seiner ökologischen Einmaligkeit und Vielfalt. So ist das Wattenmeer nicht nur Lebensraum zahlreicher unterschiedlicher Tierarten, sondern auch Rastgebiet von etwa 10–12 Millionen Zugvögeln auf ihrer Durchreise von Sibirien, Skandinavien oder Kanada zu ihren Überwinterungsgebieten in Westeuropa und Afrika oder zurück.

Das Weltnaturerbe Wattenmeer umfasst auch die nationalen Schutzgebiete, die sich nach dem Grad ihrer ökologischen Bedeutung und erlaubten Nutzung in verschiedene Schutzzonen gliedern. Der 4.410 km² große Nationalpark Schleswig-Holsteinisches Wattenmeer reicht von der deutsch-dänischen Seegrenze im Norden bis hin zur Elbmündung im Süden. Nördlich von Amrum verläuft die Nationalparkgrenze an der 12-Seemeilen-Linie, südlich davon auf der 3-Meilen-Linie. An der Landseite endet der Nationalpark 150 m vor dem Deich. Die Seedeiche und das unmittelbare Deichvorland sind ebenso wenig Teil des

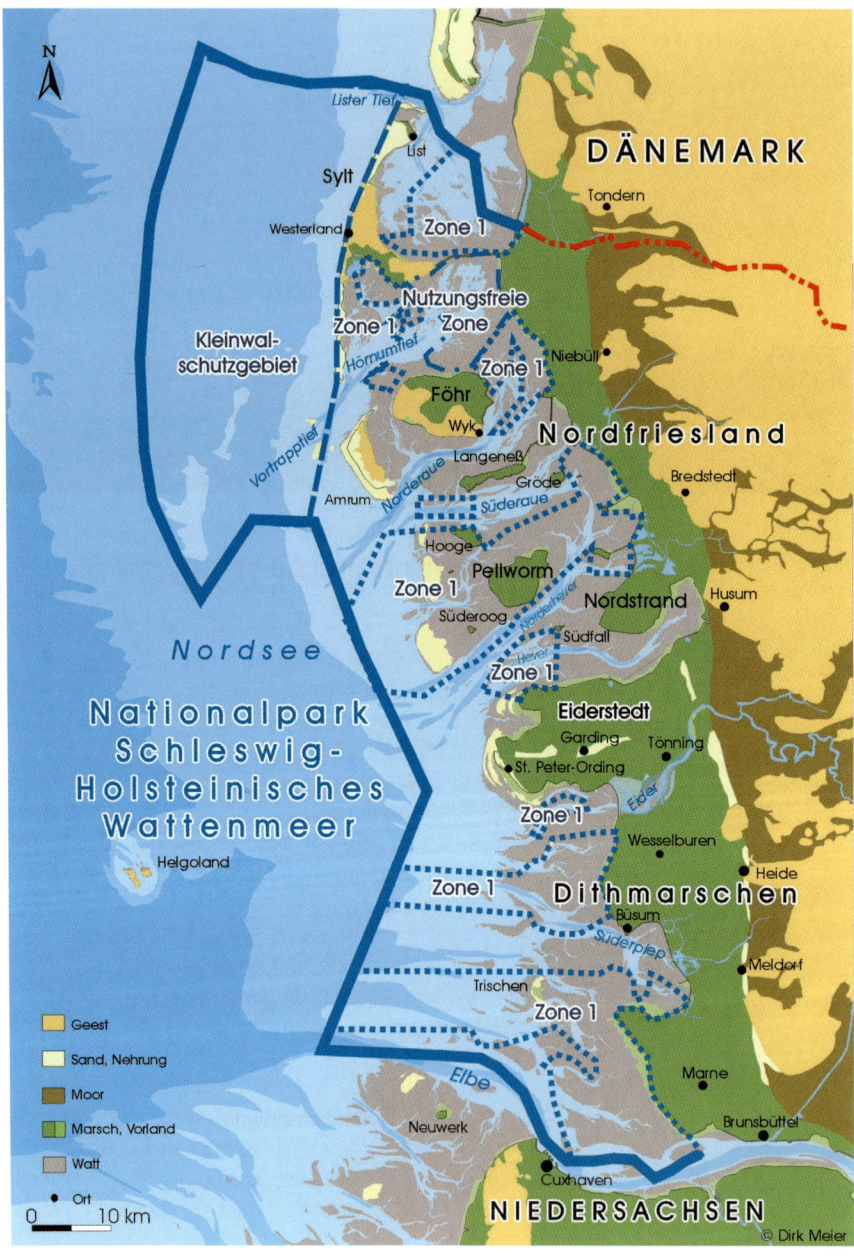

N

Lister Tief

List

Sylt

Tondern

DÄNEMARK

Westerland

Zone 1

Nutzungsfreie
Zone

Zone 1

Kleinwal-
schutzgebiet

Zone 1

Hörnumtief

Niebüll

Föhr

Wyk

Nordfriesland

Langeneß

Vortrapptief

Amrum

Norderaue

Gröde

Bredstedt

Süderaue

Hooge

Pellworm

Zone 1

Nordstrand

Husum

Süderoog

Südfall

Norderhever

Hever

Südfall

Zone 1

Nordsee

Eiderstedt

Garding

Tönning

St. Peter-Ording

Eider

Nationalpark
Schleswig-
Holsteinisches
Wattenmeer

Zone 1

Wesselburen

Helgoland

Zone 1

Dithmarschen

Heide

Büsum

Süderpiep

Meldorf

Trischen

Zone 1

Geest

Sand, Nehrung

Moor

Marne

Marsch, Vorland

Elbe

Brunsbüttel

Watt

Neuwerk

• Ort

0   10 km

Cuxhaven

NIEDERSACHSEN

© Dirk Meier

Blick auf das Wattenmeer
von Trischen und der Eidermündung über das westliche
Eiderstedt bis hin zu den nordfriesischen Inseln, Halligen und
Außensänden.
Foto: Mogens Engelund

Nationalparks wie die Inseln und Halligen. Der seit 1990 eingerichtete, 13.750 ha große Nationalpark Hamburgisches Wattenmeer liegt innerhalb des Nationalparkes Niedersächsisches Wattenmeer, der die ostfriesischen Inseln, Watten und Vorländer zwischen der Meeresbucht des Dollart an der niederländischen Grenze im Westen und Cuxhaven an der Außenelbe umschließt.

Die an das Wattenmeer angrenzenden Nordseemarschen, Inseln und Halligen bewahren dabei ein einzigartiges landschaftsgeschichtliches und kulturelles Erbe, dessen Gleichrangigkeit mit den Naturwerten die Umweltminister Deutschlands, Dänemarks und der Niederlande erstmals 1997 anerkannt haben.

Nordsee und Wattenmeer

Das sich entlang der englischen, niederländischen, deutschen und dänischen Nordseeküste erstreckende Wattenmeer bildet den südwestlichen Rand der etwa 575.000 km² großen Nordsee, einem Randmeer des Atlantischen Ozeans, das sich größtenteils auf dem europäischen Kontinentalschelf erstreckt.

Die südliche Nordsee nimmt die Deutsche Bucht ein. Ihre östliche und nördliche Begrenzung bilden die schleswig-holsteinischen Watten und nordfriesischen Inseln sowie die dänischen Wattenmeerinseln, ihre südliche die aus Sandbänken entstandenen west- und ostfriesischen Barriereinseln und Watten. Die südwestlichsten dieser Inseln, so Texel und das an Nordholland angedeichte Wieringen, bestehen ebenso wie die nordfriesischen Inseln Amrum, Föhr und Sylt aus Geestkernen der vorletzten Eiszeit (Saale-Eiszeit vor 245.000–128.000 Jahren). Die west- und ostfriesischen Sandinseln, die dänischen Düneninseln Rømø und Fanø sind hingegen junge Bildungen.

Alle Prozesse im Wattenmeer bestimmen die Gezeiten, welche eine Folge der Anziehungskräfte von Mond und Sonne sind. So erzeugt das Ozeanwasser durch die jeweilige Differenz im Abstand vom Mond- zum Erdmittelpunkt im Zenit des Mondes infolge der Gravitationskraft einen ersten Flutberg, während auf der anderen Erdhälfte die Zentrifugalkraft einen zweiten Flutberg bildet.

Nationalpark Schleswig-
Holsteinisches Wattenmeer mit
Schutzzonen.

Die Ausgleichströmung zwischen beiden Flutbergen führt zu Niedrigwasser. Eine Tide, bestehend aus Flut und Ebbe, dauert in der Nordsee im Mittel etwa einen halben mittleren Mondtag von 12 Stunden und 25 Minuten. An der Nordseeküste treten die Gezeiten in den Regionen zeitlich zwar verzögert ein, weichen aber gleichmäßig voneinander ab. Bei jeder Flut reichen dabei die Schwingungswellen des Atlantischen Ozeans bis in das Randmeer der Nordsee. Von den Shetland-Inseln verlaufen diese weiter zur Ostküste Englands und treffen im Ärmelkanal auf die südlichen Schwingungswellen, erreichen die Deutsche Bucht, die ostfriesischen Inseln und strömen dann nordwärts entlang der schleswig-holsteinischen und dänischen Nordseeküste, um dann in einer bogenförmigen Bewegung wieder den Atlantischen Ozean zu erreichen. Von der niederländischen Küste bis nach Sylt braucht die Gezeitenwelle etwa 3,5 Stunden. Neben dieser verläuft in der Nordsee eine beständige Strömung aus der Richtung des Ärmelkanals von Südwesten nach Nordosten, die sich auch innerhalb des Wattenmeers fortsetzt und Sedimente aus der Kanalmündung sowie von der holländischen Küste weiter nach Nordosten verfrachtet. So wird auch das durch den Rhein und andere Flussmündungen in die Nordsee fließende Süßwasser verteilt.

Das Wattenmeer mit seinen Inseln, Sandbänken und Halligen grenzt an die Deutsche Bucht. Satellitenaufnahme der NASA

Den Wert zwischen Tideniedrig- und Tidehochwasser bezeichnet man als Tidenhub. Der niedrigste Wert liegt im westlichen niederländischen Wattenmeer bei Den Helder bei 1,3 m, der höchste bei Cuxhaven bei 2,82 m und Bremerhaven bei 3,38 m. Da sonst nirgendwo auf der Erde der Tidenhub an einer langen Flachmeerküste so hoch ist wie an der südlichen Nordseeküste, fallen bei Ebbe ca. 4.700 km² trocken und werden wieder überflutet. Bei Flut strömt das Wasser zunächst in die tiefen Priele als Vorfluter und breitet sich dann über die Watten aus, bei Ebbe verläuft der Prozess umgekehrt.

Das Watt wächst aus Ablagerungen des Meeres und der in die Nordsee mündenden Flüsse auf. Aufgrund der Dynamik von Strömung und Wind wandelt es sich ständig. So trägt das Meer Material an den Sänden, Strandküsten und ungeschützten Kliffs ab und verfrachtet die abgebauten Sände, Tone und Kiese. Die Priele ändern dabei oft ihren Verlauf. Zwischen den Inseln und Sänden leiten große und kleine Priele täglich zweimal mit Flut- und Ebbstrom große Wassermassen in das Watt ein und aus. Je nach diesen Gezeitenströmen, nach Wind und Seegang, nach ihrer Lage zur Wind zu- oder abgewandten Seite sind die Wasserbewegung und die Transportkraft unterschiedlich. So transportiert schnell bewegtes Wasser gröberes Material als langsameres. Die Anhäufung von Sanden spricht daher für rasche Ablagerungsbedingungen, die von Tonen und Schluffen für langsamere. Die Flut kann dabei in den Tidenströmen zwischen einzelnen Inseln bis zu 1,8 m/Sek. betragen. Im Bodenbereich der Priele finden sich bei größeren Fließgeschwindigkeiten Bodenrippeln, zur Seeseite sind diese vorwiegend vom Ebbstrom, zur Landseite vom Flutstrom beeinflusst. Neben den Meeresströmungen verfrachten auch Flüsse wie Ems, Weser, Elbe und Eider Sedimente aus dem Binnenland in das Wattenmeer, die sich dank langsamer Strömungsgeschwindigkeit im flachen Land vor der Küste setzen können.

Das Wattenmeer umfasst drei Zonen: Die *sublitorale* Zone, die das Wattenmeer mit dem offenen Meer verbindet und in der das Wasser entsprechend der Gezeiten ein- und ausströmt, liegt dauerhaft unter Wasser. Das als *eulitorale* Zone bezeichnete eigentliche Watt erstreckt sich zweimal am Tag über dem Wasserstand bei Niedrigwasser, liegt aber darunter bei Hochwasser. Oberhalb des Mittleren Tide-

Das Watt, wie hier bei Hallig Südfall, durchziehen zahlreiche Priele, in denen das Wasser bei jeder Tide ein- oder ausströmt.
Foto: Dirk Meier

hochwassers (MThw) liegt die *supralitorale* Zone, die nur
bei Springtiden oder Sturmfluten, somit hoch auflaufenden
Wasserständen, vom Meer überflutet wird. Hier erstrecken
sich die natürlich aufwachsenden Salzwiesen. Das Suprali-
toral umfasst 8 Prozent der Fläche, während der sublitorale
Bereich knapp die Hälfte ausmacht.

Über 90 Prozent der Ablagerungen bestehen aus grob-
körnigem Sand. Diese Sedimente werden in der Regel
von der nordholländischen Küste und von den Stränden
der friesischen Inseln mit der West-Ost-Strömung im Watt
verteilt. Die restlichen 10 Prozent, welche vom Rhein-
Maas-Delta, dem Ärmelkanal oder der offenen Nordsee
stammen, sind feinkörniger. Auch die anderen Flüsse
führen ebenso wie das Meer Sande, Schluffe und Tone
mit. Entsprechend der Körnung lassen sich Sand-, Misch-
und Schlickwatt unterscheiden. Generell lagert sich dabei
grobkörniger Sand an windigeren, offeneren Stellen ab, wie
an den Seeseiten der Inseln, wo er sich zu Sandbänken

Aus der Luft erkennt man
besonders gut, wie die Priele
netzartig das Watt durchziehen.
Foto: Cornelia Mertens

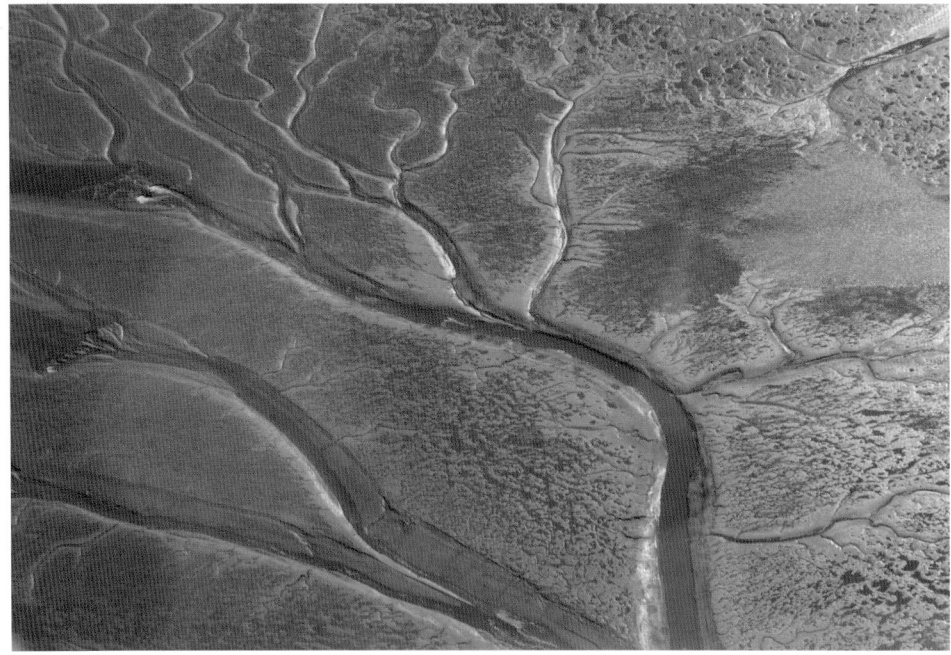

und Dünen auftürmt, während Schluff sich eher an ruhigen, geschützten Stellen sammelt.

Das Wattenmeer liegt in der gemäßigten Klimazone und wird vom warmen Atlantikwasser beeinflusst, das mit dem Nordatlantikstrom in die Nordsee gelangt. Dessen Menge beeinflusst die Wintertemperaturen. Eine Vereisung der Nordsee ist daher selten. Die Niederschlagsmenge nimmt von Osten nach Westen zu und liegt zwischen 200–400 mm im niederländischen Wattenmeer sowie zwischen 400–600 mm im deutschen und dänischen Wattenmeer und ist nur an der Elbmündung mit bis 1.000 mm höher.

Geographisch lässt sich das Wattenmeer in mehrere Regionen unterteilen: Das südliche Wattenmeer umfasst das Küstengebiet vom holländischen Texel im Südwesten und reicht entlang der nordniederländischen und niedersächsischen Küste bis zur Weser. Die hier aus Sandbänken aufgewachsenen west- und ostfriesischen Inseln schützen als natürliche Wellenbrecher das Festland vor der Meeresbrandung. Diese sind umso größer und länger, je weniger ausgeprägt der Unterschied zwischen Hoch- und Niedrigwasser ist. So sind die westlichsten Inseln, die am nächsten zur Nordsee-Amphidromie (Drehpunkt der Meereswellen) am Ärmelkanal liegen, am größten, während im gezeitenverstärkenden Trichter der zentralen Deutschen Bucht nur noch vergleichsweise kleine Sandbänke entstehen können. In der Vergangenheit haben sich diese Inseln immer wieder verlagert.

Von der Weser- über die Elb- bis zur Eidermündung erstreckt sich das zentrale Wattenmeer. Wo es direkt in die Nordsee übergeht, bildeten die Gezeiten Sandbänke, die sich kaum zu Inseln entwickeln konnten. Vor der Dithmarscher Küste verhindert ein Tidenhub von über 3 m weitgehend das Entstehen von Inseln. Zwar finden sich hier ebenso wie in Nordfriesland einige Sandbänke, doch nur Trischen erreicht eine ausreichende Höhe für eine salzwasserempfindliche Vegetation.

Nördlich der Halbinsel Eiderstedt bis hin zur dänischen Halbinsel Skallingen und Blåvand erstreckt sich das nördliche Wattenmeer mit seinen nordfriesischen Geest- und Marschinseln, Halligen und Außensänden. Tief in den Untergrund einschneidende Gezeitenströme, wie die Hever, die Norderhever, die Süder- oder Norderaue, zergliedern hier die nordfriesischen Watten.

Entstehung von Sturmfluten

Stürme entstehen durch das Zusammentreffen von Tief- und Hochdruckgebieten über der Nordsee. Vor allem die aus dem Norden heranziehenden arktischen Tiefdruckgebiete, welche auf jene von den Subtropen kommenden Luftmassen treffen, lösen aufgrund ihrer unterschiedlichen Temperaturen und Drucke starke Winde und Wellen aus. Sind diese nur schwach, sprechen wir von einer leichten Brise, im Extremfall tobt ein Orkan. Durch das Zusammenspiel von Wind und Gezeiten, wobei sowohl die Windstärke als auch ihre Dauer eine Rolle spielen, kommt es zu Sturmfluten. Stehen Mond und Sonne in einer Achse zur Erde, addieren sich bei Neumond die Gezeitenkräfte zu einer Springtide, bei der höhere Wasserstände auftreten. Als Maß der Schwere einer Sturmflut gilt die Höhe über dem Mittleren Tidehochwasser (MThw) des jeweiligen Pegelortes. Bei einer Sturmflut übersteigt der Tidenhöchststand das MThw um 1,50 m oder mehr. Ab 2,50 m spricht man

„Die erschreckliche Wasserfluth". Zeitgenössischer Stich der Burchardiflut von 1634

von einer schweren Sturmflut, ab 3,50 m von einer sehr schweren Sturmflut.

Die Deutsche Bucht ist dabei, bedingt durch die Geographie und den Trichtereffekt der Elbmündung, eines der weltweit am meisten von Sturmfluten betroffenen Gebiete. Die häufigsten und höchsten Sturmfluten treten naturgemäß im Winterhalbjahr auf, so vor allem zwischen November und Januar. Jeder Sturm bringt Bewegung in das Wattenmeer: Schlick-, Sand- und Schillmassen wirbeln die Wellen auf, transportieren sie und lagern sie wieder ab. Direkt an das Meer grenzende Geestkerne trägt das Wasser ab und verfrachtet deren Sande und Kiese mit dem Längsstrom entlang der Küste. So entstanden beispielsweise die küstenparallelen Strandwälle Flanderns und Hollands, auf denen später Dünen aufwehten.

Vom Wind geformt: Küstendünen

Mit den Flachmeerküsten ist die Entstehung der Küstendünen eng verbunden. Deren Sände sind durch vorherrschende auflandige Winde vom Strand herangeweht worden, den das Meer aufgebaut hat. Als erste Pionierpflanzen siedeln sich zunächst in einiger Entfernung von der Flutkante der Strandweizen oder die Binsenquecke an, die einen hohen Salzgehalt vertragen. Deren Halme halten den Sand fest und ermöglichen so den Aufwuchs niedriger Primärdünen mit einer Vegetation salztoleranter Pflanzen wie Binsenquecke, Strandhafer, Kali-Salzkraut, Meersenf und Salzmiere.

Als nächstes Stadium entwickelt sich die oft mehrere Meter hohe Weißdüne als Sekundärdüne, die aus reinem Quarzsand aus der Primärdüne aufgeweht worden ist. Auf dem schwach ausgeprägten nährstoffarmen Boden der Sekundärdünen wachsen Strandhafer, Strandroggen, Filzige Pestwurz und Stranddistel auf, deren Wachstum den Sand stabilisiert.

Wo die Sandzufuhr aufhört, finden sich Silbergras und Sandseggen, die den Sand durch ihren Humus grau färben und so die flachen Graudünen als Tertiärdünen kennzeichnen. Aufgrund ihrer fortgeschrittenen Bodenbildung weist die Graudüne mit Strand-Beifuß, Kartoffel-Rose, Becher-

und Laubflechte, Doldiges Habichtskraut, Silbergras, Kriech-Weide, Mauerpfeffer und Dünenrose den reichsten Vegetationsgürtel des gesamten Dünenbereiches auf, der bis zu 90 Prozent ihrer Flächen einnimmt.

Die Bodenbildung der Braundünen bestimmen arme Sande mit einer geschlossenen Vegetationsdecke. Die fortschreitende Bodenversauerung unter Einfluss von Niederschlägen und Huminsäuren führt hier zu einer Podsolierung, somit zu einer Umlagerung des Sickerwassers aus dem Ober- in den Unterboden. Zur Vegetation dieser Tertiärdünenform gehören Heidegesellschaften, Krähenbeere, Tüpfelfarn, Kriech-Weide und Sanddorn. Da auf manchen Düneninseln die Menschen früher deren obersten Bodenschichten bis knapp oberhalb des Grundwassers abtrugen, um diese als Plaggen mit dem Urin der Tiere in den Ställen

Die Dünen, wie hier auf Juist, sind vom Wind geformt.
Foto: Arne Hückelheim

anzureichern und als Dung auf die Felder zu bringen oder als Baumaterial für Pferche und Hauswände zu verwenden, können sich auch Arten wie Sonnentau und Sumpfbärlapp ansiedeln.

Bei den Wanderdünen verhindert die ständige Sandzufuhr einen natürlichen Bewuchs. Der Wind verlagert sie oft mehrere Meter im Jahr. Auf der dem Wind zugewandten Seite weisen sie eine geringe Steigung auf, während auf der anderen der Hang steiler ist. Mit Ausnahme der großen, unter Naturschutz stehenden Wanderdüne bei List auf Sylt gibt es heute an der Nordsee kaum noch Wanderdünen, da die meisten aus Küstenschutzgründen mit Strandhafer befestigt worden sind.

Infolge der Bildung mehrerer Dünenwälle sammelt sich in den von Meer abgewandten Dünentälern Feuchtigkeit durch aufsteigendes Grund- und Regenwasser und erlaubt eine ökologisch reiche Flora und Fauna. Zu den für solche Standorte typischen Arten gehören die Kreuzkröte und der gefährdete Strandling. Besonders regenreiche Standorte prägen Wollgras, Sonnentau und Lungenenzian oder Moorpflanzen.

Marschen: Land aus dem Meer

Die heutigen Vorländer mit ihren größtenteils unter Schutz stehenden Salzwiesen vor den Deichen zwischen Den Helder in den Niederlanden und Dänemark umfassen etwa 30.000 ha. Auf den etwa 10- bis 250-mal im Jahr vom Meerwasser überfluteten Salzwiesen bilden sich nach den dominierenden Pflanzenarten benannte Zonen aus. Deren Wachstum hängt von der jeweiligen Salzbelastung ab. Anders als die Seemarschen entstehen die Flussmarschen unter brackigen Bedingungen oder im Süßwasserbereich.

Als erste Pflanze im noch tiefen Watt siedelt sich neben verschiedenen Algen das Seegras an. Zur Bildung des Watts tragen neben den abgelagerten Meeressedimenten die im Wattboden lebenden Muscheln und Würmer mit ihren Ausscheidungen bei. Ist das Schlickwatt bis zu einer Höhe von 50 cm unter MThw aufgewachsen, finden wir als Pionierpflanze den kammartigen grünen Queller, der die Wasserströmung bremst und die weitere Schlickablage-

rung fördert. Zwischen dem Queller wächst das künstlich eingeführte Reisgras. Hat diese Vegetation landwärts etwa die Höhe des Mittleren Tidehochwassers erreicht, breitet sich die Andelzone mit ihren Blütenpflanzen aus, die nur noch höhere Windfluten überströmen. Diese prägen neben dem Andelgras weitere salztolerante Arten wie Strandaster, Strandsode, gewöhnlicher Strandflieder oder Keilmelde. Durch dessen abgelagerte Schwebstoffe entsteht ein Anwachs, dessen charakteristische Parallelschichtung aus Sanden und Tonen sich an natürlichen Abbruchkanten der Salzmarschen beobachten lässt.

In den höchsten, nur selten überfluteten Bereichen der Salzwiesen gedeihen zahlreiche Arten wie der Rotschwingel, Tausendgüldenkräuter, Roter Zahntrost, Strandwegerich und Lückensegge. Diese Flora finden wir heute nur noch in den nicht mehr beweideten, unter Naturschutz stehenden Vorländern. Heute nimmt das Salz-Schlickgras,

Salzwiesen wachsen unter natürlichen Bedingungen oberhalb des Mittleren Tidehochwassers auf. Sie bildeten schon das Wirtschafts- und Siedelland der ersten Siedler und sind ein wichtiges Refugium für die Vogelwelt im Nationalpark. Der Blick des Bildes reicht über die Salzwiesen der Hamburger Hallig zur Hallig Nordstrandischmoor. Foto: Dirk Meier

Als erste Salzpflanze im Watt
siedelt sich der Queller an.
Foto: Dirk Meier

das sich erst im 20. Jahrhundert etablierte, große Gebiete
ein.

Unter natürlichen Bedingungen wachsen die See- und
Flussmarschen nahe an der Küste, an Flüssen oder
Prielen am höchsten auf, da hier das Wasser die meisten
Schwemmstoffe ablagert. Diese Uferwälle und Strom-
rücken bildeten vor der Bedeichung die besten Möglich-
keiten zur Anlage von Siedlungen. In den sich seewärts
ausdehnenden Salzbinnenwiesen, die auch als Heuwiesen
dienten, weideten die Schafe und Rinder der Siedler. In
den niedrigeren Partien der Seemarschen, den Andelrasen-
flächen, fanden wie in unseren heutigen Vorländern nur
Schafe Nahrung. Auf den Uferwällen konnte während der
Sommermonate Getreide angebaut werden. Die jungen
Seemarschen weisen dabei kalkreiche, fruchtbare Böden
auf, während die alten Marschen kalkärmer sind.

Die natürliche Entstehung der
Seemarsch lässt sich gut am
Beispiel der georefrenzierten
Karte von Norderdithmarschen
verfolgen. Die alte Marsch
baute sich hier mit mehreren
höheren Uferwällen (hellgelbe
Partien) langsam nach Westen
vor. Die Siedlungen der ersten
nachchristlichen Jahrhunderte,
wie Tiebensee und Haferwisch,
liegen hier ebenso wie die
Hofwurten der mittelalterlichen
Urbarmachung auf nord-süd
orientierten kleinen Uferwällen.
Im Westen ist die alte Marsch
im Gebiet der Dorfwurten von
Wellinghusen und Wöhrden höher aufgelandet. Westlich des
Wardstroms liegt die ehemalige
Insel Büsum. Die tieferen Parti-
en sind blau gekennzeichnet.

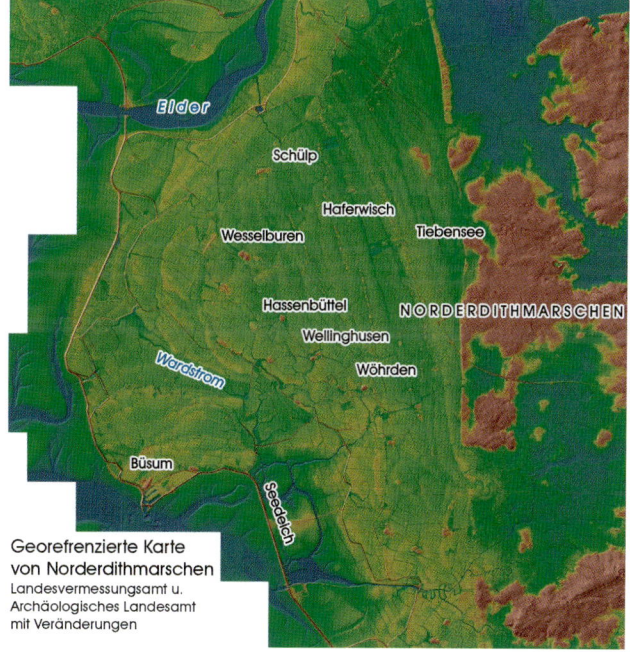

**Georefrenzierte Karte
von Norderdithmarschen**
Landesvermessungsamt u.
Archäologisches Landesamt
mit Veränderungen

Sietländer und Moore

Landseitig an die See- und Flussmarschen schließen sich
niedrige Gebiete (Sietländer) an, die bis um 1.000 n. Chr.
weite Nieder- und Hochmoore, Schilfsümpfe und Restseen prägten. Ihre Entstehung ist auf den Grundwasser-
stau zurückzuführen, da die natürliche Entwässerung im
Sietland infolge des Aufwachsens küstenparalleler hoher
Marschrücken und Uferwälle, welche einen Wasseraus-
tausch mit der Nordsee und den Flüssen blockierten, stark
eingeschränkt war. Anders als die Niedermoore im Grund-
wasserbereich ernähren sich Hochmoore allein vom Nie-
derschlagswasser. Da diese nährstoffarm sind, wachsen
hier nur wenige anspruchslose Pflanzen wie Torfmoose,
Wollgräser und Heidekrautgewächse. Das Einsetzen der
großflächigen Hochmoorbildung hängt mit dem Vordringen
der Nordsee und dem damit verbundenen feuchten Klima
in den heutigen Küstenbereich zusammen. Viele küsten-

Das Sehestedter Außendeichsmoor am Jadebusen gehört zu
den letzten Küstenrandmooren
und steht unter Naturschutz.
Foto: Hans-Jürgen Streif

Das Weiße Moor in Dithmarschen bildet den Überrest eines unkultivierten Sietlandsmoores. Foto: Dirk Meier

nahe Hochmoore begannen ihr Wachstum um 3.000 v. Chr. und dehnten sich in der Folgezeit rasch aus. Vor ihrer Urbarmachung seit dem Hochmittelalter prägten solche Hochmoorgebiete *(veen)* vor allem das heutige Holland und die inneren Bereiche Frieslands und Groningens. Als eines der letzten Küstenrandmoore bildet das Sehestedter Außendeichsmoor am östlichen Rand des Jadebusens ein eindrucksvolles Naturerbe. Nach dem Einbruch des Jadebusens seit dem späten Mittelalter erreichte das Meer wieder das Moor, doch durch das Aufschwimmen der leichteren oberen Torfschichten kam es nicht zu einer Überflutung. Von den Sietlandsmooren sind infolge der hoch- und spätmittelalterlichen Urbarmachungen nur noch kleine Reste erhalten, zu denen das Weiße Moor in Dithmarschen gehört.

Küsten im Wandel: Der nacheiszeitliche Meeresspiegelanstieg

Die Entstehung des heutigen Nordseeküstengebietes mit seinen Watten, Marschen, Inseln und bewaldeten Geestkuppen geht zurück auf die Eiszeiten, den Anstieg des Meeresspiegels in der Nacheiszeit (Holozän) sowie den damit verbundenen Transport von Sanden, Tonen und Kiesen (Sedimenten) in das Küstengebiet des Gezeitenmeeres. Ursache für den langfristigen Küstenwandel waren die Klimaschwankungen. So schoben sich in das nördliche Mitteleuropa während der Kaltzeiten wiederholt Eismassen aus Skandinavien vor.

Während der Saale-Eiszeit vor 245.000 (230.000) bis 128.000 (130.000) Jahren vor heute reichten die maximalen Eisvorstöße des Drenthe- sowie des Warthestadiums bis an den Rand der Mittelgebirgsschwelle und begruben Teile der Niederlande und Niedersachsens sowie ganz Schleswig-Holstein unter sich. Das Abschmelzen der gewaltigen Gletschermassen verursachte einen weltweiten Anstieg des Meeresspiegels. Infolgedessen drang das nach einem Flüsschen in Holland benannte Eem-Meer bis in das heutige Nordseeküstengebiet vor und erreichte die saaleeiszeitlichen Geestkerne Nordwestdeutschlands und der Niederlande. Mit der Wiedererwärmung vor 128.000 Jahren wichen die Birken und Kiefern der spärlichen arktischen Tundrenvegetation Edel- und Weißtannen, Erlen, Hasel und Hainbuchen. Waldelefanten und Dammwild durchstreiften nun die Wälder. Jäger und Sammler der mittleren Altsteinzeit (Mittelpaläolithikum) suchten auf ihren Streifzügen Nordwestdeutschland auf, wie der Neandertaler-Werkplatz von Drelsdorf in Nordfriesland oder die Flintabschläge einer Kiesgrube in Schalkholz in Dithmarschen zeigen.

Nach dem Ende der Eem-Warmzeit wurde es mit der beginnenden Weichsel-Eiszeit vor 117.000 bis 11.700 (11.560) Jahren – allerdings unterbrochen durch wärmere Phasen (Interstadiale) – langsam wieder kühler. Während des Frühglazials vor etwa 115.000 Jahren sanken die Durchschnittstemperaturen rapide, wodurch die wärmeliebenden Waldgesellschaften verdrängt wurden. Während eines ersten Kältemaximums vor 100.000 Jahren bedeckten dabei den Osten Jütlands Gletscher, welche als mitgeführte Schuttmassen die Jungmoränen zurückließen. Nachdem sich das Eis während wärmerer Phasen (Interstadiale) zurückgezogen hatte, erreichten nächste Vorstöße während des Hochglazials vor 100.000 Jahren und 60.000 Jahren (Schalkholz-Stadial) erneut die heutige südliche Ostseeküste. Vor 30.000 Jahren setzte eine relativ kurze Periode massiver Vergletscherungen ein, wobei die Gletscher bis nach Ostschleswig, Ostholstein und das nördliche Mecklenburg vorstießen, das heutige Nordseeküstengebiet aber eisfrei ließen.

Vor etwa 22.000 bis 21.000 Jahren erreichte das Eis schließlich seine maximale Ausdehnung (Brandenburger Stadium), einzelne Gletscher reichten bis ungefähr 50 km südlich von Berlin. Westlich des schleswig-holsteinischen Eisrandes, in Nordfriesland und Dithmarschen, herrschte ein hocharktisches Klima, so dass der bis in große Tiefen gefrorene Untergrund nur während der kurzen Sommer auftaute. Am Gletscherrand wehte ein starker Wind, der Sande verfrachtete und die Landschaftsformen einebnete. Aus den Talsandlandschaften ragten nur die Kuppen der Altmoränen heraus. Vom Weichsel-Eisrand flossen Schmelzwässer durch die flachen Sanderebenen nach Westen, deren Täler sich noch teilweise am Grund der

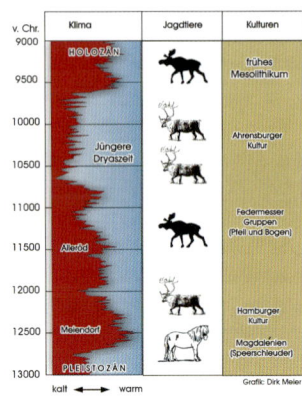

Klimaentwicklung und Kulturen der letzten Eiszeit und frühen Nacheiszeit.

Nordsee abzeichnen. Im Hamburger Raum erfolgte dies durch das 10–30 km breite Elbeurstromtal.

Vor 17.000 Jahren wurde infolge der Klimaerwärmung zunächst der Berliner Raum, vor 13.000 Jahren die heutige mitteleuropäische Ostseeküste wieder eisfrei. Das kurze Weichsel-Spätglazial kennzeichnet eine langsame Erwärmung, die aber einige recht kühle Phasen unterbrechen. Nach einem letzten Kälterückschlag, der jüngeren Dryaszeit, endete die Weichsel-Kaltzeit mit einem abrupten Temperaturanstieg um ca. 9.660 ± 40 v. Chr. Damit beginnt mit dem Holozän das heutige Interglazial.

Die Gletscher und Schmelzwasserströme der Saale- und Weichsel-Eiszeit schufen die charakteristischen Landschaftsformen der norddeutschen Tiefebene ebenso wie der nördlichen Niederlande. Da das Vordringen und auch das Abtauen der Gletscher ungleichmäßig erfolgte, wechselten sich Rückzüge und Vorstöße ab. Die mitgeführten

Infolge der Klimaerwärmung schmolzen die Gletscher der letzten Eiszeit, und der Meeresspiegel stieg global stark an, um sich dann seit etwa 5.000 v. Chr. zu verflachen.

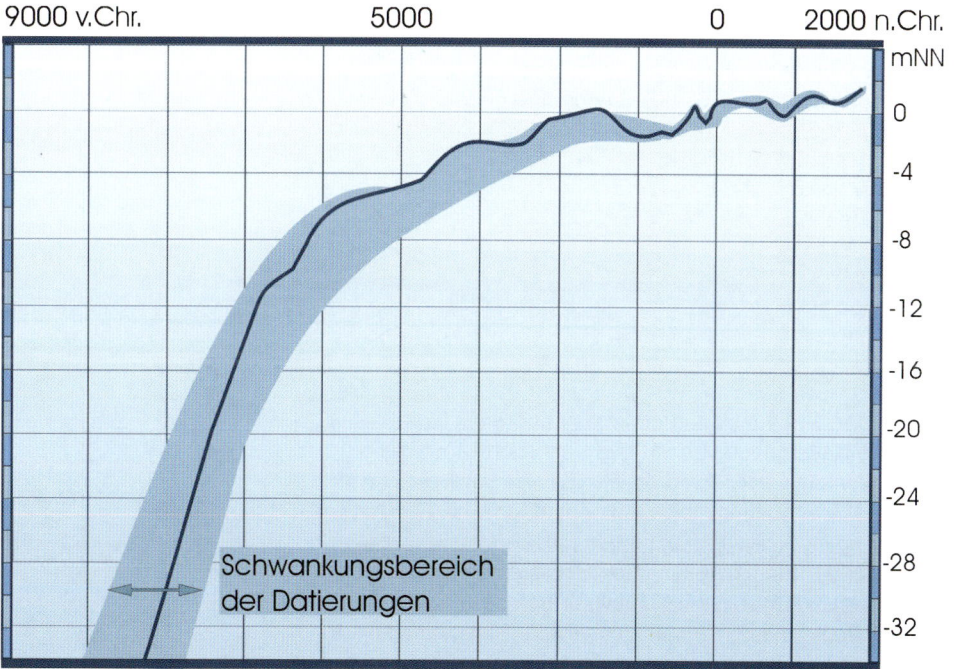

9000 v.Chr. 5000 0 2000 n.Chr.

mNN

Schwankungsbereich der Datierungen

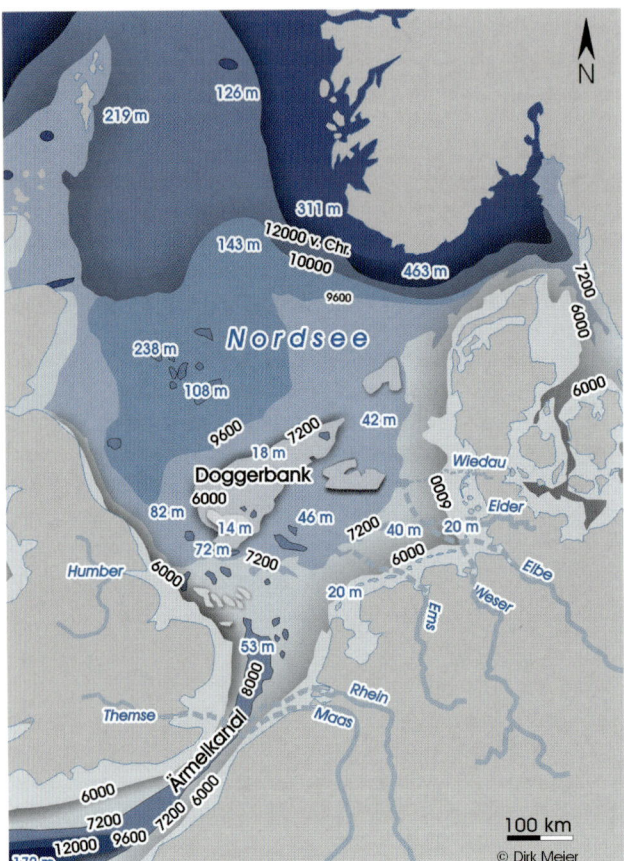

Entsprechend des Verlaufs des nacheiszeitlichen Meeresspiegelanstiegs wandelten sich auch die Küstenlinien der Nordsee.

Schuttmassen der Saale-Eiszeit blieben dabei als Altmoränen in der Landschaft zurück. Dazu gehören in Nordfriesland die Geesthöhen von Stollberg und Schwabstedt, in Dithmarschen von Meldorf bis Burg sowie südwestlich der Elbe die Geestplatten Nordwestniedersachsens. Die Jungmoränen sind hingegen Bildungen der Weichsel-Eiszeit.

Neben den Einwirkungen des Eises auf die Gestaltung der Oberfläche lösten die Klimaveränderungen weltweite Veränderungen des Meeresspiegels aus. Regional spielen – wenn auch im nordwestdeutschen Nordseeküstengebiet weniger bedeutend – horizontale Bewegungen der Erdkruste eine Rolle (Isostasie). So ist das Nordseebecken bereits seit sehr langer Zeit ein Senkungsgebiet, während sich das von der Eislast befreite Skandinavien hebt. Die deutsche Küste sinkt etwa um einen Wert, der kleiner als 1 cm pro Jahrhundert ist.

In der extremsten Kälteperiode der Weichsel-Eiszeit vor 22.000 Jahren sank der Meeresspiegel auf etwa 110–130 m unter das heutige Niveau. Die Küstenlinie der Nordsee verlief während dieser Zeit weit nördlich der Doggerbank. Im südlichen Nordseeraum dehnten sich von Gletscherströmen durchzogene Sanderebenen aus. Mit der Wiedererwärmung und dem Rückgang der großen Gletscher am Ende der letzten Eiszeit stieg der Meeresspiegel zunächst sehr schnell an. Die Nordsee drang in der Folgezeit stetig nach Süden vor und schob infolge des ebenfalls steigenden Grundwasserspiegels einen Vernässungsgürtel mit Mooren vor sich her. Die dabei vom Meer überschwemmten Torfe heißen Basistorfe, weil sie an der Basis der nacheiszeitlichen Schichtenfolge liegen. Deren unterschiedliche, von Sedimenten bedeckte Höhenlage liefern chronologische Fixpunkte für die Überflutung, da sie sich mit Hilfe der Radiokarbonmethode und Pollenanalyse datieren lassen. Da diese aber auch vom Meer erodiert sein können, sind nur relative Altersangaben möglich.

Nach 9.000 v. Chr. überspülte das Meer eine Schwelle westlich der Doggerbank, umfasste diese von Süden und drang 1.000 Jahre später entlang des Auslaufs der Elbe südlich in die Helgoländer Rinne vor und breitete sich nach Westen aus, so dass die Doggerbank um 7.200 v. Chr. zur Insel wurde. Südlich der Doggerbank erstreckte sich ein von Mooren umgebener Süßwassersee. Zwischen 7.700 und 7.000 v. Chr. kann man auf einen Anstieg des Meeresspiegels von etwa 2,30 m pro Jahrhundert schließen. Infolge der fortgesetzten Meeresaktivität verkleinerte sich die Sandinsel der Doggerbank ständig, bis sie nach gut 2.000 weiteren Jahren verschwand.

Im Endglazial und der frühen Nacheiszeit durchzogen Rentierjäger der Hamburger Kultur (10.750–10.200 v. Chr.), der Havelte-Kultur (10.750–10.200 v. Chr.) und Ahrensburger Kultur (9.800–8.800 v. Chr.) die Sanderflächen im Bereich der heutigen Nordsee, die sich im Verlauf des vor-

Die weiten Sanderebenen der Nordsee durchzogen jung- und endpaläolithische Rentierjäger, bevor sich ihr Lebensraum durch den steigenden Meeresspiegel verkleinerte. Die Doggerbank hatte um 7.700 v. Chr. das Meer erreicht, um 7.200 wurde sie zur Insel und um 6.000 v. Chr. verschwand sie im Meer.

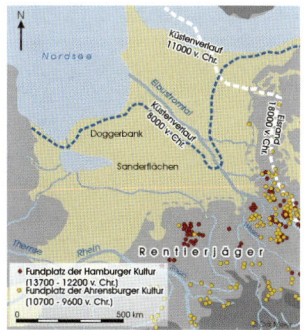

dringenden Meeres immer weiter verkleinerten. Um 7.000
v. Chr. war der Ärmelkanal in die südliche Nordsee durch-
gebrochen. Die Mündungen von Rhein, Maas und Themse
schufen hier noch brackische Bedingungen, voll marine
Verhältnisse traten erst um 6.000 v. Chr. ein.

Infolge der Klimaerwärmung breiteten sich anstelle der
Tundrenflora Kiefern und Birken aus. Ferner entstanden
Moore. Zwischen 7.000–6.000 v. Chr. kam es zu einer
Massenausbreitung der Hasel, die infolge des nachfolgenden wärmeren, feuchteren Klimas des Atlantikums
ebenso wie die Kiefer wieder verdrängt wurde. Stattdessen
wuchsen nun Linde und Eiche. Diese waldreichen Küs-
tenlandschaften durchstreiften Jäger und Sammler der
mittleren Steinzeit (Mesolithikum 9.600–4.300 v. Chr.). Das
weitere Vordringen des Meeres verkleinerte dabei langsam
ihren Lebensraum. So verschob sich in der Zeitspanne des
starken Meeresspiegelanstiegs zwischen etwa 9.000–5.500
v. Chr. die Küstenlinie mehrere hundert Kilometer landeinwärts. Um 8.000–6.050 v. Chr. suchten noch Jäger und
Sammler die Region der Doggerbank auf.

Zwischen 5.000–1.500 v. Chr. stieg der Meeresspiegel
dann nur noch um etwa 20 cm pro Jahrhundert und nahm
zwischen 1.000 v. Chr. und 2.000 n. Chr. um 11,5 cm pro
Jahrhundert ab. Diese Veränderungen der Land-Meer-
Verteilung beeinflussten die Gezeitenwelle und damit die
jeweilige Höhe des Tidenhubs. Das erschwert die Rekonstruktion prähistorischer Wasserstände, zumal auch das
Meer Ablagerungen in den Küstengebieten erodiert hat.
Die Auswirkungen der Meeresvorstöße beeinflussten die
regionale Geomorphologie des eiszeitlichen Untergrundes.
Ferner ist zu berücksichtigen, dass sich die Schwankungen
des auch von der Küstenkonfiguration beeinflussten Mittleren Tidehochwassers an den Küsten der Deutschen Bucht
nicht mit denen des globalen Meeresspiegels einfach
parallelisieren lassen.

Nachdem die Nordsee in die tiefen Schmelzwassertäler
von Rhein, Ems, Weser, Elbe und Eider eingedrungen war,
schüttete das Meer diese teilweise mit Sedimenten zu und
breitete sich dann über die höher gelegenen Flächen des
heutigen Küstenvorfeldes bis an den Rand der saaleeiszeitlichen Altmoränen aus. Seit 3.000 v. Chr. begann sich der
Meeresspiegelanstieg zu verlangsamen. In der Folgezeit

wechselten sich Phasen gedämpfter Anstiege, Stagnationen oder vorübergehender Absenkungen ab. Früher ging man davon aus, dass diese als Trans- und Regressionen überregional nachweisbar sind. Heute weiß man, dass für die Auswirkungen des relativen Meeresspiegelanstieges neben den Klimaschwankungen vor allem die regionale Geologie des Küstenraumes, Setzungen des Untergrundes und die zur Verfügung stehende Sedimentmenge eine Rolle spielen. Hinzu tritt seit dem Mittelalter auch der Einfluss des Menschen durch Deichbau und Moorkultivierung im Küstenraum.

Während überregionaler Regressionen, aber auch kleinräumiger Landschaftsveränderungen bildeten sich Torfe, die infolge erneuter Meeresvorstöße überschlickt wurden. Diese „schwimmenden Torfe" können wie die Basistorfe den Beginn einer Regression andeuten. Da diese teilweise seewärts der heutigen Küstenlinie reichen, belegen sie Veränderungen der Küstenlinien.

Wasser und Wind formen die Küsten: Die natürliche Landschaftsentwicklung der Küstenregionen

Nachdem die im Verlauf des Meeresspiegelanstiegs vordringende Nordsee die Küstengebiete der Niederlande, Nordwestdeutschlands und des südlichen Dänemarks erreichte, verlief deren weitere, von den Naturkräften beeinflusste natürliche Landschaftsentwicklung sehr differenziert. Deren Verlauf bestimmte vor allem auch der eiszeitliche Untergrund.

Niederländische Nordseeküste

Erstmals erreichte die Nordsee im Verlauf des nacheiszeitlichen Meeresspiegelanstiegs seit etwa 5.500 v. Chr. das heutige Nordholland sowie die nördlichen Niederlande. Das Meer drang hier zunächst in die alten, mehr als 25 m

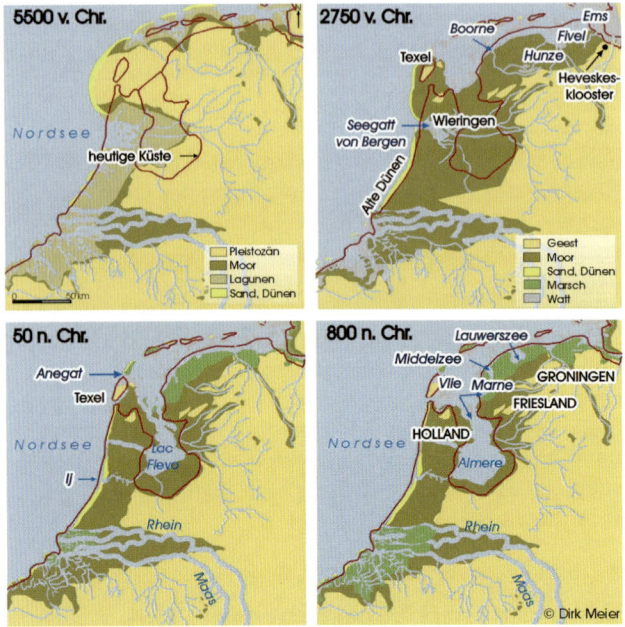

Um 5.500 v. Chr. erreichte das Meer die eiszeitlichen Geestkerne der Niederlande. In der Folgezeit entstanden Dünen, die um 2.750 v. Chr. bei Bergen durchstoßen wurden. Östlich der Dünen bildete sich ein Moorgebiet mit dem Lac Flevo, der sich infolge von Meereseinbrüchen im frühen Mittelalter zum Almere erweiterte.

tiefen Schmelzwassertäler wie des Alten Rheins bei Bergen und Uitgeest ein. Danach bildete sich um 3.000 v. Chr. ein weit in das Landesinnere reichendes Seegatt, somit eine den Gezeiten unterliegende starke Strömungsrinne. Im Osten grenzte diese an ein noch niedrig aufgewachsenes Moorgebiet, im Westen an aufgeworfene Sandwälle und im Norden an Seemarschen. Aus deren abgebautem Material sowie aus mitgeführten Sanden und Tonen warfen Meer und Wind seit 2.500 v. Chr. die alten Dünen auf den Sandwällen auf. Diese reichten bis zu den noch zusammenhängenden saaleeiszeitlichen Geestkernen von Texel und Wieringen. Aufgrund der fortschreitenden Erosion der Dünen verlagerten sich diese zunächst nach Osten, bevor vor den alten Dünen seit dem 10. Jahrhundert die jungen Dünen entstanden.

Östlich dieser Barrieren bildete sich seit 2.000 v. Chr. ein Hochmoor, das Flüsse vom Süden her speisten. Nachdem das Seegatt bei Bergen um 800 v. Chr. langsam zuschlickte, verminderte sich der Meereseinfluss in Nordholland.

Einen Teil der Seemarschen entlang des Seegatts bedeckte das sich weiter ausbreitende Moor. Westlich des Hochmoores erstreckte sich in den ersten nachchristlichen Jahrhunderten die Dünenküste noch bis nach Texel. Diese durchbrachen nordwestlich und nördlich von Texel zwei Gezeitenströme, die allmählich nach Süden bis zu einem großen Moorsee vorstießen, den die Römer *Lac Flevo* (strömendes Wasser) nannten. Der Entwässerung des Sees und des Moorgebietes in die Nordsee diente der kleine Fluss (Oer-)Ij, der nach Osten floss und die alten Dünen südlich von Bergen durchstieß. Ferner bestand über einen weiteren Wasserlauf eine Verbindung zum Alten Rhein, der während der Römerzeit in der Nähe von Leiden in die Nordsee mündete.

Ein weiteres Seegatt entstand im Norden der Dünenküste zwischen Nordholland und Texel zwischen 500–200 v. Chr. Zwischen 350–600 n. Chr. durchbrach das Meer mit dem Anegat auch nördlich von Texel die Dünen. Nördlich des Anegats erweiterte sich das ehemalige Ijsseldelta seit 500 n. Chr. zum Gezeitenstrom des Vlie, durch den das Salzwasser nach Süden vordrang und den *Lac Flevo* etwa um 800 n. Chr. zum *Almere* (riesiger See) erweiterte. Ferner versandete infolge der fortschreitenden Dünenbildung das Seegatt bei Bergen. Daher konnte das Wasser des Sees nicht mehr in genügendem Maße abfließen, so dass der

In Nordholland grenzt der Seedeich an die hohen jungen Dünen im Hintergrund.
Foto: Dirk Meier

Seespiegel anstieg und die angrenzenden Moorkanten abbrachen.

Das durch die Seegatten von Anegat und Marsdiep einströmende Wasser überflutete das bis Texel liegene Moor und bedeckte es mit Sedimenten, auf denen teilweise Marschen aufwuchsen. Nordwestlich von Texel blieben hingegen noch Strandwallreste und kleinere Moorgebiete erhalten. Infolge des sich zwischen 1.000–1.200 n. Chr. weiter verstärkenden Meereseinflusses vergrößerten sich die Watten und Seegatten, wie die Zijpe in Nordholland, das Heers- und Marsdiep südlich und das Anegat nördlich von Texel, das Vlie und die Boorne. Infolge von Sturmfluten zerschnitten diese die Watten und erweiterten das Almere zur Zuiderzee. Texel wurde zur Insel, die sich aufgrund ihrer exponierten Lage zwischen den Prielströmen rasch verkleinerte. Die Erweiterung der Prielströme brachte aber auch Vorteile für die ökonomische Entwicklung Texels ebenso wie der holländischen Städte, die sich nun besser mit größeren Schiffen erreichen ließen. Die Zuiderzee wandelte sich nochmals, als diese nach der Fertigstellung des 32 km langen Abschlussdeiches 1932 zwischen Holland und Friesland zum heutigen ausgesüßten Ijsselmeer wurde.

Nordöstlich von Texel war die Nordsee ebenso wie im holländischen Küstengebiet um 6.500 v. Chr. zunächst in die eiszeitlichen Schmelzwasserrinnen der Boorne in

Mit dem Abschlussdeich wurde 1927–1932 die salzige Zuiderzee abgedämmt, so entstand das ausgesüßte Ijsselmeer.
Foto: Dirk Meier

Oostergo sowie der Hunze und Fivel in Groningen einge-drungen und hatte die bis 25 m tiefen Täler bis um 500 v. Chr. mit Sedimenten aufgefüllt. Außerhalb der Täler beträgt die Mächtigkeit der nacheiszeitlichen Meeresablagerun-gen im Küstengebiet Westergos zwischen 4 und 12 m. Ein großer Teil der Sedimente stammt dabei von den durch das Meer abgebauten Geestkernen Texels und Wieringens sowie der holländischen Dünen, deren Material sich mit der Küstenlängsströmung entlang der nordniederländischen Küste ablagerte. Diese Sedimentanreicherung begünstigte während einer Phase eines niedrigeren Meeresspiegels die Auflandung von Seemarschen. Seit Chr. Geb. verlager-te sich dabei die nordniederländische Küstenlinie durch Landanwachs weiter nach Norden.

Infolge der zunehmenden Meeresaktivität vergrößerte sich zwischen den friesischen Gebieten Westergo und Oostergo die um 500 n. Chr. entstandene Middelzee und dehnte sich nach Süden in das Mündungsgebiet der Boorne aus. Um 1.000 n. Chr. war dann zeitweise eine Verbindung mit der Marne hergestellt. Östlich von Friesland breitete sich seit dem 8./9. Jahrhundert die Lauwerszee weiter aus. Weitere Meereseinbrüche bestanden im Norden Groningens mit der Hunze- und Fivelbucht. Die nach Norden flach abfallenden Partien des Groninger Grundmo-ränenplateaus waren bereits im Verlauf des frühen nacheis-zeitlichen Meeresspiegelanstiegs mit Klei bedeckt worden. Archäologische Untersuchungen wiesen hier Lagerplätze von Jägern und Sammlern zwischen 6.000–3.400 v. Chr. nach, die ebenso wie ein um 3.350 v. Chr. errichtetes Megalithgrab auf dem flach abfallenden Geestrand des Drentheplateaus bei Heveskesklooster nahe von Delfizijl von jüngeren Meeresablagerungen bedeckt wurden. In einigen Küstenabschnitten wurden dabei die seit etwa 4.279 v. Chr. aufgewachsene Moore zwischen 3.808–3.289 v. Chr. überschwemmt. Nachdem sich das Meer wieder zu-rückzog, breitete sich seit etwa 2.852 v. Chr. erneut Moor aus, das um 541 v. Chr. die wieder vordringende Nordsee überflutete, die mehrere Meter mächtige Sedimente abla-gerte.

Entlang der Fivel wuchsen dann erste Seemarschen auf, die sich nach Norden zwischen der Lauwerszee im Westen und der Ems im Osten ausdehnten. Infolge der Auflandung

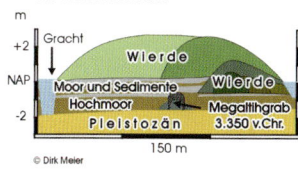

Von Moor und Meeresablage-rungen bedecktes Megalith-grab von Heveskesklooster, Groningen.

hoher Uferwälle vermoorten die niedrigeren Partien des Sietlandes, die im Hinterland an das Hochmoor grenzen. Die Verbindung zwischen dem Drenthe-Plateau und der Seemarsch bildet der zwischen den Flüssen Hunze und Drentse Aa nach Norden reichende Sandrücken des Hondsrugs mit der Stadt Groningen.

Niedersächsische Nordseeküste

Das Küstengebiet zwischen Dollart und Weser begrenzt zur Landseite hin der in der Saale-Eiszeit gebildete oldenburgisch-ostfriesische Höhenrücken mit seinen von Südwest nach Nordost verlaufenden Tälern, östlich daran schließen sich bis zur Elbe von Mooren getrennte kleinere Moränenkerne an. Nachdem im Verlauf des nacheiszeitlichen Meeresspiegelanstiegs die Nordsee zwischen etwa 5.900–5.600 v. Chr. das Vorfeld der heutigen ostfriesischen Inseln erreicht hatte, drang das Salzwasser in die Flusstäler von Ems, Weser und Elbe ein, füllte diese mit Sanden und Tonen auf und bedeckte auch die Ränder der Moränen mit Sedimenten.

Die ältesten nacheiszeitlichen Meeresablagerungen im Ems-Dollart-Raum liegen dabei auf einem um etwa 6.450–5.400 v. Chr. entstandenen Torf. Zwischen 5.400–2.910 v. Chr. lagerten sich bis 6 m mächtige Sedimente ab, die auch das eiszeitliche, bis NN −30 m tiefe Emstal auffüllten. Danach überschwemmte das Meer den abfallenden Rand des Ostfriesisch-Oldenburgischen Höhenrückens mit Sanden und Tonen. In der Folgezeit wechselten sich Meeresvorstöße mit der Ablagerung von Sedimenten und Meeresrückzüge mit der Bildung von Torfen ab, die sich zwischen etwa 4.150–4.010, 3.450–2.840 und 1.960–390 v. Chr. datieren lassen. Besonders weitflächig war dabei die Vermoorung um 1.960–390 v. Chr. Über den jüngsten Torfschichten deuten beiderseits der Ems und des Dollarts brackisch-lagunäre Ablagerungen auf ein erneutes Vordringen des Meeres hin. In der Folgezeit schüttete die Ems dann aus mitgeführten Sanden und Tonen hohe Uferwälle auf, an die im Landesinneren Hochmoore anschlossen.

Östlich des Ems-Dollart-Raums gerieten das ostfriesische Küstengebiet und das Wangerland erstmals um 6.000

Nordseeküste Niedersachsens
mit Geestkernen, Mooren,
Marschen und Inseln.

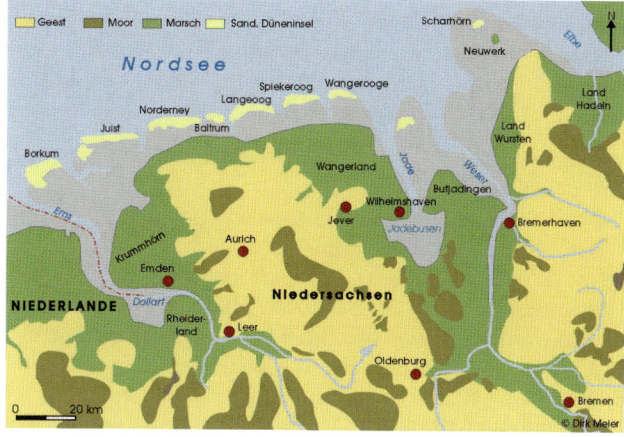

v. Chr. unter marinen Einfluss, wobei die vordringende
Nordsee die tiefen vermoorten Rinnen und den steil nach
Norden abfallenden Geestrand mit Sedimenten auffüllte.
Dabei wechselten sich auch im Wangerland Meeresvorstöße und -rückzüge ab, die sich anhand von Vermoorungen
um 3.370–2.840 v. Chr., 1.470 v. Chr. und Chr. Geb. zeitlich
einordnen lassen. Um etwa 500 v. Chr. entstanden dann
Seemarschen. Die weitere Küstenentwicklung prägten hier
bis zur Bedeichung die Crildumer Bucht und die Maadebucht.

Weiter östlich im Bereich des heutigen Jadebusens
war das Meer bereits um 6.400 v. Chr. vorgedrungen.
Um 5.000 v. Chr. wurden hier vermoorte Ebenen (Unterer
Torf) von Sedimenten bedeckt. Um 4.000 v. Chr. zog sich
das Meer zurück, und in einem Niveau von NN –7 m bis
–5 m entstand der sog. Mittlere Torf, den wiederum das
vordringende Meer überflutete. Nachweis eines erneuten Meeresrückzuges ist dann der in Ostfriesland und im
Wilhelmshavener Jade-Weser-Raum nachweisbare Obere
Torf aus der Zeit zwischen 1.550–1.300/1.000 v. Chr.
Infolge des langsameren Meeresspiegelanstieges wuchs
das Moor zunächst schneller auf, als der Sturmflutspiegel
schritthalten konnte. Nach 1.000 v. Chr. wurde der Obere Torf nahe der Küste von Sedimenten bedeckt, wobei
sich die Küstenlinie landeinwärts verlagerte. Das Mittlere

Tidehochwasser stieg in dieser Zeit stark an und lag bei Wilhelmshaven etwa um NN +0,60 m. Ebenso plötzlich wie diese Überflutung einsetzte, so schnell endete sie um 800 v. Chr. auch, so dass sich hohe Marschuferwälle ausbilden konnten. Der Einbruch des Meeres mit der Entstehung des Jadebusens im 16. Jahrhundert hat dieses Küstengebiet völlig verwandelt.

Östlich des heutigen Jadebusens war das Meer zunächst in das eiszeitliche Weserschmelzwassertal vorgedrungen, bevor es dann die höheren präholozänen Oberflächen überschwemmte. An der Basis des Weserschmelzwassertals wurde dabei ein hier um 6.060 v. Chr. bestehender Torf mit Sedimenten bedeckt. Die weitere landschaftliche Entwicklung kennzeichnen dann wiederholte Vorstöße und Rückzüge des Meeres. Auf Regressionen hindeutende Torfe sind dabei um 5.540, 4.770, 4.530, 3.450, 2.910, 2.410 und 1.000 v. Chr. dokumentiert. Um 1.200 v. Chr. verlief die Weser mehrere Kilometer weiter westlich als heute und bildete im südöstlichen Ende des heutigen Jadebusens ein Delta, an das sich Uferwälle mit landseitigen Schilfsümpfen, Bruchwäldern und Hochmooren (Oberer Torf) anschlossen. In den Uferpartien wuchsen Schilfröhrichte, welche die Schwemmstoffe des Wassers herausfilterten und ebenfalls die Uferwallbildung begünstigten. Später verlagerte sich der Fluss nach Osten und erreichte um 800 v. Chr. etwa seinen heutigen Verlauf, bestand aber bis in das 19. Jahrhundert aus Haupt- und Nebenarmen.

Die nördliche Küstenlinie der Außenweser nimmt das Land Wursten ein, dessen an den Geestrand der Hohen Lieth grenzende Seemarschen im Norden bis fast nach Cuxhaven reichen. Den im Küstengebiet bis NN –15 m steil abfallenden Rand der Hohen Lieth hatte die Nordsee erstmals um 6.000 v. Chr. überflutet und hier vermoorte

Schematischer Aufbau des niedersächsischen Küstenholozäns.

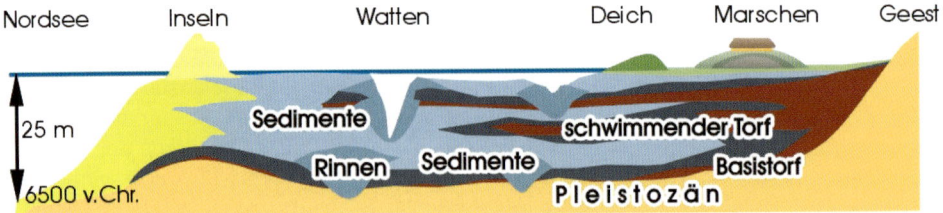

Oberflächen mit Sanden und Tonen bedeckt. Mit nach-
lassendem Meeresspiegelanstieg und zunehmender
Aussüßung der küstenfernen Gebiete bildete sich nahe
des Geestrandes zwischen 2.320–1.700 v. Chr. ein Moor,
das sich zwischen 1.000–500 v. Chr. als Oberer Torf weiter
nach Westen ausdehnte, bevor dieser vom Meer überflutet
wurde. Oberhalb der Meeresablagerungen wuchs um etwa
500 v. Chr. eine Seemarsch auf, die entlang der Küste ein
Strandwall aus Geröllen und Kiesen begleitete.

Die Flusslandschaft der Elbe

Vor etwa 22.000–14.000 Jahren flossen reißende Schmelz-
wässer durch das etwa 10 km breite, bis östlich der
Doggerbank reichende Elbeurstromtal nach Nordwesten in
die Nordsee, das auf 106 km Länge ein Gefälle von 18 m
aufwies. Mitgeführte Kiese und Schotter füllten das an
Moränen der Saaleeiszeit grenzende Tal bei Hamburg bis
NN −10 m, bei Cuxhaven bis NN −20 m mit Kiesen auf.
In die eiszeitlichen Schotter schnitt am Ende der Weichsel-
Eiszeit die Elbe ein. Entlang des Urstromtals und seiner
Seitentäler warteten Rentierjäger der Hamburger und
Ahrensburger Kultur zwischen 13.700–9.650 v. Chr. auf die
jahreszeitlichen Züge der Herden.

Nachdem in das Elburstromtal um 6.500 v. Chr. die Nordsee vordrang, verschob sich die Gezeitengrenze allmählich
flussaufwärts. Das Meer bedeckte die eiszeitlichen Ablagerungen mit Sanden und Tonen. Um 6.000 v. Chr. bestand
dann zwischen den niedersächsischen und schleswig-
holsteinischen Geesträndern eine Meeresbucht, die sich
im Süden bis Bederkesa, im Norden bis zur Holsteinischen
Geest erstreckte, während in den zurückliegenden Gebieten Moore aufwuchsen. Flachere, von Jägern und Sammlern der mittelsteinzeitlichen Ertebølle-Kultur (5.100–4.100
v. Chr.) aufgesuchte Geestrücken und Dünen in der Höhe
von Glückstadt überflutete hingegen die Elbe. Ein weiterer
Dünenzug befand sich zwischen dem Geestrand bei Wedel
und Bielenberg.

An der Außenelbe begünstigte die Entstehung des
großen Nehrungsfächers, der von St. Michaelisdonn in
Dithmarschen nach Süden ragte, die Verlandung der öst-

lich anschließenden Gebiete. Eine Moorbildung zwischen 4.010–2.090 v. Chr. im Untergrund des Stade-Buxtehuder Raumes deutet hier auf einen ersten Rückgang der Überflutungen hin. Die Schwankungen des Meereseinflusses führten in den Lagunengebieten zu einem Wechsel von Niedermooren bis hin zu Bruchwäldern. Mit dem ansteigenden Meeres- und Grundwasserspiegel breiteten sich die Küstenrandmoore landeinwärts aus, wurden aber teilweise mit Sedimenten bedeckt. Als der Meereseinfluss um 2.000 v. Chr. nachließ, entstanden erneut Moore, die jedoch bald wieder überflutet und mit Klei bedeckt wurden.

Seit etwa 500 v. Chr. hatte die Elbe dann aus mitgeführten Sedimenten hohe Uferwälle beiderseits des Flusses aufgeworfen, welche die natürliche Entwässerung einschränkten, so dass in den Sietländern Schilfsümpfe und Moore entstanden, die diese Landschaft bis zur hoch- und spätmittelalterlichen Urbarmachung prägten.

Schleswig-holsteinische Nordseeküste

Die Nordseeküste Schleswig-Holsteins von der Elbe im Süden bis zur dänischen Grenze im Norden prägen drei Landschaftsräume: Von der Elbe bis zur Eider reicht Dithmarschen mit seinen durch vermoorte Täler getrennten inselartigen saaleeiszeitlichen Geestkernen und Nehrungen im Osten, an die sich bis zum mittelalterlichen Deichverlauf die alte Marsch sowie noch weiter nach Westen die junge Marsch mit ihren zahlreichen Kögen anschließt. Die nördlich der Eider sich nach Westen erstreckende Halbinsel Eiderstedt trennt das Dithmarscher Küstengebiet vom nordfriesischen Wattenmeer mit seinen Watten, Sänden, Inseln und Halligen sowie den Festlandsmarschen. Diese Topographie ist das Ergebnis geologisch-landschaftsgeschichtlicher Vorgänge und in geringerem Maße auch die Folge der menschlichen Einflussnahme auf den Küstenraum durch Deichbau, Entwässerung und Landgewinnung.

In Dithmarschen reichen die saaleeiszeitlichen Geestkerne nicht so weit nach Westen wie in Nordfriesland und fallen steiler ab. Im Verlauf des nacheiszeitlichen Meeresspiegelanstiegs drang hier die Nordsee zunächst in die bis NN −35 m tiefen Schmelzwassertäler von Eider und Elbe

Nachdem um 6.500 v. Chr. die Nordsee in das Elbeurstromtal vorgedrungen war, überflutete das Meer auch die höher gelegenen Gebiete und erreichte dann den saaleeiszeitlichen Geeststrand.

vor und lagerte dann bis zu 30 m mächtige Sedimente ab. Um 4.500 v. Chr. erreichte das Meer den Dithmarscher Geestrand. Infolge der Brandungswirkung des Meeres entstanden aus den älteren, bereits in der Saale-Eiszeit vorgeformten Steilhängen entlang des Elbeurstromtals jüngere Kliffs. Die im heutigen Küstenbereich bis NN –22 m abfallenden Moränen bedeckte das Meer mit Sanden und Tonen. Als die Nordsee die –20-m-Tiefenlinie erreichte, war vor dem Geestrand eine tiefe Meeresbucht mit Ausläufern zur Eider und Elbe vorhanden. Dabei verlagerte das Meer den Heider Geestvorsprung etwa 6–8 km zurück. Aus dessen kiesigem Material sowie mitgeführten Sedimenten bildeten sich seit dem 3. Jahrtausend v. Chr. entlang der Küste Nehrungen in nord-südlicher Richtung. Zunächst entstanden die kleineren Sandwälle bei Kleve, Fedderingen, Meldorf sowie die älteren Nehrungen bei St. Michaelisdonn.

Zur Zeit, als das Meer um 4.500 v. Chr. in das Eidertal vorstieß, bildete die innere Broklandsau eine fördenartige Wasserfläche, die bis in das Ostroher Moor zurückreichte und bei Stelle-Wittenwurth in die Nordsee mündete. Auf einer an das offene Meer grenzenden langgestreckten Halbinsel lag zwischen der Nordsee und der Broklandsauniederung der mesolithische Lagerplatz Fedderingen. Der küstennahe Lebensraum bot hier mit seinen Wasser- und Seevögeln sowie Fischen ein ideales Nahrungsangebot. Erst infolge der um 3.000–2.500 v. Chr. aufgeschütteten vorgelagerten Lundener Nehrung verlandete das Hinterland allmählich, so dass die Fundstelle heute im Binnenland liegt. Aufgrund der Steingerätformen und der Verwendung schlecht verarbeiteter Tongefäße gehört der Lagerplatz zur Ertebølle-Kultur, deren Fundplätze vielfach an den Küsten Schleswig-Holsteins und Dänemarks angetroffen werden.

Mit der Bildung der Nehrungen verloren die nicht mehr im Brandungsbereich des Meeres liegenden Geestränder ihre Bedeutung als Rohstofflieferanten für die Menschen. Wo sich auf den Dithmarscher Nehrungen und Geesträndern noch durch die Brandung stark abgerollte Flintabschläge des späten Neolithikums und der frühen Bronzezeit fanden, lagen diese noch im Einflussbereich des Meeres. Das wenige Rohmaterial reichte hier zwar nicht für die Herstellung von Klingen, Beilen und Dolchen, jedoch

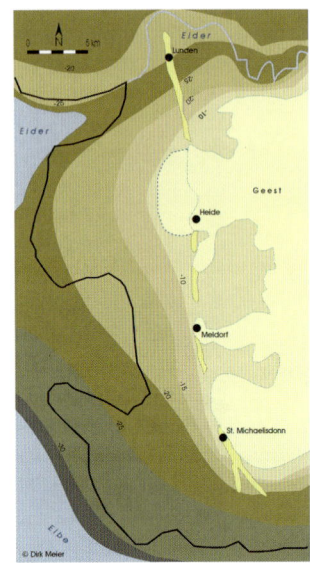

Dithmarscher Küstengebiet mit tief nach Westen abfallender Holozänbasis.

für Pfeilspitzen. Die Sandwälle suchten die Menschen daher vor allem zur küstenbezogenen Jagd auf. Während der letzten Periode des Neolithikums zwischen etwa 2.800–2.000 v. Chr., die im Norden durch die Einzelgrabkultur gekennzeichnet ist, gehörte der Bereich der Heider Geesthalbinsel zu den letzten Küstenbereichen, deren niedrige Steilküsten noch an das Meer grenzten.

Die Bildung der Nehrungen, welche die Geestkerne verbanden und eine Ausgleichsküste schufen, waren von weitreichender Bedeutung für die weitere Landschaftsentwicklung. So wurden die östlich der Nehrungen liegenden Täler dem direkten Meereseinfluss entzogen, süßten so aus und vermoorten, während sich westlich ein Wattenmeer sowie seit etwa 500 v. Chr. die alte Marsch bildete, die sich schnell nach Westen ausdehnte.

Nördlich der Eidermündung ist die Entstehung des heutigen Eiderstedt eng verbunden mit der Aufschüttung von Sandwällen, die sich in west-östlicher Richtung durch die

Dithmarscher Geestrand bei St. Michaelisdonn mit Blick auf eine alte Nehrung und die Seemarsch. Den Geestrand erreichte das Meer erstmals um etwa 4.500 v. Chr.
Foto: Dirk Meier

Um 4.500 v. Chr. lag der mesolithische Lagerplatz Fedderingen noch direkt an der Nordsee, während um 2.500 v. Chr. das Gebiet infolge der entstandenen Lundener Nehrung im Westen verlandet war.

Halbinsel ziehen. Deren aufgeschüttete Sande und Kiese stammten von nordwestlich liegenden, später durch das Meer abgetragenen saaleeiszeitlichen Geestkernen wie dem Hevergeestkern und der Amrum-Bank-Moräne. Diese bildeten mit ihren angehängten Sandhaken eine von Prielströmen durchbrochene Barriereküste, deren südöstliches Ende die Eiderstedter Nehrungen bildeten. Vermutlich waren diese über Vorsänden aufgewachsen. Auch die Eider könnte mit ihren Ablagerungen an deren Entstehungsprozess beteiligt gewesen sein.

Auf diese Weise wurde zwischen ca. 1.100–500 v. Chr. der Tholendorfer Haken geformt, an den zunächst noch Wattflächen grenzten. Dessen teilweise Abtragung zwischen 900–600 v. Chr. begünstigte den Aufbau der sich in west-östlicher Richtung erstreckenden Garding-Tatinger Nehrung. Oberhalb des Watts lagerte dabei das Meer mehrere Meter mächtige Sande ab. Darüber bildete sich um

Chr. Geb. ein humoser Boden, den bis zu einer Höhe von NN +1,5 m Sandanwehungen bedeckten.

Im Schutz der in der jüngeren Stein- und Bronzezeit von Menschen aufgesuchten Nehrungen verlandeten die Gebiete nördlich der Sandwälle rasch und süßten aus, so dass sich hier um 500 v. Chr. Moore und Schilfsümpfe ausdehnten. Deren Reste sind als Torfe im nordwestlichen Eiderstedt noch in einer Tiefe von etwa NN –1 m vorhanden. Nachdem die von der Eider nach Norden her vorstoßende Süderhever die Nehrung zwischen Tating und Garding im 1. Jahrtausend n. Chr. durchbrach und von Westen her das Meer nach dem Abbau von Geestkernen und Sandwällen ebenfalls vordrang, wurde das Moor- und Birkenbruchwaldgebiet mit tonigen Ablagerungen bedeckt.

Seit dem 7./6. Jahrhundert v. Chr. landeten südlich der Garding-Tatinger Nehrung Seemarschen auf. Parallel des Flusses bildeten sich Uferwälle. Jüngere Meeresvorstöße höhten die alten Marschen südlich und nördlich der Eider kaum noch auf. Den Bereich östlich der sich in nord-süd-

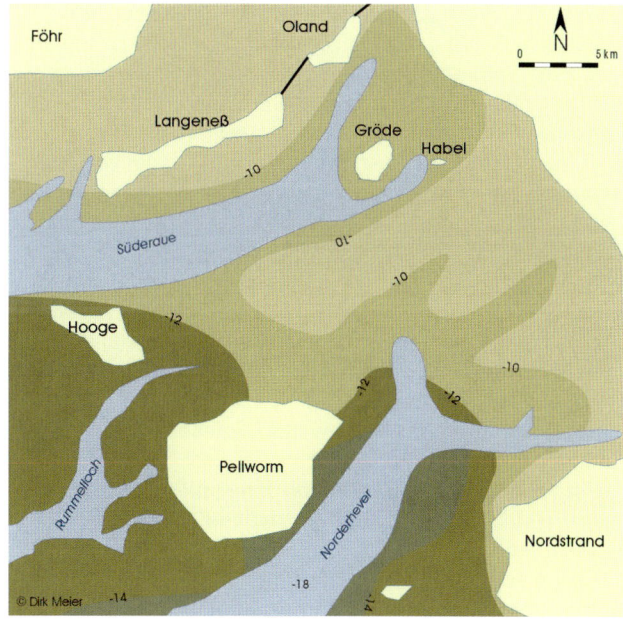

Die Holozänbasis des nordfriesischen Küstengebietes prägen tiefe eiszeitliche Schmelzwassertäler, in welche später die Prielströme vorstießen, sowie höhere Bereiche.

licher Richtung erstreckenden Witzworter Nehrung, die im
1. Jahrtausend n. Chr. noch bis in den südlichen Bereich
der heutigen Insel Nordstrand reichte, beherrschte eine
Moorvegetation.

Nördlich der Eiderstedter Nehrungen bildeten in der
Saale-Eiszeit die weiter nach Westen reichenden Geestkerne der heutigen Inseln Sylt, Föhr und Amrum die höchsten Erhebungen eines Gletscherzungenbeckens. Dieses
füllten während der Weichsel-Eiszeit Schmelzwässer mit
Ablagerungen auf und ebneten die Täler zwischen den
Moränenkuppen, wie dem 44 m hohen Stollberg, ein. Die
Höhenunterschiede des eiszeitlichen Reliefs ändern sich
hier bereits in kurzer Entfernung. Das Wasser der weiter
südlich gelegenen Sanderflächen sammelte sich in den
Tälern der Treene, Eider und Elbe, die über das Elbeurstromtal entwässerten.

Die Nordsee erreichte hier erstmals um 6.500 v. Chr. das
Vorfeld der heutigen nordfriesischen Inseln und überflutete
dann langsam die höher als in Dithmarschen liegenden
eiszeitlichen Oberflächen und Moränenabhänge. Um 5.500
v. Chr. war der Raum des heutigen Pellworm überflutet.
Etwa 500 Jahre später verlief die Küstenlinie etwa von
der Westseite Nordstrands zur Hamburger Hallig und von
dort nach Pellworm, um dann nach Norden in Richtung
der Süderaue abzubiegen und deren Südseite zu folgen.
Zwischen Pellworm und Nordstrand reichte die Bucht
weit nach Osten. Im Westen lagen höhere, beim weiteren
Meeresspiegelanstieg teilweise überflutete Moränenkerne,
östlich davon erstreckten sich sandige Täler, die aufgrund
des steigenden Grundwasserspiegels vermoorten. Oberhalb der durch Schmelzwasserrinnen, Täler und Kuppen
geprägten Landschaft lagerte das Meer Sande und Tone
ab. Da der langsamer gewordene Meeresspiegelanstieg
nicht mehr mit dieser Sedimentation schritthalten konnte,
bildete sich ein Wattenmeer.

Langsam drang das Meer weiter in diese lagunenartige
Landschaft bis zum Rand der nordfriesischen Festlandsgeest vor und lagerte Sande und Tone (alter Klei) oberhalb
dieser vermoorten Gebiete ab, wovon es die gröberen
Partikel wieder abtrug und zu Sandwällen im Westen des
heutigen nordfriesischen Wattenmeeres anhäufte, die
sich an die Geestkerne anhängten. Infolge eines fallenden

Die auf dem flach abfallenden
Geestrand von Archsum errich-
teten Megalithgräber sind im
Verlauf des nacheiszeitlichen
Meeresspiegelanstiegs mit
Sedimenten bedeckt
worden. Heute liegen sie im
Wattenmeer. Foto: Dirk Meier

Meeresspiegels ging der marine Einfluss zurück, und große Teile des heutigen nordfriesischen Wattenmeeres zwischen Föhr, Amrum und Eiderstedt verlandeten. Hier bildeten sich im Schutz der westlichen Barriereküste Schilfsümpfe. Die Oberfläche des Moores lag ursprünglich um NN +0,80 m. Danach traten in den aus Ton aufgebauten Gebieten erhebliche Sackungen ein.

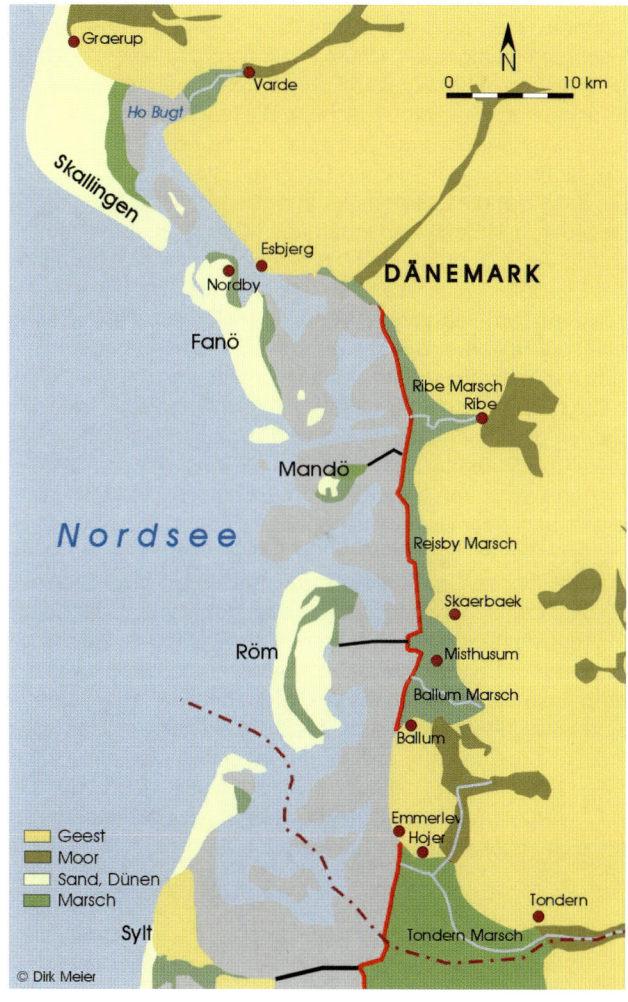

Dänische Wattenmeerküste mit Geestkernen, Marschen, Mooren und Inseln.

Nur zwischen Rodenäs, Aventoft und der Wiedaumündung blieb eine bis Sylt reichende Meeresbucht bestehen. Doch verringerte sich auch hier der marine Einfluss, so dass im Gebiet des späteren Gotteskooges und der Dagebüller Bucht bis hin zur Wiedingharde eine ausgedehnte Vermoorung einsetzte.

Diese lagunenartige Landschaft mit Seen, Schilfsümpfen, Hochmooren, vereinzelten Prielströmen und von der Geest nach Westen abfließenden Flüssen durchstreiften seit der jüngeren Stein- und Bronzezeit Jäger, die dem Vogel- und Fischfang nachgingen. Unter 4 m mächtigen Meeresablagerungen kam bei Wyk auf Föhr in einer Torfschicht eine Knochenharpune zum Vorschein. Weitere im nordfriesischen Wattengebiet aufgelesene Einzelfunde von Flintbeilen, Sicheln, Abschlägen und anderen Steingeräten deuten an, dass hier die seit dem 2. Jahrtausend v. Chr. existierende Moor- und Schilflandschaft von Menschen aufgesucht wurde. Anhäufungen von Muschelschalen als Mahlzeitreste der Ertebølle-Kultur, die beim Bau der Husumer Hafenschleuse zum Vorschein kamen, lagen auf einer Torfschicht oberhalb der alten Geestoberfläche. Darüber befanden sich 6 m mächtige Meeresablagerungen.

Die nachweisbaren Lagerplätze (Abschlagplätze) mit Spuren der Feuersteinbearbeitung konzentrieren sich auf die Altmoränen von Sylt, Amrum und Föhr. An deren exponierten Westseiten begann das Meer seinen Zerstörungsprozess, der zur Bildung von Kliffs führte. Wie dicht etwa die Geestkerne der Insel Sylt besiedelt waren, bezeugen die zahlreichen Grabhügel der jüngeren Stein- und Bronzezeit. Zu den schönsten Ganggräbern gehört der Denghoog in Wenningstedt auf Sylt aus dem Übergang des 4. Jahrtausends v. Chr. Reste weiterer Großsteingräber, die auf dem flach abfallenden Geestrand errichtet worden waren, sind im Wattenmeer südlich der Deichlinie der Nössehalbinsel vorhanden. Infolge des vordringenden Meeres wurden diese teilweise mit Sedimenten bedeckt. Seit etwa 500 v. Chr. entstanden dann im Gebiet von Sylt Seemarschen, die sich in der Folgezeit verkleinerten.

Bei Emmerlev grenzt die Nordsee direkt an das saaleeiszeitliche Kliff. Foto: Dirk Meier

Dänische Wattenmeerküste

Das Landschaftsbild der dänischen Wattenmeerküste von der Vidå (Wiedau) im Süden bis nach Graerup/Varde im Norden bestimmen höhere Altmoränenkuppen der Saale-Eiszeit, die bei Emmerlev, Brøns und nordwestlich von Ribe an die Nordsee grenzen. Dazwischen finden sich kleinere Marschgebiete von Ballum, Tønder, Rejsby, Varde und Ribe. Im vorgelagerten Wattenmeer erstrecken sich die Düneninseln von Fanø und Rømø, zwischen denen das kleine Eiland Mandø liegt. Nach Norden reicht das Wattenmeer bis zur Dünenhalbinsel von Skallingen.

Ein erster nacheiszeitlicher Meeresvorstoß erreichte zwischen 4.000 und 3.500 v. Chr. im Gebiet der heutigen westlichen Tøndermarsk etwa die Tiefenlinie von –6 m. Das Meer drang zunächst in das eiszeitliche Schmelzwassertal der Vidå (Wiedau) ein, füllte es mit Sedimenten auf und überflutete dann den flach nach Westen abfallenden, um 3.600–3.400 v. Chr. mit Moor bedeckten Geestrand. Weitere Vorstöße erreichten um etwa 3.000 v. Chr. die –4-m-Tiefenlinie und bedeckten bei Høyer ein jungsteinzeitliches Megalithgrab mit Sedimenten.

Um 1.600–1.100 v. Chr. erfasste das Meer ein Niveau von etwa –1,40 m, um 700–100 v. Chr. von –0,75 m. Über den abgelagerten Sedimenten wuchsen infolge eines Meeresrückzuges vermutlich um Chr. Geb. kleine Seemarschflächen auf. Den östlichen Bereich der niedrigen

Die Ballummarsch wurde erst im Mittelalter mit Warften besiedelt. Im Vordergrund erkennt man einen mittelalterlichen Sommerdeich, dahinter liegt die Warftengruppe Misthusum. Am Horizont ist der saaleeiszeitliche Geestrand zu sehen. Foto: Dirk Meier

Tøndermarsk (Tondermarsch) bedeckten Schilfsümpfe, wie ein Schilfhorizont aus der Zeit um 770 n. Chr. an der Basis der Warft Fællesværre belegt. Erneute Salzwasserüberflutungen um 1.000 n. Chr. führten dann zum Absterben des Schilfs und zur Ausbildung einer Seemarsch, die sich schnell vergrößerte.

Die von der Geest im Norden, Osten und Süden eingefasste, erst 1914–1919 bedeichte Ballummarsch durchzieht die einem weichseleiszeitlichen Schmelzwassertal folgende Bredeå. Im Verlauf des ersten nacheiszeitlichen Meeresvorstoßes drang die Nordsee in das eiszeitliche Schmelzwassertal der Bredeå ein, füllte es mit Sedimenten auf und überflutete dann die flach abfallenden Geestränder. Auf diesen Meeresablagerungen wuchsen frühestens seit 500 v. Chr. erste Seemarschen auf, die das Wirtschaftsland der Geestrandsiedlungen bildeten. Erst im 12. Jahrhundert entstanden dann in der Marsch bei Misthusum mehrere Hofwarften sowie ein Sommerdeich.

Weiter im Nordwesten hatte die Nordsee erstmals um etwa 4.500 v. Chr. den Geestrand bei Grærup in der Nähe von Varde erreicht. Aus dem erodierten Schutt der Moränen und mitgeführten Sanden und Tonen schüttete das Meer hier bis zur einer Breite von 4 km vor dem Geestkern Sände auf. An der Ho Bugt wuchsen um 2.300 v. Chr. bis um Chr. Geb. infolge eines ansteigenden Grundwasserspiegels Küstenrandmoore auf. Um etwa 250 n. Chr.

entstanden hier erste Marschen, die später teilweise von Dünensänden überweht wurden. Seit 1600 bildeten sich erneut Marschen. Als Folge des nachlassenden Meeresspiegelanstiegs sowie der Kräfte von Wind und Strömung entstand die Nehrung von Skallingen, auf der Dünen aufwehten. Wind, Wellen und Strömungen veränderten diese 1605 als Schalling Sand bezeichnete Halbinsel immer wieder. Mehrere Sandbänke reichen hier bei geringer Wassertiefe weit nach Westen und machen die Schifffahrt gefährlich.

Leben mit Wasser und Wind: Frühe Besiedlung der Nordseemarschen

Nachdem über Jahrhunderte die bäuerlichen Siedler dort, wo es möglich war, die aufgelandeten unbedeichten Seemarschen von den Geesträndern her als Viehweiden genutzt hatten, gingen die Menschen seit dem 7. Jahrhundert v. Chr. im nordniederländischen und seit Chr. Geb. im nordwestdeutschen Küstengebiet dazu über, in den sich ausdehnenden Salzwiesen zu siedeln. Hier wählten sie auf höheren Marschrücken entlang der Küste oder Uferwällen an Prielen günstige Standorte zum Bau ihrer Wohnplätze aus. Dabei blieben die Siedler in extremer Weise vom Naturraum abhängig. Da es keine Wälder gab, mussten sie alles Bauholz von der Geest über in das Landesinnere führende Priele und Flüsse heranschaffen. Nur während Perioden ohne höhere Sturmfluten konnten die Menschen ihre Hofstellen als Flachsiedlungen auf den Uferwällen anlegen, während Sturmfluten den Bau künstlicher Schutzhügel erforderten. Diese mit Klei und Mist aufgehöhten Zufluchtsstätten für Mensch und Vieh werden in Dänemark *vaerfter*, in Nordfriesland Warften (Warfen), in Dithmarschen oder dem Land Wursten Wurten, in Groningen Wierden und in Friesland Terpen genannt.

Das Wattenmeer in der antiken Überlieferung

Die ersten Beschreibungen des Wattenmeeres gehen auf den Griechen Pytheas von Massilia (*um 380/350 v. Chr.; † um 310 v. Chr.) zurück, der einigen seiner Zeitgenossen als großer Entdecker, anderen jedoch als Lügner galt. Die wenigen Textfragmente des von ihm verfassten *Okeanos* kennt man vor allem aus Strabons *Geographica*, Eratosthenes Sizilischer Geschichte oder der *Naturalis Historiae* Plinius des Älteren, die als Geographen und Naturkundler skeptisch gegenüber den Schilderungen des Pytheas waren. Vielleicht suchten die Griechen nach neuen Handelswegen, da möglicherweise – auch wenn das nicht nachweisbar ist – die sich im westlichen Mittelmeerraum ausbreitenden Karthager die Meerengen von Gibraltar sperrten und das Zinnmonopol besaßen. Wenn die Griechen zu den britischen Zinninseln gelangen wollten, war dies daher am leichtesten über die Rhône *(Rhodanus)* aufwärts durch die von Kelten beherrschte Gallia möglich.

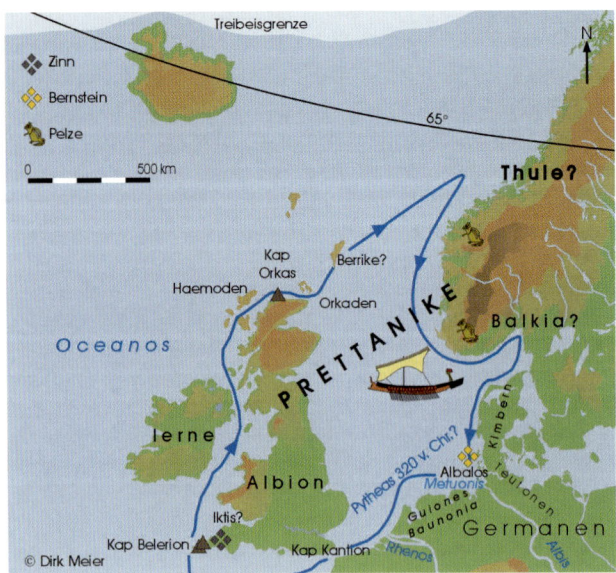

Angebliche Seereise des Pytheas mit den genannten griechischen Bezeichnungen.

Als einer der ersten Hellenen brachte Pytheas während seiner vorgeblichen Befahrung des *Okeanos* die Gezeiten mit dem Mond in Verbindung. Folgt man Eudoxos aus Knidos sowie Dikaiarchos, kann man die Reise des Pytheas für die erste Hälfte des 4. Jahrhunderts v. Chr. annehmen. Ob er dabei nach der Durchquerung der Meerenge von Gibraltar, entlang der gallischen Küste und um England herum mit Zwischenstationen weitersegelnd, auch das Wattenmeer erreichte, ist völlig ungewiss. Angeblich, so berichten die antiken Quellen, habe nach Pytheas eine Tagesfahrt entfernt von der Mündung des *Metuonis* (evtl. der Rhein) ebenso wie von *Baunonia* (die anschließende Küstenregion) die Insel *Abalon* (oder *Abalus*) gelegen, an deren Stränden Bernstein angespült werde, das Pytheas erstmals zutreffend als fossiles Baumharz beschrieb. Ob damit Helgoland gemeint ist, wäre denkbar, da hier Bernstein in geringen Mengen angespült wird.

Zur Zeit der Reise des Pytheas siedelten an der Nordseeküste Jütlands nach Livius die Kimbern und Teutonen. Diese suchten *auf der Flucht von den äußersten Grenzen Galliens, da der Ozean ihr Gebiet überschwemmt hatte, nach neuen Wohnsitzen in der ganzen bekannten Welt.* Dies ist der erste Hinweis von einer Sturmflut im Nordseeraum und stammt vielleicht von den Betroffenen selbst. Für Strabon jedoch *sieht die Annahme, dass einstmals eine übermäßige Meeresflut erfolgt sei, ganz wie eine Erfindung aus.*

Die späteren römischen Berichte über die Nordseeküste stehen im Zusammenhang mit den Eroberungsversuchen der nördlichen Germania zwischen 12 v. Chr. und 16 n. Chr. Unter dem Feldherrn Drusus erreichten die Römer 12 v. Chr. erstmals die Flussmündungen von Weser und Ems. Nach Suetonius hat er *den nördlichen Ozean als erster von den römischen Heerführern befahren.* Schwieriger als der Widerstand der hier siedelnden germanischen Stämme waren für die Römer die Gefahren der ihnen unbekannten Wattenmeerküste. So berichtet Cassius Dio: *Als Drusus dann in das Land der Chauken eingefallen war, geriet er in eine gefährliche Lage, da seine Schiffe infolge der Ebbe des Ozeans auf dem Trockenen sitzen blieben.*

Auch die Unternehmungen des Tiberius um 5 n. Chr. und des Germanicus zwischen 14 und 16 n. Chr. dienten

der Eroberung des nördlichen Germanien. Wie Drusus und
Tiberius segelte Germanicus mit der Flotte in die Ems ein,
um sich mit den nach Norden von Mainz her vorstoßen-
den Legionen zu treffen. Nach dem Feldzug schickte er
einen Teil des Heeres zu Fuß heim und schiffte den Rest
ein, damit die Flotte *umso leichter auf dem Meere voller
Untiefen schwimme und nicht bei Ebbe festsäße.* Das an
der Marschküste zurückmarschierende Heer wurde jedoch
von einer Sturmflut überrascht.

Vitellius, der die Truppe führte, *machte den Marsch
anfangs trockenen Fußes oder doch bei niedriger Flut ohne
Gefahr. Dann aber wurde unter der Wirkung des Nordwin-
des und dazu unter dem Gestirn der Tag und Nachtgleiche,
wo der Ozean am stärksten anschwillt, der Heereszug
fortgerissen und hierhin und dorthin geworfen. Der Boden
verschwand unter den Fluten, das Meer, die Ufer und die
Landflächen zeigten das gleiche Aussehen: man konnte
nicht mehr unsicheren Grund vom festen Land, seichte von
tiefen Stellen unterscheiden. Die Soldaten wurden durch
die Flut niedergeworfen, von den Wogen verschlungen,
Zugtiere, Gepäck und Leichen trieben dazwischen oder
kamen ihnen entgegengeschwommen ...*

In ähnliche Lage gerieten im nächsten Jahr ebenfalls die
römischen Legionäre und Hilfstruppen. Doch konnten sich
viele Legionäre, *ein großer Teil von ihnen nackt und oder
übel zugerichtet,* retten und man drang in den Fluss Visur-
gin [wohl die Weser] vor. Bei einem weiteren Flottenvorstoß
ließ Germanicus einen Teil der neu erbauten Schiffe *in der
Emsmündung auf der linken Seite zurück*, da die verbün-
deten Chauken und Friesen die Expedition unterstützten.
Nach der Ausfahrt aus der Ems gerieten die römischen
Galeeren, die einen Teil des zurückkehrenden Heeres an
Bord hatten, in einen Sturm. So berichtet Tacitus:

*Zuerst war das Meer ruhig, wie es unter den Rudern
der tausend Schiffe aufrauschte oder durch die Kraft des
Segelns aufgewühlt wurde. Dann aber zog schwarzes
Gewölk herauf, und ein Hagelschauer prasselte nieder. Die
Truppen, die die Launen des Meeres nicht kannten, wurden
ängstlich und störten die Seeleute bei ihren Hantierun-
gen ... Dann aber wurde Himmel und Meer die Beute des
Südwindes: bei dem feuchten Klima Germaniens, seinen
tiefen Strömen, seinen riesigen Wolkenmassen war er von*

reißender Gewalt. Die Kälte des Nordpols steigerte noch seine Furchtbarkeit: er packte die Schiffe, warf sie hierhin und dorthin und trieb sie in den offenen Ozean oder auf die Inseln zu, die durch steile Felsen oder verborgene Untiefen gefährlich waren. Nur mit knapper Not gelang es, aus ihrem Bereich zu entkommen. Als dann Flutwechsel eintrat und die Meeresströmung die gleiche Richtung wie der Sturm einnahm, konnten sich die Schiffe nicht vor Anker halten.

Das Schiff des Germanicus trieb an die von Chauken bewohnte Küste. Nach noch einem Misserfolg verzichtete Tiberius auf weitere solcher kostspieligen maritimen Unternehmungen. Allen römischen Berichten gemein ist das Erstaunen über die Nordseeküste mit Ebbe und Flut. Das Leben der Menschen in den Marschen beschreibt Plinius der Ältere (23/24–79 n. Chr.) in seiner Naturgeschichte wie folgt:

Wir haben auch in der Beschreibung des Orients nahe dem Ozean mehrere Völker erwähnt, die in derselben Dürftigkeit leben. Es gibt aber auch im Norden [solche Völker], die wir gesehen haben, nämlich die der Chauken, die die großen und die kleinen genannt werden. In gewaltiger Strömung ergießt sich dort der Ozean in Zwischenräumen

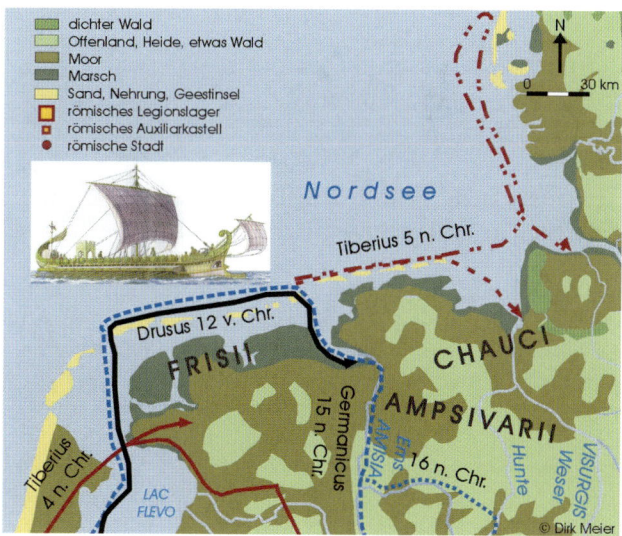

Römische Flottenvorstöße in die Germania Libera zwischen 12 v. Chr. und 15 n. Chr.

*zweimal bei Tage und bei Nacht auf ein ungeheures Gebiet,
indem er den abwechselnden Streit der Elemente bedeckt,
von dem man im Zweifel sein kann, ob er zum Lande
gehört oder ein Teil des Meeres ist. Dort hat ein elendes
Völckchen hohe Hügel im Besitz, die wie Rednerbühnen
von Menschenhand errichtet sind, entsprechend den Erfahrungen von der höchsten Flutgrenze: auf die sind demge-
mäß die Hütten gesetzt. Ihre Bewohner gleichen Segeln-
den, wenn die Fluten das umliegende Land bedecken, aber
Schiffbrüchigen, wenn sie wieder zurückgewichen sind,
und sie machen bei ihren Hütten Jagd auf die mit dem
Meer fliehenden Fische. Vieh zu halten, ist diesen Menschen nicht vergönnt, ja, nicht einmal mit den wilden Tieren
zu kämpfen, da jeder Strauch weit und breit fehlt. Aus
Seegras und Binsen flechten sie ihre Netze zum Fischfang,
und indem sie den mit den Händen gesammelten Schlamm
mehr durch den Wind als durch die Sonne trocknen, machen sie mit Hilfe [dieser] Erdart ihre Speisen und ihre vom
Nordwind erstarten Eingeweide warm. Ihr Getränk besteht
ausschließlich aus Regenwasser, das in Gruben vorn im
Hause aufbewahrt wird. Und diese Menschen behaupten,
falls sie heute vom römischen Volk besiegt werden sollten,
sie würden dann Sklaven! Es steht wirklich so: viele schont
das Schicksal zu ihrer Strafe.*

Vielleicht hatte Plinius die Marschen nach einer Sturmflut
gesehen. Denn seine Beschreibungen entsprechen kaum
den tatsächlichen Lebensbedingungen der Menschen an
der Küste.

Terpen- und Wierdenlandschaften in den Seemarschen der nördlichen Niederlande

Die erste Landnahme bäuerlicher Siedlungsgruppen in den
nordniederländischen Seemarschen war die Folge einer
Bevölkerungsverdichtung auf den sandigen, unfruchtba-
ren Böden des von Hochmooren getrennten Grundmo-
ränenplateaus der Drenthe. Die frühesten Nachweise der
Zeijener Kultur sind zwischen 600–400 v. Chr. auf den
Marschuferwällen kleiner, in das Wattenmeer mündender
Flüsse nachgewiesen. Nachdem Buchten zuschlickten und
sich die Küstenlinie nach Norden verlagerte, entstan-

Um 500 v. Chr. erfasste eine Landnahme die ersten Seemarschen der nördlichen Niederlande, die sich allmählich nach Norden verlagerten und um 100 n. Chr. schon dicht besiedelt waren. Mit dem Aufwuchs weiterer Marschflächen hatte sich um 800 n. Chr. die Küstenlinie noch weiter nach Norden verschoben.

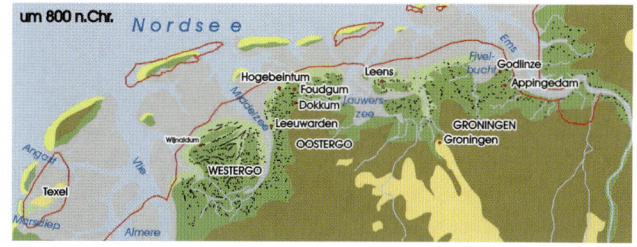

den hohe, nacheinander gestaffelte Marschrücken, deren Besiedlung kurz nach Chr. Geb. einsetzte. Diese wurden von Menschen der protofriesischen Kultur (400–200 v. Chr.) besiedelt. In der anschließenden Phase der als friesisch bezeichneten Zeit der Streepband-Keramik vom 2. Jahrhundert v. Chr. bis zum 1. Jahrhundert n. Chr. wuchs die Bevölkerungszahl in den Marschen weiter. Die Siedler erhöhten ihre Siedlungen gegen Sturmfluten mit Mist und Klei zu Terpen. Wie in Peins-Oost und Dongjum-Heringa in Westergo nachgewiesen, schützten sie bereits im 1./2. Jahrhundert ihre kleinen Ackerfelder während der Sommermonate durch niedrige Wälle gegen Sturmfluten.

In dieser Zeit dehnte sich die von Prielen durchzogene Seemarsch Westergos bis zum Ijsseldelta östlich der Insel

Texel aus, das sich infolge des Einbruchs des Vlies vergrößerte. Im Osten trennte die etwa seit dem 9. Jahrhundert
weiter nach Süden vorstoßende Middelzee Wester- von
Oostergo. Dieser Meereseinbruch reichte im Süden bis
zur Marne, einem von Nordwesten her eingebrochenen
Prielstrom. Nach einem vorübergehenden Besiedlungs-
rückgang während der Völkerwanderungszeit kam es auf
den küstenparallelen Marschrücken während des 6. bis
8. Jahrhunderts n. Chr. zur Gründung weiterer Terpen wie
Wijnaldum in Westergo oder Foudgum und Hogebeintum in Oostergo. Im 10. Jahrhundert erreichte dann die
Besiedlungsdichte ein erstes Maximum. Mit etwa 8,80 m
ist Hogebeintum die höchste Terp der Niederlande. Die
Wirtschaft der Terpen beruhte auf extensiver Viehhaltung
in den Seemarschen, wobei deren Bewohner in römischer
Zeit ebenso wie im frühen Mittelalter vom maritimen Fernhandel profitierten. Die Agrarüberschüsse der extensiven
Viehhaltung sowie Wolle wurden in Handelszentren wie
Bolsward, Dokkum und Leeuwarden umschlagen.

Weitere künstlich aufgehöhte Siedlungshügel, die
Wierden, kennzeichnen die historische Kulturlandschaft
der Groninger Seemarschen zwischen Lauerszee und
Emsmündung. Anschließend an früheisenzeitliche Sied-
lungsplätze des 6.–4. Jahrhunderts v. Chr., wie Middelstum
oder Paddepoel, entstanden mit Niehove, Ezinge, Oostum,
Groot Wetsinge und Wittewierum größere Wierden, die bis
in spätrömische Zeit besiedelt blieben. Weitere lagen auf
den Uferwällen am Rand der Fivelbucht. Mit der Völkerwanderungszeit seit dem 4. Jahrhundert ging die Bevölkerung stark zurück, bevor seit dem 7. Jahrhundert n. Chr.
eine erneute Besiedlungsverdichtung einsetzte.

Gut nachvollziebar ist der Aufbau der großen Wierden
am Beispiel der von Albert Egges van Giffen zwischen
1923–1934 in Ezinge durchgeführten Ausgrabungen. Dort
begann auf einem Uferwall nahe des Reitdiieps die Besiedlung im 6. Jahrhundert v. Chr. mit mindestens zwei
West-Ost orientierten Wohnstallhäusern. Im 5. Jahrhundert
v. Chr. erfolgte über dieser Flachsiedlung die Aufschüttung einer kleinen, bis 1,20 m hohen Wierde aus Mist mit
abdeckenden Kleilagen, auf der vier bis fünf kleine Wohnstallhäuser standen. Die Wände der Bauten bestanden aus
Flechtwerk, wobei paarig gegenüberstehende Innenpfos-

Mit Almadin verzierte Bügelfibel
aus Wijnaldum, Westergo.

ten und schräge Außenstützen das Reetdach trugen. Um 200 n. Chr. betrug die Höhe der nun im Durchmesser etwa 100 m großen Wierde mit ihrer halbkreisförmigen Anlage mehrerer, zwischen 5–7 m breiter und 20–23 m langer Häuser mit Wohn- und Stallteil schon 2,10 m. Nach deren Aufgabe errichteten die Bewohner neue Bauten, die mit ihren Stallteilen in Längsrichtung der ehemaligen Gebäude verschoben lagen, damit sich der Mist leichter entfernen ließ. Im 2. und 3. Jahrhundert n. Chr. erhöhten die Siedler die Wierde bis zu einer Höhe von 3,40 m nochmals, die nun einen Durchmesser von 150 m aufwies. Seit etwa 300 n. Chr. bestanden kulturelle Verbindungen mit dem Weser-Ems-Gebiet. Während der jüngsten eisenzeitlichen Phase um 400 n. Chr. besaß die Wierde eine Höhe von bis zu 4,40 m. Da nun die Zahl der Wohnstallhäuser zugunsten kleiner, handwerklich genutzter Grubenhäuser zurückging, dürften die Marschen häufiger von Salzwasser überschwemmt worden sein, was die extensive Viehhaltung beeinträchtigte.

Eine Neubesiedlung setzte dann im 6./7. Jahrhundert mit einem Zuzug von Siedlern vom Drenthe-Plateau ein, wobei wohl auch sächsische Immigranten aus dem Elbe-Weser-Dreieck hinzukamen, die mit der einheimischen Bevölke-

Die große Terp Hogebeintum in Oostergo ist durch den Dungabbau größtenteils abgegraben worden. In der Mitte der Terp liegt die alte Kirche.
Foto: Friesland-Holland Niews

rung verschmolzen. In dieser Zeit hatte sich infolge junger aufgelandeter Seemarschen die Küstenlinie weiter nach Norden verlagert. Hier entstanden weitere Wierden, die sich von Leens im Norden der Groninger Marsch bis Godlinze und Spijk an der Fivelbucht und bis zur Emsmündung erstrecken. Einige dieser neu gegründeten Wierden, wie Bierum, Nansum und Borgsweer nahe der Emsmündung, wiesen eine rechteckige Siedlungsstruktur auf. Die Dorfwierden, deren Bewohner von dem Seehandel entlang der Nordseeküste profitierten, stehen dabei in einem auffälligen Kontrast zur Armut und Abgeschiedenheit der Dörfer auf der Drenthe.

Die Bewohner der Wierden bestatteten ihre Toten im frühen Mittelalter ebenso wie in Wester- und Oostergo in Urnen- und Körpergräberfeldern. So wurden in Godlinze 116 Körpergräber aus der Zeit zwischen etwa 675 und 850 n. Chr. ausgegraben, die auf eine Bevölkerung der Wierde von durchschnittlich 58 Personen schließen lassen.

Die Namen mancher dieser Wierden erinnern dabei an frühere wichtige Männer der Dörfer, wie Thiadmar (Tjamsweer), Liuppo (Loppersum), Jucke (Jukwerd) oder Godlef (Godlinze). Die sozial führenden Familien der Wierden stärkten ihre Stellung noch mit der Gründung von Märkten auf den Handelswierden wie Termunten an der in die Ems mündenden Oude Ae oder Appingedam nahe der Fivelbucht. Eine ähnliche Bedeutung besaß das sich auf dem Sandrücken des zwischen den Flüssen Hunze und Drentse Aa 60 km nach Norden reichenden Hondsrugs entwickelnde Groningen, das erstmals 1040 erwähnt wurde. Hier wur-

Die Wierde von Ezinge, Groningen, mit der alten Kirche fiel größtenteils dem kommerziellen Dungabbau zum Opfer, ein kleiner Teil wurde von A. E. van Giffen ausgegraben.
Foto: Dirk Meier

den die Agrarprodukte des Hinterlandes umgeschlagen. Nachdem das Küstengebiet seit Karl dem Großen unter fränkische Kontrolle kam, entstanden mit der Christianisierung Kirchen und Klöster.

Frühe Marschensiedlungen zwischen Ems und Elbe

Zu den frühesten Nachweisen permanent besiedelter Marschensiedlungen im nordwestdeutschen Küstengebiet gehören die Flachsiedlungen in der Ems- und Weserflussmarsch. Zur Zeit der Landnahme um 600 v. Chr. auf den Uferwällen der Ems wuchsen hier noch Weiden, Ulmen und Eschen, welche die ersten Siedler für die Anlage ihrer Siedel- und Wirtschaftsflächen rodeten. Nahe der Wohn-

Niedersächsische Nordseeküste mit Seemarschen, größeren Wurten und Meeresbuchten um 800 n. Chr.

© Dirk Meier

stallhäuser befanden sich die Äcker mit Gerste, Emmer und Pferdebohne. Das im 7. Jahrhundert v. Chr. angelegte Jemgum mit seinen Wohnstallhäusern und Speichern wurde aufgrund von Überflutungen im 5. Jahrhundert v. Chr. wieder aufgegeben. Hingegen bestand die 10–14 Gehöfte umfassende Siedlung Boomborg bei Hatzum vom 6.–3. Jahrhundert v. Chr., bevor auch hier das Meer die Wohnplätze überschwemmte. Wie in Jemgum umsäumten ebenso in Boomborg Prielläufe die Siedlung, deren Wohnstallhäuser mit zugehörigen Pfostenspeichern auf flachen Hauspodesten aus Mist und abdeckenden Kleisoden standen.

Eine erneute Nutzung des Emsuferwalles setzte um Chr. Geb. ein. Infolge der dichten Besiedlung verschwand die obere Hartholzaue. Die Waldnutzung erfasste nun auch die tieferen Bereiche. Neben den auf Viehhaltung ausgerichteten Siedlungen bestand in Bentumersiel im 1. Jahrhundert n. Chr. ein Lagerplatz mit Pfostenspeichern und einem

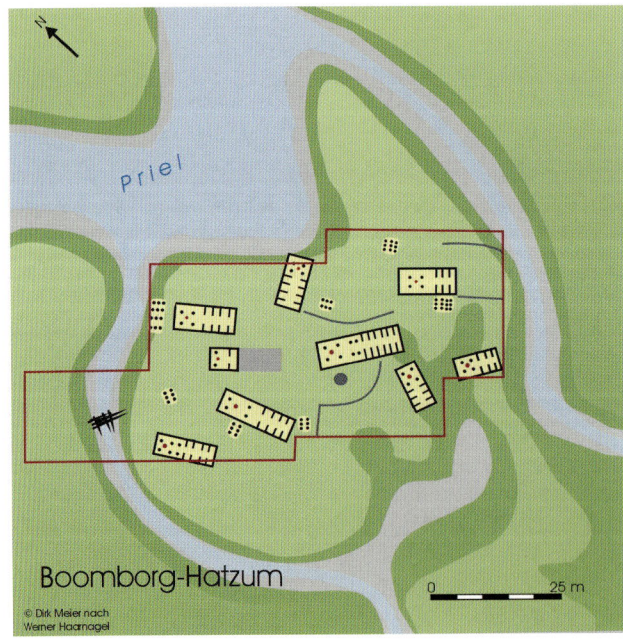

Boomborg-Hatzum

© Dirk Meier nach
Werner Haarnagel

0   25 m

Flachsiedlung Boomborg-Hatzum an der Ems.

© Dirk Meier

Rekonstruktion der auf einer Halbinsel gelegenen Flachsiedlung von Boomborg-Hatzum.

dreischiffigen Gebäude ohne Stall. Ob dieser aufgrund der Funde römischer Militaria mit den 15/16 n. Chr. durchgeführten römischen Flottenvorstößen des Germanicus in einem Zusammenhang steht, bleibt unklar. Nachdem die Siedlungen der ersten nachchristlichen Jahrhunderte aufgegeben wurden, zielte im 7./8. Jahrhundert n. Chr. eine erneute Landnahme auf die Uferwälle an der Unterems, wie eine Flachsiedlung bei Hatzum dokumentiert. Mit der alten Boomborg entstand seit dem ausgehenden 9. Jahrhundert ein weiterer Wohnplatz, der über Priele einen Wasseranschluss zur Ems besaß.

Nordwestlich der Außenems war mit der Krummhörn ein größeres Seemarschgebiet aufgelandet. Dessen Besiedlung begann im 1. Jahrhundert n. Chr. auf den hohen Uferwällen entlang der weit in das Landesinnere reichenden Sielmönkener Bucht und der Seemarschen an der Emsmündung. Landeinwärts erstreckten sich vermoorte Sietländer. Im Südwesten der Krummhörn markieren dabei in Streulage Dorfwurten die Kulturlandschaft, zu denen das an der Emsmündung gelegene Rysum gehört. Diese 6 m hohe, von unregelmäßigen Blockfluren umgebene Dorfwurt hat ihre runde Form mit ihren um die im 12. Jahrhundert errichtete Kirche herum liegenden Bauernhäusern noch bewahrt.

Der Stapelplatz Bentumersiel an der Ems hatte schon zur Römerzeit eine lokale Bedeutung.

Nach einer Phase eines starken Siedlungsrückganges oder auch völligen Entsiedlung entstanden in der Krummhörn seit dem frühen 7. Jahrhundert neue Wohnplätze im Rahmen einer friesischen Landnahme. Dabei wurden zunächst die alten Dorfwurten der Eisenzeit, wie Uttum, erneut besiedelt. Die frühmittelalterlichen Wurtaufträge des 9./10. Jahrhunderts wiesen hier bereits eine Höhe von NN +3,50 m auf. Daneben entstanden weitere runde Wurtendörfer wie Uphusen an einer Schleife des Uphusener Tiefs östlich von Emden. In Upleward wurden Teile zweier Wohnstallhäuser mit Wänden aus Flechtwerk und schräggestellten Außenpfosten ausgegraben. Das eine entstand etwa um 670 n. Chr., das andere etwas später.

Die landwirtschaftlichen Produkte dieser Wurten sowie hergestellte Tuche wurden im Rahmen des fränkisch-friesischen Handels auf den Langwurten Emden an der Ems, Groothusen an der Sielmönkener Bucht und Grimersum an der Leybucht gegen Importe getauscht. In Emden bestand die Bebauung der 250 m langen Handelsniederlassung im 8./9. Jahrhundert aus kleinen Holzhäusern in Stabbautechnik zu beiden Seiten der heutigen Pelzer Straße. Infolge mehrerer Wurterweiterungen bildete sich bis zum 12./13. Jahrhundert dann die schachbrettförmige Bebauung der Emdener Altstadt heraus.

Nordöstlich der Krummhörn und der Leybucht gingen im späten Mittelalter altbesiedelte Seemarschen unter, wie Wattenfunde nördlich von Bensersiel dokumentieren. Deren früheste Besiedlung erfolgte während der vorrömischen Eisenzeit 3 km nördlich des Geestrandes mit der Anlage ebenerdiger Wohnplätze auf den Uferwällen der von Prielen durchzogenen Seemarsch. Seit etwa Chr. Geb. entstanden Wurten, deren Siedler Viehhaltung sowie etwas Ackerbau und Fischfang betrieben. Ferner lassen Körperbestattungen eines Gräberfeldes aus der ersten Hälfte des 5. Jahrhunderts n. Chr. nach ihren Trachtbestandteilen auf eine ansässige sächsische Bevölkerung schließen. Unter diesen befand sich die eines zehn Monate alten Kindes aus der Zeit des 3. Jahrhunderts n. Chr.

Weitere Belege der frühen Marschenbesiedlung stammen aus dem Wangerland, wo eine Landnahme bäuerlicher Siedler kurz nach Chr. Geb. die Uferwälle entlang der Crildumer Bucht erfasste. Nach einer weitgehenden

Siedlungsleere im 5./6. Jahrhundert n. Chr. erfolgte eine Besiedlung durch friesische Bevölkerungsgruppen. Dazu gehört das auf einer Halbinsel der Crildumer Bucht entstandene Oldorf, wo erste Wohnplätze seit etwa 650 n. Chr. angelegt wurden. Die Ausgrabungen wiesen hier ein größeres Wohnstallhaus und kleinere mit handwerklichen Tätigkeiten zu verbindende Werkplätze der Zeit um 670 n. Chr. nach. Zunächst erweiterte man um 710 n. Chr. die Wurt mit Mist- und Kleiaufträgen, bevor man das Gebäude abbrach und die Hofwurt bis NN +3,60 m erhöhte. An der Stelle des alten Hofplatzes erstreckte sich in der ersten Hälfte des 9. Jahrhunderts ein Gräberfeld der ländlichen Oberschicht mit vorwiegend West-Ost orientierten Körpergräbern. Dieser Begräbnisplatz wurde noch im gleichen Jahrhundert aufgegeben und mit kleineren Gebäuden bebaut. Das Ende der Wurtensiedlung im 10. Jahrhundert dürfte mit einer Siedlungsausweitung in die teilweise verlandete Crildumer Bucht zusammenhängen, wo mit Neuwarfen eine im 10. Jahrhundert mit Kleiaufträgen aufgeschüttete längliche Wurt entstand.

Südöstlich des Wangerlandes reichte im Gebiet des heutigen Wilhelmshaven bis zu ihrer Abdeichung um 1520 die zwischen 500–200 v. Chr. eingebrochene, trichterförmige Maadebucht in das Landesinnere. Diese hielt das Wasser der Maade offen, die den Oldenburger Höhenrücken entwässerte, bevor ein Teil des Wassers im 14. Jahrhundert über Nebenflüsse in den sich ausweitenden Jadebusen abgeleitet wurde. Das 1362 vom Jadebusen her vorstoße-

Ryum in der Krummhörn hat seine alte Dorfstruktur mit der Kirche in der Mitte und den umliegenden Bauernhöfen noch weitgehend bewahrt.
Foto: Waldemar Reinhard

ne Schwarze Brack schnitt dann den Oberlauf der Maade ab. Infolge einer Verlangsamung der Spülkraft des Flusses verlandete die Bucht. Die frühesten Siedlungsnachweise reichen hier mit der Banter Kirchwurt und der Observatoriumswurt bis in das 1. oder 2. Jahrhundert v. Chr. zurück. Weitere Dorfwurten der ersten nachchristlichen Jahrhunderte entstanden mit Fedderwarden und Sengwarden auf dem Uferwall nördlich der Maadebucht. Deren Bewohner betrieben neben der Landwirtschaft auch Salztorfabbau. Nach einer Siedlungsleere oder -ausdünnung während der Völkerwanderungszeit erfolgte seit dem 7. Jahrhundert eine neue Landnahme. Wiederum entstanden größere Wurten wie das archäologisch untersuchte Hessens mit seiner Bebauung von Wohnstallhäusern.

Die Siedlungsgeschichte Butjadingens, des nördlichen Teils der heutigen Halbinsel zwischen Jadebusen und Weser, beginnt mit der Anlage von Flachsiedlungen und Wurten auf zwei Uferwällen. Auf dem inneren liegt Sillens, wo die Bewohner bereits im 1. Jahrhundert ihre ebenerdigen Wohnplätze mit Mist und Klei zu einer Wurt bis NN +3,80 m erhöhten. Nach einer weiteren Aufwartung gaben die Bewohner schon im 2. Jahrhundert ihre Höfe auf. In der Nähe der Dorfwurt lagen im 1./2. Jahrhundert bis NN +2 m hohe Hofwurten. Grund für die Aufgabe war

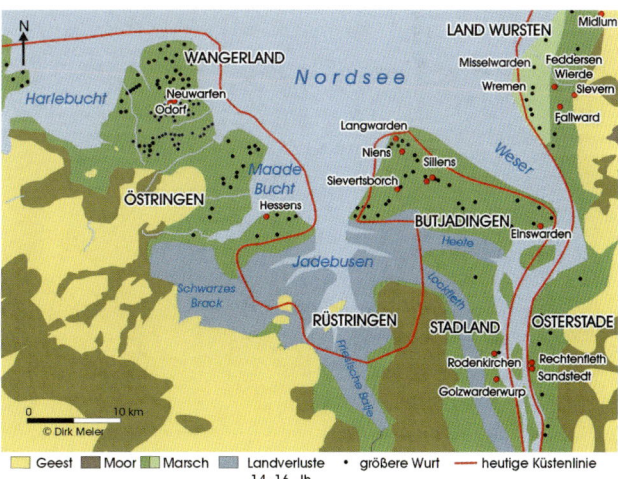

Seemarschen, untersuchte Wurten und Meereseinbrüche des 14.–16. Jahrhunderts im nordöstlichen Niedersachsen.

Flachsiedlung

50 m

Siedlungshorizont 1b
50 v. Chr. - Chr. Geb.

Siedlungshorizont 1c
Chr. Geb. - 50 n. Chr.

Hofwurten

Siedlungshorizont 1d
50 - 100 n. Chr.

Dorfwurt

Siedlungshorizont 2
150 - 200 n.Chr.

Siedlungshorizont 3
200 - 250 n. Chr.

Siedlungshorizont 4
250 - 275 n. Chr.

© Dirk Meier
nach W. Haarnagel

Wurt

Siedlungshorizont 5
275 - 300 n. Chr.

Siedlungshorizont 6
300 - 350 n. Chr.

Siedlungshorizont 8
400 - 450 n. Chr.

Die Dorfwurt Feddersen Wierde im Land Wursten entwickelte sich über mehrere Stadien hinweg aus einer Flachsiedlung mehrerer Wohnstallhäuser an den Abhängen eines Brandungswalles. Im 3. Jahrhundert n. Chr. erreichte die Dorfwurt kreisförmig angelegter Wohnstallhäuser sowie einer größeren Gehöftgruppe im Süden der Dorfwurt ihre größte Bedeutung.

der Umweltwandel. Standen zu Beginn der Landnahme auf dem inneren Uferwall im 1. Jahrhundert n. Chr. noch ausgedehnte Salzwiesen zur Verfügung, in denen das Vieh weiden konnte, führte die Bildung eines zweiten Uferwalles zur Einschränkung der natürlichen Entwässerung, wodurch die Marschen versumpften. Deshalb verlagerten sich die Siedlungsaktivitäten auf den äußeren Uferwall mit seinen Salzwiesen, wo das Vieh bessere Weidegründe fand. Dort entstanden in den ersten nachchristlichen Jahrhunderten die Wurten Tossens, Ruhwarden und Langwarden, das bis in die Mitte des 5. Jahrhunderts besiedelt blieb, während man andere aufgab.

Im 7./8. Jahrhundert n. Chr. ließen sich dann Neusiedler auf den verlassenen Wurten nieder oder gründeten an anderer Stelle – wie das Beispiel Niens belegt – neue Wohnplätze. Dort entstanden auf der Marsch zwischen 726–731 kleine Wohnstallhäuser, bevor höhere Sturmfluten einen Bau von Hofwurten erforderten, aus deren Zusammenschluss eine Dorfwurt entstand. Neben der dominierenden Viehhaltung bauten die Siedler hier Emmer, Lein, Leindotter und Saathafer in den Sommermonaten an. Die dichte Bebauung der Wurt von bis zu 15 vermuteten Wohnstallhäusern überdauerte das 9. Jahrhundert, bevor das Dorf bis zum 13. Jahrhundert größtenteils verlassen wurde.

Südlich von Butjadingen wurde der westseitige Weseruferwall des Stadlandes erstmals in der späten Bronzezeit besiedelt, wo sich bei Rodenkirchen eine Flachsiedlung des 10./9. Jahrhunderts v. Chr. befand. Die Höfe lagen hier auf dem flussabgewandten, NN −1 m hohen Hang des Weseruferwalles. Spätere Überschwemmungen bedeckten die Siedlung mit Sedimenten. Auf den dann weiter aufgehöhten Marschuferwällen entstanden dann seit dem 2./3. Jahrhundert v. Chr. erste Wurten.

Die nördliche Küstenlinie der Außenweser nimmt das Land Wursten ein. Oberhalb der Meeresablagerungen war hier westlich des Geestrandes der Hohen Lieth seit etwa 500 v. Chr. eine Seemarsch aufgelandet, die entlang der Küste ein Strandwall aus Geröllen und Kiesen begleitete. Auf diesem bilden von Süden nach Norden die in den ersten nachchristlichen Jahrhunderten bewohnten Dorfwurten zwischen Weddewarden und Mulsum eine Kette. Die landwirtschaftlichen Überschüsse dieser Siedlungen

fanden Absatz in der mit zwei Ringwällen gesicherten Heidenschanze auf der Hohen Lieth bei Sievern, wo sich zwischen 50 n. Chr. bis in das späte 1. Jahrhundert die Fernhändler trafen.

Die Entwicklung eines der Wurtendörfer lassen die Ausgrabungen auf der Feddersen Wierde gut erkennen. Hier begann die Landnahme im 1. Jahrhundert v. Chr. mit der Anlage von fünf etwa gleich großen Wohnstallhäusern. Bis zum Ende des Jahrhunderts kamen drei weitere Betriebe hinzu, wobei sich die Siedlung langsam nach Osten, den Strandwallrücken hinab verlagerte. Mit dem Bau kleiner Hofwurten seit dem 1. Jahrhundert n. Chr. setzte eine differenziertere Sozialstruktur ein. So gab es neben 14 bäuerlichen Wohnstallhäusern drei kleinere Bauten mit stärkerer handwerklicher Spezialisierung. Seit dem 2. Jahr-

Blick auf mehrere Wohnstallhäuser der Feddersen Wierde, Land Wursten.
Foto: Peter Schmid

hundert wuchsen die Hofwurten zu einer in der Folgezeit kontinuierlich mit Mist und Klei erhöhten und vergrößerten Dorfwurt zusammen. Während des 3./4. Jahrhunderts n. Chr. erreichte die Wurt mit bis zu 25 Wohnstallhäusern, drei anderen Hallenhäusern und Kleinbauten ihre größte wirtschaftliche Blüte. Die Häuser lagen dabei halbkreisförmig um einen freien Platz herum, wobei die sozial und wirtschaftlich herausgehobene Schicht in einem Gehöftkomplex („Herrenhof") mit großem Wohnstallhaus, Versammlungshaus und handwerklichen Bereichen wohnte, den Zäune umgaben. Bis in das 5. Jahrhundert erhöhten die Bewohner kontinuierlich ihre Wurt weiter. Diese Aufträge dürften zwar meist als Reaktionen auf höhere Sturmfluten zu werten sein, doch entstanden im 4./5. Jahrhundert – vielleicht in einer Phase von weniger hoch auflaufenden Sturmfluten – auch niedrig gelegene Wohnstallhäuser am Rande der Dorfwurt. Doch aufgrund wieder zunehmender Überflutungen versalzten die Wirtschaftsfluren allmählich, was die Viehhaltung und den Ackerbaus einschränkte. Zuletzt entstanden daher immer mehr Kleinbauten für das handwerkliche Gewerbe, während die Landwirtschaft an Bedeutung verlor.

Ergänzende Hinweise zur Ökonomie und zur sozialen Schichtung der Bevölkerung erlauben die Gräberfelder. So kam südlich der Feddersen Wierde 1993 am Rande der Dorfwurt Fallward auf einem Strandwall ein Urnen- und Körpergräberfeld des 4./5. Jahrhunderts n. Chr. mit wertvollen Beigaben sowie einer Bootsbestattung zutage.

Nachdem die Besiedlung im Land Wursten im 5. Jahrhundert infolge der Völkerwanderung stark ausdünnte oder endete, erfasste im 7./8. Jahrhundert eine neue Landnahme bäuerlicher Siedlergruppen – vermutlich Friesen – zunächst den südlichen Teil der Seemarsch und dehnte sich seit dem 9./10. Jahrhundert auf die westlichen und nördlichen jungen Marschgebiete aus, wo mit Imsum, Schottwarden, Hülsing, Hofe, Wremen, Norderwiede und Misselwarden eine weitere Wurtenreihe entstand.

Die frühe Besiedlung der südlichen, landeinwärts an Moore grenzende Elbuferwälle dokumentieren später teilweise zu Wurten aufgehöhte Flachsiedlungen, wie sie etwa zwischen Lüdingworth im Westen und Belum im Osten, um Chr. Geb. entstanden. Weitere eisenzeitliche Siedlungen lagen bei Bützfleth, Barnkrug, Ritsch und Drochtersen zwischen der Oste und Stade.

Frühe Marschensiedlungen in Schleswig-Holstein

Die Gebiete der ältesten Marschenbesiedlung in Schleswig-Holstein umfassen die Elbmarschen, das Dithmarscher Küstengebiet, Eiderstedt und die Wiedingharde. Die einzigen nachgewiesenen Wohnplätze der ersten nachchristlichen Jahrhunderte in den Elbmarschen konzentrieren sich auf die Uferwälle der Stör, da spätmittelalterliche Sturmfluten die Elbuferwälle zerstörten. Wie Ausgrabungen der 1930er Jahre in Hodorf am östlichen Störufer belegen, lag dort das Höhenniveau eines ältesten, zu ebener Erde in der Marsch angelegten Hauses etwa 1,40 m unter der heutigen, bei Normalnull liegenden Oberfläche. Im 3. und 4. Jahrhundert wurde der Wohnplatz jeweils erhöht.

Im Dithmarscher Küstengebiet hatten bereits die Siedler von Geestrandsiedlungen der vorrömischen Eisenzeit – wie im Gebiet von Heide, Hemmingstedt und dem Elpersbütteler Donn belegt – die Marschen als Viehweide genutzt, bevor eine Landnahme im frühen 1. Jahrhundert n. Chr. die Seemarschen selbst erfasste. Kleinere Wohnplätze befanden sich hier bei Eddelak und Ostermenghusen auf Uferwällen an Prielen in dem von Schilfsümpfen geprägten Sietland Süderdithmarschens. In diese Gruppe gehört auch Ostermoor, wo auf einem Uferwall eines Priels nahe der Elbmündung im 1./2. Jahrhundert n. Chr. eine Flachsiedlung mehrerer bäuerlicher Wirtschaftsbetriebe existierte. Aufgrund einer zunehmenden Vernässung des Wirtschaftslandes wurden hier die Höfe Ende des 2. Jahrhunderts aufgegeben. Spätere Sturmfluten bedeckten das Areal dann mit geringmächtigen Ablagerungen.

Die meisten Siedlungen lagen im Westen der Dithmarscher Südermarsch zwischen der Elbe und der späteren Meldorfer Bucht. Das am besten untersuchte Beispiel bildet Süderbusenwurth südwestlich von Meldorf, wo auf dem östlichen Abhang eines bis NN +1,80 m hohen Uferwalles mehrere aus Mist und Klei erhöhte Hofwurten

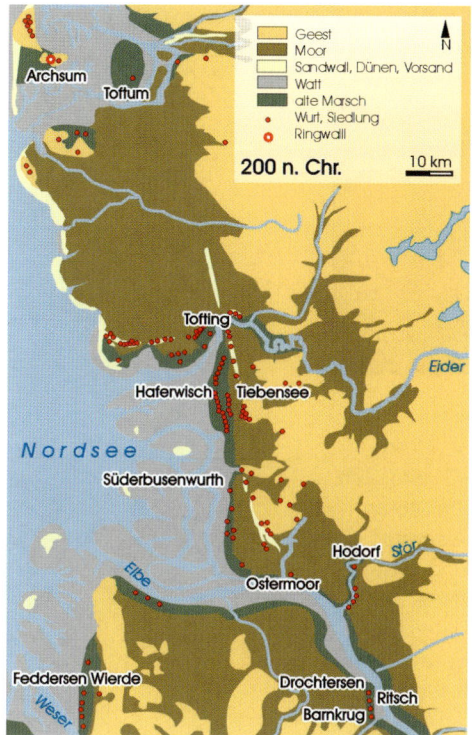

Nordseeküste Schleswig-Holsteins mit Marschen, Mooren und Besiedlung um 200 und 850 n. Chr.

entstanden. Das Mittlere Tidehochwasser lag hier kurz nach Chr. Geb. zwischen NN +0,30 und +0,40 m. Einer der untersuchten Hofplätze befand sich nördlich eines Prieles. Hier wurde kurz nach Chr. Geb. ein Wohnstallhaus errichtet. Nach nur kurzer Nutzungszeit brannte das Gebäude ab. Danach planierten die Siedler das Areal und erhöhten es mit Sodenlagen. Das abfallende Niveau des Uferwalles im Osten glichen Mistaufträge und Sodenlagen aus, wobei den Rand der Mistpackung ein Sodenwall begrenzte. Auf dieser erweiterten Hofwurt entstanden nach 50 n. Chr. kurz nacheinander zwei neue Wohnstallhäuser. Das Hofareal fasste ein Zaunsystem ein, dessen Hölzer in den Jahren 146–149 n. Chr. gefällt wurden. Die Siedlung durchzogen mit Flechtwerk ausgelegte Wege. Nach 150 n. Chr. erfolgten umfangreiche Kleiaufträge. Möglicherweise dienten

Flachsiedlung Ostermoor, Dithmarschen, mit mehreren Wohnstallhäusern auf einem Uferwall. Grafik: Fritz Fischer

diese nicht nur der Anlage neuer Wohnplätze, sondern auch für den Ackerbau, da zunehmend höhere Sturmfluten die nur niedrig aufgelandeten Seemarschen überfluteten und die höheren Areale des kleinen Uferwalles begrenzt waren. Die wirtschaftliche Grundlage der Siedlung bildete bis zu deren Aufgabe am Ende des 3. Jahrhunderts die Viehhaltung. Im Hauswerk wurde Wolle der Schafe zu Textilien verarbeitet und Leder von Rindern gegerbt. Ferner töpferte man größere Vorratsgefäße als auch bessere Tonware. Eisenschlacken belegen ferner Metallverarbeitung. Die Wirtschaftsweise der Siedlung blieb ländlich. Überwiegend hielten die Siedler Rinder, aber auch Schafe, Ziegen, Schweine, Pferde und Hunde. Nachweise von Seehund, Kleinwal und Stör dokumentieren eine marine Jagd mit Booten. Erlegte Zugvögel wie Graugänse und Graureiher ergänzten das Nahrungsangebot. Ferner wurde Wildschweinen und Rothirschen auf der Geest nachgestellt.

Neben der Dithmarscher Südermarsch erfasste die Landnahme des frühen 1. Jahrhunderts n. Chr. auch höhere Marschflächen 2.000 m westlich von Heide. Hier entstanden in Tiebensee zunächst Wohnstallhäuser auf niedrigen Sodenpodesten, die im 2. Jahrhundert n. Chr. zu Wurten erhöht wurden. Auf dem etwas höher aufragenden Marschrücken überwogen vom Süßwasser geprägte Pflanzenarten. Zwar ließen sich keine Kulturpflanzenreste nachweisen, doch deuten Unkräuter auf saisonalen Ackerbau hin. Die Vernässung der Weidegründe, der bald eine

Süderbusenwurth, Dithmarschen. Blick auf das Stallende eines Wohnstallhauses um 50 n. Chr. Foto: Dirk Meier

Wasserversorgung der Wurt Haferwisch. Um 150 n. Chr. diente ein einfacher Schachtbrunnen mit Ablauf für die Wasserversorgung, der um 200 n. Chr. bei der Vergrößerung der Hofwurt durch eine Wasserauffangzisterne mit Brunnenschacht ersetzt wurde.

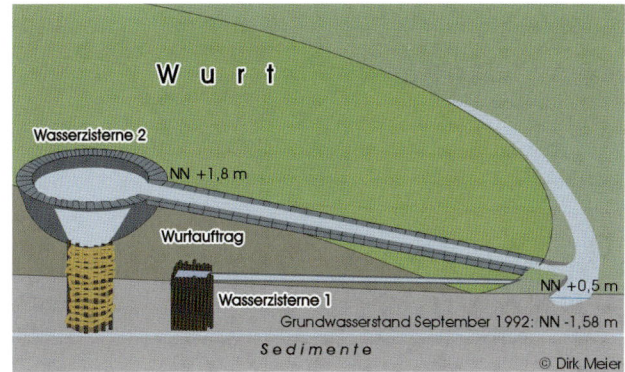

Vermoorung folgte, bildete hier die Ursache für die Verlagerung der Siedlungsaktivitäten näher zur Küste seit der Mitte des 2. Jahrhunderts n. Chr.

Dort entstanden 2.000 m westlich von Tiebensee bei Haferwisch aus Kleisoden aufgetragene Wurten. Zahlreiche Salzbinsen und andere salzliebende Pflanzen prägten hier die niedrige Seemarsch, die nicht einmal von sommerlichen Sturmfluten verschont blieb. Häufigste Nutztiere waren daher Schafe. Daneben wurden auch kleinwüchsige Rinder, Schweine und Pferde gehalten. Am Rande der Siedlung war ein Hund in einer Grube rituell deponiert worden. Dem Lebensunterhalt dienten neben der Landwirtschaft auch Fischfang und Jagd auf Weißwangengänse, Seeadler, Enten, Schwäne, Wildschweine und Rothirsche. Zur Versorgung mit Frischwasser errichteten die Bewohner verschiedenartige Gruben und Zisternen. Besonders aufwendig war eine größere, von der jüngeren Siedlungsphase in den Wurtauftrag reichende Zisterne, die einen mit Soden ausgekleideten Trichter für das Auffangen von Regenwasser besaß, von dem ein Flechtwerkbrunnen bis in die Brackwasser führenden Schichten des Untergrundes reichte. Ein in den Auffangtrichter mündender Graben konnte überschüssiges Wasser ableiten.

Die Marschsiedlungen der ersten nachchristlichen Jahrhunderte in Dithmarschen blieben eher klein und wurden aufgrund ungünstiger Umweltbedingungen bald wieder aufgegeben. So überschwemmten in Süderbusenwurth

und Haferwisch Sturmfluten die nur niedrig aufgelandeten Seemarschen im Umkreis der Siedlungen, während in Ostermoor und Tiebensee Staunässe und Moore die Weideflächen begrenzten.

Ende des 7. Jahrhunderts nutzten erneut Gruppen bäuerlicher Siedlungsgemeinschaften die günstige naturräumliche Entwicklung an der Küste zwischen Elbe und Eider. Im Unterschied zu den friesisch besiedelten Küstenabschnitten bildete Dithmarschen im frühen Mittelalter einen Teil der drei nordelbischen Sachsengaue der Holsteiner, Stormarner und Dithmarscher, deren Siedelgebiete seit dem frühen 9. Jahrhundert in das Fränkische Reich einbezogen wurden.

In den durch ein vermoortes Sietland von der waldreichen Geest getrennten Dithmarscher Seemarschen entstanden neue Wurtendörfer, die wie Fahrstedt-Marne, Wöhrden, Wellinghusen, Hassenbüttel oder Wesselburen einen Durchmesser bis 300 m und Höhen bis NN +6 m aufweisen. Nach Ausweis der Ausgrabungen in Wellinghusen bei Wöhrden legten hier erste Siedler um 691 n. Chr. mehrere Wohnstallhäuser nahe eines Prieles auf einem bis NN +1,80 m hohen Uferwall an, den in dieser Zeit noch keine Sturmfluten überschwemmten. Im niedrigeren Umland erstreckten sich hingegen stark salzwasserbeeinflusste Salzmarschen. Den die Siedlung durchziehenden Prielarm überquerte eine um 785 reparierte Brücke, bevor man diesen mit Mist verfüllte. Seit dem frühen 9. Jahrhundert erhöhten die Siedler die Hofplätze zu Hofwurten mit Klei und

Blick auf die frühmittelalterliche Dorfwurt Wellinghusen.
Foto: Dirk Meier

Mist. Wiederum erfolgte die Errichtung von Wohnstallhäusern. Der Wurtenausbau mit einer Verlagerung der Hofplätze erfolgte dabei nach Osten hin. Steigende Sturmflutwasserspiegelstände machten dann vom 10.–14. Jahrhundert weitere Wurterhöhungen aus Kleiaufträgen notwendig. Die wirtschaftliche Grundlage der Siedler bildete die Viehhaltung, wobei während der Sommermonate auf dem Uferwall Gerste, Hafer und Leinen angebaut wurden. Im späten Mittelalter verlor die Wurtsiedlung an Bedeutung, da viele Höfe in die bedeichte Marsch ausgebaut wurden. Zudem entstand im 12. Jahrhundert unmittelbar nördlich der alten Wurt ein langgestrecktes Wurtendorf.

Im 10. Jahrhundert verdichtete sich das Siedlungsbild in der Dithmarscher Nordermarsch. Nun entstanden neue Wurtsiedlungen auch auf den niedrigeren Partien der Seemarschen. Dazu gehört das 2 km nördlich von Wellinghusen gelegene Hassenbüttel. Anwachsschichten über älteren Pflugspuren belegten hier, dass vor der Anlage erster Hofwurten des 10. Jahrhunderts die niedrige Seemarsch öfter überschwemmt worden war. Im 11. Jahrhundert entstanden dann größere und höhere Hofwurten. Die wirtschaftliche Basis der Bewohner bildete die Viehhaltung. Im Verhältnis zu Wellinghusen hielten hier die Siedler aufgrund der niedrigen Seemarschen noch mehr Schafe als Rinder. Daneben sind Schweine, Ziegen, Pferde, Hunde, Katzen und Hühner nachgewiesen. Das Hausgeflügel lockte auch Füchse an. Erlegte Trauerenten, Graugänse, Weißwangengänse, Kolkraben ebenso wie Fischotter, Störe und Schweinswale bereicherten das Nahrungsangebot. Die frühmittelalterlichen Wurtsiedlungen Dithmarschens bewahrten somit ihren ländlichen Charakter, wenn auch die Bevölkerung von dem über See gehenden fränkisch-friesischen Fernhandel profitierte, wie Funde von Fibeln und Mühlsteinen aus dem Rheinland oder Kämmen und Tonschieferwetzsteinen aus Skandinavien zeigen. Östlich der Seemarschen trennte ein vermoortes Sietland die Zone der Dorfwurten von den Siedelgebieten auf der Geest.

Nördlich der Eider zielte eine erste Landnahme bäuerlicher Siedler im frühen 1. Jahrhundert n. Chr. auf die hohen Uferwälle entlang des windungsreichen Flusses mit ihren Salzwiesen und die im Hinterland liegenden Sandwälle. In Tofting nordöstlich von Tönning errichteten bäuerliche

Profil der Dorfwurt Wellinghusen mit Priel und Aufträgen
aus Mist (braun) und Klei (hell).
Foto: Dirk Meier

Siedler auf einem NN +1,45 m hohen Uferwall einer alten
Eiderschleife spätestens zu Beginn des 2. Jahrhunderts
n. Chr. ihre Wohnstallhäuser auf kleinen Sodenpodesten.
Wie Ausgrabungen von 1949–1952 zeigten, bildete sich
aus dem Zusammenschluss einzelner, platzkonstanter
und allmählich erhöhter Hofwurten mit Wohnstallhäusern
bis zum 4./5. Jahrhundert eine Dorfwurt von etwa 200 m
Durchmesser heraus, die mit Beginn des 5. Jahrhunderts
aufgegeben wurde.

Nördlich der Eideruferwälle beschränkten sich die
Siedelmöglichkeiten auf einige höhere Marschflächen im
ansonsten vermoorten Sietland sowie auf die Sandwälle,
wo sich auch Urnengräberfelder des 2.–4. Jahrhunderts
befanden. Am Westrand des Ortes Katharinenheerd wurde
im 6. Jahrhundert ein Hortfund mit Gefäßen, Perlen und
Edelmetall niedergelegt. Zusammen mit Funden des 5.
Jahrhunderts aus Tofting sind dies die letzten Belege für
die Anwesenheit von Menschen vor der Völkerwanderung.

Die Träger einer neuen, im 8. Jahrhundert einsetzenden
Landnahme bildeten friesische Bevölkerungsgruppen,
welche die Küstengebiete nördlich der Eider in Besitz
nahmen. Historische Quellen berichten allerdings nicht
über diese maritime Landnahme, in deren Folge alte Dorfwurten wie Tofting wiederbesiedelt und neue gegründet
wurden, zu denen Elisenhof, Olversum und Welt gehören.

Rekonstruktion der frühmittelalterlichen Marschensiedlung
am Elisenhof, Eiderstedt.
Foto: Dirk Meier

Die zwischen 1957–1964 erfolgten Ausgrabungen auf dem Elisenhof bei Tönning dokumentierten mehrere auf dem Abhang eines bis NN +2,20 m hohen Uferwalles nahe eines Priels seit dem 8. Jahrhundert errichtete Wohnstallhäuser, die sich im 9./10. Jahrhundert hangabwärts verschoben. Dabei schüttete man den Priel mit Mist und Abfall zu und bezog die Flächen in das bebaute Areal ein. Bei den Höfen handelte es sich um 12–15, überwiegend nord-südlich ausgerichtete Langhäuser mit Wohn- und Stallteil unter einem Dach. Je zwei große Häuser standen paarweise nebeneinander und waren mit Zäunen und Gräben eingefasst. In den sich seewärts ausdehnenden Salzbinnenwiesen weidete das Vieh, zugleich brachten die Siedler von hier aus das Heu ein. Der außergewöhnlich hohe Anteil von Schafen deutet auch eine Nutzung des tiefer gelegenen Andelrasens an. Auch im heutigen Vorland dient diese Vegetationszone nur als Schafweide.

Im Hinterland der Siedelzone entlang der Eideruferwälle hatte die Vermoorung zugenommen, so dass man hier nur die höheren Sandwälle aufsuchte. Bei Witzwort wurde im 10. Jahrhundert ein Hort mit Zahlungssilber vergraben, der ebenso wie die Beigaben in den Gräberfeldern und Funde der Wurtensiedlungen Handelskontakte mit dem Fränkischen Reich belegt.

Nördlich der Eiderstedter Sandwälle bildeten im 1. Jahrtausend n. Chr. die in ihrer Entstehung schon beschriebenen Schilfsümpfe, Restseen und Moore im Bereich des heutigen nordfriesischen Wattenmeeres eine siedlungsfeindliche Landschaft. Hier drängte sich daher die Besiedlung auf die Geestkerne der Inseln Amrum, Föhr und Sylt zusammen. Einige Keramikscherben der ersten drei nachchristlichen Jahrhunderte aus dem Watt nahe Pellworm lassen allerdings vermuten, dass hier im späten Mittelalter zerstörte Seemarschen besiedelt waren. Vielleicht lagen weitere Wohnplätze auch auf den vom Meer abgetragenen Nehrungen im Westen des heutigen nordfriesischen Wattenmeeres oder auf Uferwällen an Prielen in der vermoorten Landschaft.

Nach Ausweis von Keramikfunden im Watt um Hallig Hooge sowie dem Anschnitt einer von Meeresablagerungen bedeckten Flachsiedlung des 9. Jahrhunderts auf Pellworm zu schließen, waren hier kleinere Flächen einer

Seemarsch im Schutz noch vorhandener westlicher Nehrungen besiedelt.

Östlich von Sylt erstreckte sich bereits um Christi Geburt mit der Wiedingharde eine Marschinsel, die der nordfriesischen Festlandsgeest vorgelagert war. Den tieferen Untergrund kennzeichnen hier in ost-westlicher Richtung führende Schmelzwassertäler der Wiedau, während weiter im Süden die eiszeitliche Oberfläche flach nach Westen hin abfällt. Zunächst war das Meer hier in die tiefen Rinnen vorgedrungen. Mit dem gleichzeitigen Anstieg des Grundwasserspiegels vermoorte die ehemalige eiszeitliche Oberfläche, die dann von Meeresablagerungen bedeckt wurden. Darüber entstand spätestens um Chr. Geb. eine Seemarsch, die in den ersten nachchristlichen Jahrhunderten besiedelt war.

So fanden sich unter den mittelalterlichen Kleiaufträgen der Warften Althorsbüll und Emmelsbüll-Toftum Nachweise einer Besiedlung des 4. Jahrhunderts n. Chr. auf der Marsch. In der 700 m südöstlich von Horsbüll gelegenen Warft von Emmelsbüll-Toftum begann die Besiedlung auf der Marsch im 4. Jahrhundert und endete, nach Funden fränkischen Glases zu schließen, etwa um 500 n. Chr. Seit dem 8. Jahrhundert wurde die Wiedingharde nach Ausweis der Flachsiedlungen von Emmelsbüll-Toftum und Horsbüll erneut besiedelt. Da die Flut sich mit den Prielströmen um die im Schutz von Sylt liegende Marschinsel herum ausbreitete und diese nicht frontal angriff, begann hier mit höheren Sturmfluten erst seit dem Hochmittelalter der Warftenbau.

Mensch und Naturgewalten: Deichbau und Sturmfluten an der Nordsee

Der im 11./12. Jahrhundert in den niederländischen und nordwestdeutschen Seemarschen einsetzende Deichbau und die damit verbundene Entwässerung und Urbarmachung der Sietländer schufen die Voraussetzung für eine flächenhafte Besiedlung sowie eine Intensivierung des

Ackerbaus und der Viehhaltung. Notwendig waren diese kosten- und arbeitsintensiven Investitionen aufgrund der seit dem Hochmittelalter stark ansteigenden Bevölkerung, die auf dem Lande ebenso wie in den Städten nach Agrarprodukten verlangte. Die Deiche schützten zwar die Marschen vor regelmäßiger Überflutung, aber der künstliche Eingriff in den Naturraum hatte auch schwerwiegende Folgen. So staute sich das Wasser nun vor den Deichen, während es sich vorher weiträumig verteilen konnte.

Besonders bei Nordweststürmen in Niedersachsen oder Nordwest- und Weststürmen in Schleswig-Holstein drückten die Wassermassen in die Flussmündungsgebiete, Meeresbuchten und an die Küsten. Mussten dann die Deichsiele längere Zeit geschlossen werden, drohte eine Binnenwasserüberflutung. Waren die Deiche durchbrochen, strömte das Wasser mit gewaltiger Kraft in die Marsch. An den Bruchstellen blieben tiefe Wasserlöcher als Wehlen zurück, die nur umdeicht werden konnten. Wenn die Höhe der Deiche und Warften nicht ausreichte, ertranken immer wieder Menschen und Tiere. Zudem waren die Erntevorräte und die Wintersaaten vernichtet sowie die Felder durch das salzige Wasser lange Zeit verdorben.

Die mittelalterlichen Chronisten erklären diese Naturphänomene meist als gerechte Strafe Gottes. Die in den stereotypen Schilderungen genannten Opferzahlen sind meist fiktive Größen. Die Katastrophen erhielten oft den Namen des Tagesheiligen. Hunger und ausbrechende Seuchen, aber auch sozialer Wandel waren oft unmittelbare Folgen großer Sturmfluten. Viele Menschen verloren ihre Höfe und verarmten, da sie keine oder kaum Hilfe erhielten. Organisierte Hilfe gab es kaum.

Erst in den ausführlicheren Schadensberichten der frühen Neuzeit finden sich Angaben zu relativen Sturmfluthöhen, die auf die damalige „ordinäre Flut" oder auf vorangegangene Sturmfluthöhen bezogen sind. Die Höhe der ordinären Flut, somit des Mittleren Tidehochwassers, berechnete man anhand der Höhe der Tagesfluten und bildete dann Mittelwerte. Nur an einzelnen Bauwerken lassen jedoch Flutmarken Sturmfluthöhen erkennen. Erst im 19. Jahrhundert beginnt überall an der Nordseeküste die Errichtung von Pegeln als Flutmesser, die man um 1900 auf Normalnull (NN) bezog.

Klimaentwicklung und Schwankungen des Mittleren Wasserstandes von 1000 bis 1800

Der Anstieg des Mittleren Tidehochwassers seit 1.000 n. Chr. war nicht nur eine Folge des Deichbaus, sondern auch der mittelalterlichen Warmzeit. Während dieser lagen die Durchschnittstemperaturen zwischen 0,1–0,2 °C höher als in der vorangegangenen kühleren Periode und 1–2 °C höher als während der nachfolgenden Kleinen Eiszeit, die in der zweiten Hälfte des 16. Jahrhunderts begann und bis an den Anfang des 19. Jahrhunderts dauerte. Die Übergangsphase von einem tendenziell warmen zu einem tendenziell kalten Klima im 14. Jahrhundert zeichnet sich besonders durch häufige Wetterextreme aus. Die Häufung der Schadensereignisse wie Sturmfluten, Flussüberschwemmungen und Starkregen ist somit auch eine Folge klimatischer Änderungen.

Als es mit dem Beginn der Kleinen Eiszeit im 15. Jahrhundert wieder kälter wurde, sank das Mittlere Tidehochwasser wieder, um dann nach deren Ausklingen um 1800 wieder anzusteigen. Aber auch während der Kleinen Eiszeit, mit der ein Absinken des Mittleren Tidehochwassers verbunden war, kam es erneut zu Sturmfluten, deren Höhen mit der Klimaerwärmung seit dem Abklingen der Kleinen Eiszeit zu Beginn des 19. Jahrhunderts wieder anstiegen. Die Geschichte der Sturmfluten belegt zugleich, dass diese unabhängig von der Schwankungen unterliegenden Höhe des MThw auftreten.

Deichbautechnik, Deichrechte und Deichverwaltung

Der Deichbau beruhte im Mittelalter auf empirischen Erfahrungen älterer Fluthöhen. Oft wurden zunächst nur niedrige Deiche mit flachen Böschungen errichtet, welche die

Während sich in der Naturlandschaft der Nordseemarschen die besiedelbaren Zonen mit den Dorfwurten meist auf die Uferwälle nahe der Küste konzentrierten (oberes Bild), erlaubten der Deichbau und die Urbarmachung der vermoorten Sietländer seit dem 12. Jahrhundert eine erhebliche Ausdehnung der agrarischen Nutzflächen. Langgezogene Marschhufensiedlungen mit regelmäßigen Aufstreckfluren kennzeichnen das Landesausbaugebiet (unteres Bild). Grafiken: Dirk Meier

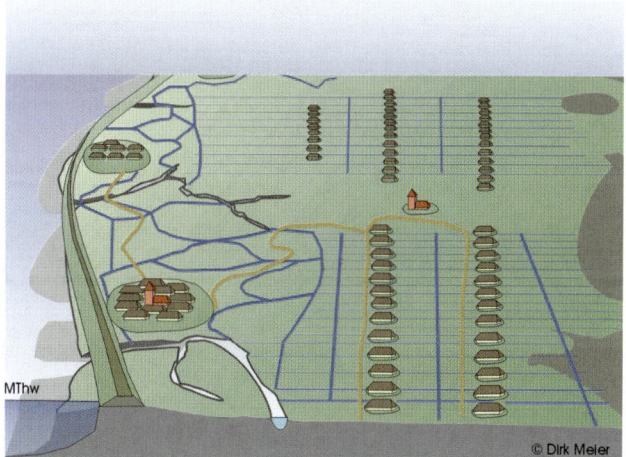

sommerlichen Sturmfluten abhielten und das Agrarland sicherten. Da höhere Herbst- und Winterstürme diese überfluteten, blieben als Schutz für Mensch und Vieh nur die höheren Warften. Dort, wo breite Prielströme die Marschen inselartig zerschnitten, entstanden lokale ringförmige Deiche. In anderen, weniger zerrissenen Marschregionen ging man schon früh zum Bau küstenparalleler Seedeiche über.

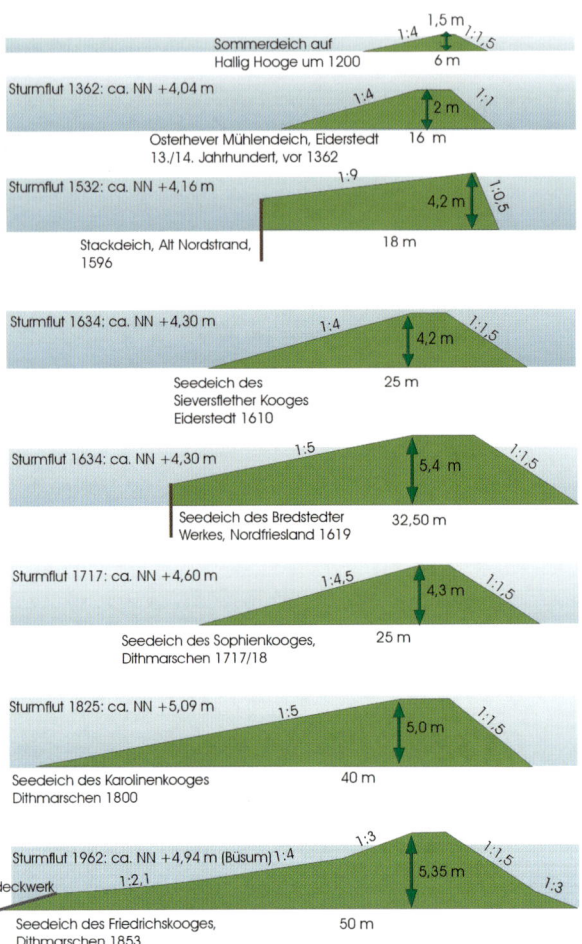

Entwicklung der Deiche vom Mittelalter bis zur Neuzeit.

Oft waren in den Deichverlauf ältere Warften einbezogen. Binnendeiche wurden meist bebaut und dienten gleichzeitig als Fahrwege.

Bis in die frühe Neuzeit wurde das Baumaterial in der Nähe des Deichfußes abgegraben, wo sich so tiefe, mit Wasser gefüllte Späthinge bildeten. Den aus Klei aufgeworfenen Deichkörper bedeckte man mit gestochenen Grassoden. Schafe halten dabei bis heute die Grasnarbe

Darstellung des Deichbaus in der mittelalterlichen Handschrift des Sachsenspiegels.

des Deiches kurz und sorgen durch ihren Vertritt für eine bessere Festigkeit der Oberfläche.

Infolge der kleinräumigen Selbstverwaltung blieb der Deichbau im Mittelalter meist Angelegenheit der in Kirchspielen organisierten bäuerlichen Genossenschaften, wenn es auch in einigen Küstenregionen – wie in Flandern und Holland – schon früh zu Eingriffen der Grafen kam. Neben dem Adel beteiligten sich hier Kirche und Klöster an der Urbarmachung des Landes.

Die Unterhaltung der Deiche oblag im Mittelalter den bäuerlichen Genossenschaften. Mit den friesischen Landesgemeinden oder den Harden als Verwaltungseinheiten des dänischen Königs in Nordfriesland entwickelten sich aus den Gewohnheitsrechten schriftlich fixierte Deichrechte. Wer sich nicht an der Deichunterhaltung beteiligte, verlor somit alle Ansprüche innerhalb des eingedeichten Landes. Derjenige, der den Spaten wieder herauszog, übernahm gemäß dem Spatenrecht (Spadelandsrecht) den Besitz und die darauf ruhende Deichlast.

Die meist spärliche schriftliche Überlieferung zum mittelalterlichen Deichrecht unterstreicht die Entwicklung des

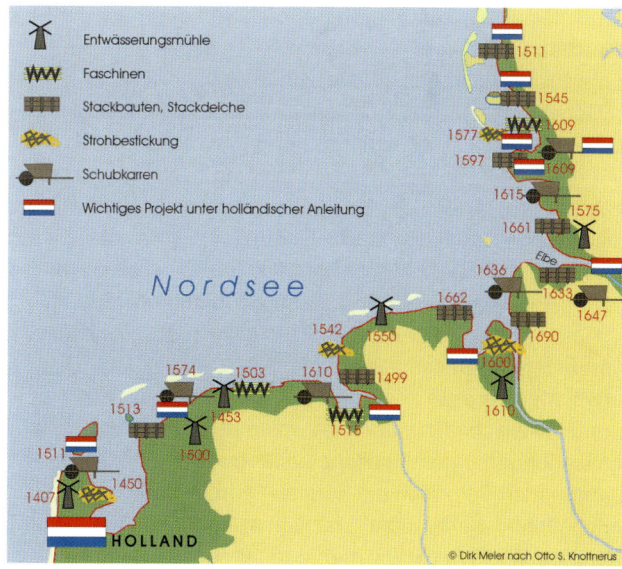

Holländische Deichbauinnovationen an der Nordseeküste.

Deichwesens vom individuellen Unternehmen einzelner Bewohner auf den Warften über die größeren Verwaltungseinheiten wie den Kirchspielen oder Harden in Nordfriesland
bis hin zur umfassenden landesherrlichen Hoheit seit dem
15. Jahrhundert. Mit zunehmender Professionalisierung
der Organisation, des technischen Wissens und größerem
Kapitaleinsatz konnten größere Prielströme abgedämmt,
Meeresbuchten von ihren Rändern her bedeicht und die
Entwässerung verbessert werden.

Dabei waren in Holland, dem am dichtesten besiedelten
Gebiet Europas, Eindeichungs- und Entwässerungstechnik
auf hohem technischen Niveau, da man hier immer wieder
zur Ernährung der Bevölkerung als auch zur Sicherung der
kleinen Landesflächen in Eindeichungen, Entwässerung
und Landwirtschaft investieren musste. So wurden zwischen 1500–1650 etwa 150.000 ha Neuland gewonnen.

Holländische Deichbau- und Entwässerungstechniken
verbreiteten sich schnell entlang der Nordseeküste. Das
erwachte Interesse des Adels am Deichbau hatte vorwiegend fiskalische Gründe, man wollte aber auch alle Landgewinnungen unter staatliche Leitung stellen. Seit dem 17.
Jahrhundert vergaben die Fürsten Oktrois als Verträge für
reiche Interessenten, die das bisher den Einheimischen gehörende Neuland eindeichten und nutzten. Das intensivere

Nachbau eines Nordstrander
Stackdeiches des 16. Jahrhunderts im Büsumer Deich-
museum.
Foto: Dirk Meier

Der Altaugustenkoogdeich,
Eiderstedt, wurde 1611 vom
herzoglichen Generaldeich-
grafen Rollwagen eingedeicht.
Sein geradliniger Verlauf
charakterisiert die planvolle
Landgewinnung.
Foto: Dirk Meier

landesherrliche Eingreifen führte zu Veränderungen in der Deichverwaltung, der Deichverfassung und im Deichbau.

Neben größeren und höheren Seedeichen mit flacher See- und steiler Landseite errichtete man wenig zuverlässige Stackdeiche (Holzungen) mit Holzbohlenwerk, wo der Deichfuß direkt an das Meer grenzte. Deren seeseitiger Fuß bildete nach den Beschreibungen des nordfriesischen Pastors Johannes Petreus eine steile Bohlenwand mit in den Untergrund eingerammten Eichenpfosten als Stützen. Zusätzlich stabilisierten in den Deichkörper reichende und mit der Bohlenwand verzapfte Ankerbalken die Konstruktion. Am Ende der Ankerbalken dienten Astgabeln oder mit Querhölzern verzapfte kleine Hölzer als Widerlager. Um das Ausspülen von Deicherde zu verhindern, verstärkten Erdsoden die Bohlenwand. Vom verbretterten Deichfuß stieg die Außenböschung des Deiches zur Krone flach an, während die Innenböschung steiler war. Die am Deichfuß brechenden Wellen spülten jedoch den Wattboden vor den

Typisch für die frühneuzeitlichen Köge sind große Barghäuser oder Haubarge wie hier im Neuaugustenkoog, Eiderstedt. Foto: Dirk Meier

Deichbruchstellen konnten im Mittelalter und der Frühneuzeit nur umdeicht werden, so dass mit Wasser gefüllte Wehlen zurückblieben.
Foto: Paul Paris

Stackdeichen aus und gefährdeten deren Standsicherheit. Nach Angaben und einer unmaßstäblichen Zeichnung eines Alt-Nordstrander Stackdeiches von Petreus sollen diese im 16. Jahrhundert 3,50–7,00 m hoch gewesen sein. Die vor 1634 gebauten Stackdeiche der Insel dürften eine Breite von etwa 17 m und eine Höhe von 4 m gehabt haben. Hinter dem verbretterten Fuß des Stackdeiches mit seinen 5 m tiefen Stützbohlen erstreckte sich eine etwa 1:4 geneigte, teilweise mit Stroh bestickte Seeseite sowie eine 1:1,5 geböschte Landseite. In einigen Kirchspielen Alt-Nordstrands besaßen auch Mitteldeiche beiderseits einen verbretterten Fuß, um das wenig geeignete Klei-Torf-Gemenge des Deichkörpers zusammenzuhalten.

Erst in den Fachbüchern zur Deichbautechnik seit der zweiten Hälfte des 18. Jahrhunderts wird deren Bau – meist aus Kostengründen – nicht mehr empfohlen. Dort, wo sich tiefe Rinnen bedrohlich nahe an den Deich vorgeschoben hatten, sollten seit dem 15. Jahrhundert in das Watt vorgetriebene Dämme aus Holzpfählen, sog. „Höfte", die Unterspülung verhindern.

Die staatliche Verwaltung der Deiche stand nach niederländischem Vorbild unter Leitung eines Deichgrafen, der mehrere Deichverbände beaufsichtigte. So hatte beispielsweise Herzog Johann Adolf von Schleswig-Holstein-Gottorf den Holländer Johann Clausen Rollwagen 1609 zum Generaldeichgrafen für die nordfriesischen Marschen von Eiderstedt bis zum Amt Tondern ernannt. Dabei kam

Bermedeich mit Steindeckwerk zwischen Büsum und Warwerort bei Flut und bei Ebbe. Farblithographien von F. W. A. Ney 1859

es zwischen der obrigkeitlichen Deichverwaltung und den Einheimischen bzw. Deichinteressenten immer wieder zu Konflikten. Das Regelprofil der von Rollwagen in Eiderstedt errichteten Deiche wies eine Außenböschung von 1:4, eine Innenböschung von 1:1,5, eine absolute Höhe von 3 m und eine Basisbreite von 20 m auf. Diese Ausmaße lagen somit beträchtlich über denen der mittelalterlichen Deiche, wenn die Innenseite auch zu steil geböscht blieb.

Rollwagen war der erste Deichbaumeister in Nordfriesland, der 1610 für den Deichbau des Sieversflether Kooges in Eiderstedt 1.000–1.400 Tagelöhner anstellte und die bis dahin von Pferden gezogenen Wagen und kippbaren Sturzkarren durch Schubkarren ergänzte. Jeder Arbeiter verfügte über sein eigenes Werkzeug in Form hölzerner Spaten und Schaufeln, die an der Seite ebenso wie an der Schneide mit Eisen beschlagen waren. Den Deichfuß sicherte an gefährdeten Stellen eine Bestickung aus Stroh. Mit ihren geraden Deichschlägen bilden diese einen Kontrast zu den gewundenen mittelalterlichen Deichen. In den neuen Kögen mit ihren oft kalkreichen Marschböden, welche eine Steigerung der Agrarproduktion erlaubten, entstanden Barghäuser und Haubarge nach niederländischem Muster auf flachen Hofwarften oder zu ebener Erde in Reihen. Regelmäßige Sielzüge durchzogen die breiten Fluren der geplanten Landschaft.

Trotzdem blieb die Kenntnis des Küstenschutzes gering, zumal das 1754/57 gedruckte Lehrbuch von Albert Brahms über *Die Anfangsgründe der Deich- und Wasserbaukunst* zunächst kaum Verbreitung fand. Da die Innenböschung der spätmittelalterlichen und frühneuzeitlichen Deiche mit 1:1,5 jedoch zu steil blieb, untergruben überschlagende Wellen den Deich von hinter her und verursachten so Kappenstürze. Seit dem frühen 19. Jahrhundert entstanden Bermedeiche an gefährdeten Küstenabschnitten.

Mit dem 18. und frühen 19. Jahrhundert wurden die Deichverwaltungen und Sielordnungen an der Nordseeküste weiter vereinheitlicht. Als Konsequenz der schweren Sturmflut von 1825 erfolgte die Festsetzung der neuen Deichhöhen erstmals nicht mehr nach der Höhe der letzten Flut, sondern berücksichtigte den Wellenauflauf. Damit war der Weg zum modernen Deichbau beschritten, wenn man auch den Anstieg des Meeresspiegels noch nicht erkannt hatte.

Loren, Bagger und andere Baumaschinen haben seit dem 20. Jahrhundert die Deichbauarbeit vereinfacht. Bewegten 1750 in einer 80-Stunden-Woche 1.000 Mann 400.000 m³ Deichboden, so schaffen 25 Mann 1980 in einer 40-Stunden-Woche 1 Mill. m³. Statt 1.000 Karren und 1.000 Spaten kommen heute für das gleiche Bauvolumen ein Spezialbagger, 5 Planierraupen, 12 andere Bagger und 4 Transportfahrzeuge zum Einsatz.

Dass es trotz aller technischen Verbesserungen im Deichbauwesen bis in die frühe Neuzeit zu Katastrophen kam, ist letztlich auf drei Faktoren zurückzuführen: So wiesen die Deiche unzureichende Ausmaße und zu steile Böschungen auf, das Deichwesen war zu wenig vereinheitlicht und der Meeresspiegelanstieg war unbekannt. Deshalb konstruierte man bis in das frühe 19. Jahrhundert die Deiche nach den Höhen der bislang bekannten Schadensfluten.

Deiche und Polder in den nördlichen Niederlanden

In einigen Regionen der nördlichen Niederlande, wie in Westergo, deichten bäuerliche Verbände zunächst lokal ihr Wirtschaftsland ein, bevor seit dem 12. Jahrhundert küstenparallele Seedeiche entstanden. In der nächsten Phase wurden dann die großen Meereseinbrüche abgedämmt. Ein Beispiel bildet die Middelzee, welche die friesischen Provinzen Wester- und Oostergo voneinander trennte. Deren Verlandung erleichterte deren fortschreitende Abdämmung, bis diese um 1360 mit dem Skrédijk an ihrer Mündung in die Nordsee abgeriegelt war. Nach 1500 erhält der Deichbau einen offensiveren Charakter. So wurde nördlich des Skrédijks 1505 der 5.000 ha große Het Bildt Polder gewonnen, dem bald weitere folgten. Gemeinsam ist allen neuen Poldern die regelmäßige Landeinteilung. Deren kalkreiche, junge Marschböden bewirkten eine Ertragsteigerung der Agrarprodukte, deren Ernten in die großen Bargscheunen der neuen Bauernhausformen eingebracht wurden.

Leeuwaarden entstand im Mittelalter auf zwei Terpen und entwickelte sich, günstig an der Middelzee gelegen, zu einem wichtigen Handelsort. Nach der Bedeichung der Middelzee gelangten die Schiffe über Kanäle und Schleusen in die Stadt.

Die Middelzee, die Wester- und Oostergo voneinander trennte, wurde im späten Mittelalter mit vier nacheinander errichteten Deichen abgedämmt. Im Mündungstrichter entstanden dann von 1505 bis 1600 planmäßige Landgewinnungen.

Ebenso wie in Westergo umgeben auch in Groningen lokal erste Deiche kleine Kernpolder, denen dann im 12. Jahrhundert ein küstenparalleler Deichbau folgte. Bei der Kultivierung des Landes spielten neben den bäuerlichen Verbänden hier auch Klöster eine Rolle. Nach Sturmfluten des 12. bis 14. Jahrhunderts mussten die Groninger Deiche jeweils wiederhergestellt werden. So kam, wie Ubbo Emmius (1542–1625) in seiner Friesischen Geschichte schreibt, am 9. Oktober 1374 die bis dahin größte Flut über die Menschen. Ebenfalls die Cosmas- und Damianflut von 1509, die Allerheiligenfluten von 1532 und 1570, die St.-Martins-Flut von 1686 und die Weihnachtsflut von 1717 führten in Friesland und Groningen zu verheerenden Schäden. Eine besondere Gefährdung ging dabei von der Lauwerszee zwischen Friesland und Groningen aus, die 1969 abgedämmt wurde, während die Verlandung der Fivelbucht im Nordosten Groningens deren Abdämmung

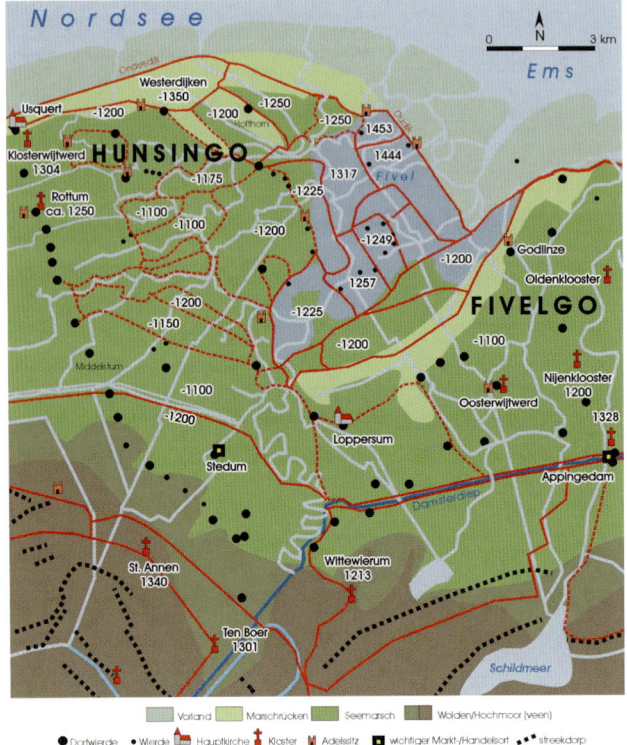

Nach lokalen Deichen wurden Hunsingo und Fivelgo umfassend mit Deichen geschützt. Die beide friesischen Gebiete trennende Fivelbucht wurde bis 1444 abgedeicht. Die Regelung der Binnenentwässerung ermöglichte einen Landesausbau in das Hochmoor. Beteiligt daran waren die Klöster.

schon im späten Mittelalter ermöglicht hatte. Weitere Einpolderungen seit dem 17. Jahrhundert führten dann zur heutigen Küstenlinie.

Eindeichungen und Meeresbuchten in Niedersachsen

An der ostfriesischen Küste entstanden zunächst durch die in Kirchspielen organisierten bäuerlichen Genossenschaften und Häuptlinge lokale Eindeichungen, bevor küstenparallele Winterdeiche errichtet und größere Buchten abgedämmt wurden. Besonders dramatisch verlief die Entwicklung im Bereich des Dollarts. Bei der Luciaflut am

Neujahrstag 1287, welche die gesamte Küste von den Niederlanden bis nach Dänemark traf, durchbrach das Meer vermutlich den Uferwall am südlichen Emsufer. Im späten Mittelalter und der frühen Neuzeit erweiterte sich dieser dann zum Dollart, der sich in dem ehemaligen, urbar gemachten Moorgebiet rasch ausdehnte. Reste des Uferwalles überdauerten die Flut zunächst noch als Halligen. Die spätere Ausweitung der Meeresbucht erfolgte auch deshalb so schnell, weil sich die friesischen Häuptlinge bekämpften, gegenseitig Deiche durchstachen und Siele abbrannten. Seine maximale Ausdehnung erreichte der Dollart mit der Cosmas- oder Damianflut von 1509. Dabei überschwemmte das Meer regelmäßig das Moorgebiet des südlichen Rheiderlandes und bedeckte es mit Sedimenten.

Zu den im Laufe des Mittelalters bedeichten Meeresbuchten nördlich der Ems gehört die Sielmönkener Bucht in der ostfriesischen Krummhörn, deren Abdeichung das Kloster von Sielmönken und die Grafen von Ravensburg im 13./14. Jahrhundert initiierten.

Neben diesen Neulandgewinnungen ging entlang der ostfriesischen Küste auch Kulturland verloren, wie Kulturspuren im Watt vor Bense und Seriem belegen. 1589 verzeichnete hier David Fabricius auf seiner Karte Ostfrieslands das Kirchdorf *Otzum* außendeichs, das 1420 noch im Stader Copiar erwähnt wird und dessen Kirchturm noch 1667 im Watt zu sehen war. Spuren alter Torfstiche deuten auf Salztorfabbau hin, was den Verlust des Marschlandes begünstigte. Die Existenz einer früheren Deichlinie belegt ein 1464 noch benutztes Kastensiel im Watt vor Seriem. Kurz danach dürfte der Seedeich zurückgenommen worden sein.

Ursache für die frühneuzeitlichen Landverluste dürften vor allem die Cosmas- und Damianflut von 1509 sowie die Dritte Allerheiligenflut von 1532 gewesen sein, während die Vierte Allerheiligenflut von 1570 und die Burchardiflut von 1634, die in Schleswig-Holstein so verheerende Folgen hatte, für die ostfriesische Küste weniger gefährlich waren. Daneben kam es aber auch zu Neulandgewinnungen des 15. bis 19. Jahrhunderts in der Dornumer und Harlebucht ebenso wie entlang der ostfriesischen Küste. Der Entwässerung und dem Küstenverkehr dienten neue Sielorte wie

Karte Ostfrieslands von Ubbo Emmius (1547–1625) mit den Meereseinbrüchen von Dollart und Jadebusen. Rechts unten phantasievolle Karte versunkenen Dörfer im Dollartbereich.

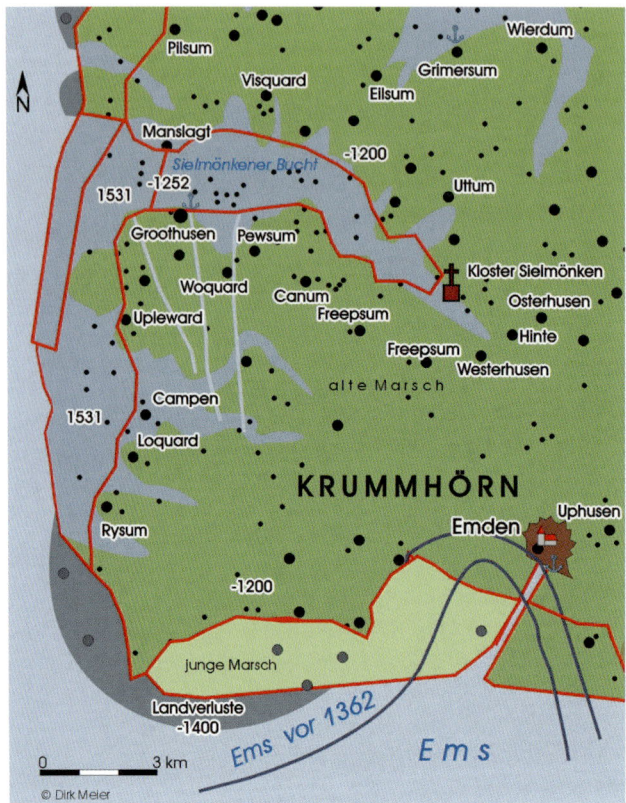

Die mittelalterlichen Deiche führten um die Crildumer Bucht herum, bevor diese wohl bis 1252 abgedeicht wurde. Die Ems änderte im späten Mittelalter ihren Verlauf, ferner kam es zu Landverlusten.

Neufunnixsiel (1658), Carolinensiel (1729) und Harlesiel (1956).

Wie in Ostfriesland bildeten auch im Wangerland die Landesgemeinden und die in ihnen genossenschaftswirtschaftlich organisierten Bauernverbände die Träger der mittelalterlichen Bedeichungen, in dessen Verlauf bis zum 13. Jahrhundert die Crildumer Bucht mit mehreren quer verlaufenden Deichen bis zum 16. Jahrhundert abgedämmt wurde. An den Schleusen der abgedeichten Jade, der Crildumer Bucht und Harlebucht entstanden seit dem 16. Jahrhundert Sielhäfen.

Auch an der Harlebucht, deren Verlandung eine erste Abdeichung erleichterte, begann man im hohen Mittelalter mit

Kulturspuren im Benser Watt.

dem Deichbau. Die Katastrophenfluten des 14. Jahrhunderts zerstörten jedoch den Seedeich und erweiterten die Harlebucht, die mit ihren flachen, später wieder bedeichten Ausläufern nun bis westlich von Esens und südlich von Wittmund reichte. Infolge der Wiederbedeichungen verschwand die Bucht bis zum 19. Jahrhundert.

An der Maadebucht nördlich von Wilhelmshaven schützte die bäuerliche Bevölkerung der Dorfwurten ihr Wirtschaftsland zunächst lokal durch niedrige Deiche, bevor ein Deich entlang der gesamten Bucht führte. Diese wurde dann durch die Landesgemeinden bis 1520 abgedämmt.

Welchen Einfluss Wind, Strömung und Stürme auf die Küstenentwicklung ausübten, zeigt die Entwicklung des Jadebusens zwischen Wilhelmshaven und Butjadingen. Hier drangen nach der Zerstörung der schützenden Uferwälle erstmals die Luciaflut von 1287 und die Clemensflut von 1334 in das Moorgebiet ein. Infolge des Vorstoßes der Friesischen Balje, die im Untergrund einer tiefen eiszeitlichen Schmelzwasserrinne folgte, vergrößerte sich dann zusammen mit dem Schwarzen Brack im 13./14. Jahrhundert der westliche Jadebusen. Wohl gleichzeitig mit der Ausdehnung des Schwarzen Bracks im Westen brach 1362 das Lockfleth in das Sietland des südlichen Butjadingen ein, wodurch eine Verbindung zur Weser entstand. Jadebusen und Weser verbanden zeitweilig auch der Meeresdurchbruch der Heete. Nachdem sich der Jadebusen im 16. Jahrhundert infolge weiterer Sturmfluten weiter ausgedehnt hatte, erfolgten von seinen Rändern her erste Wiederbedeichungen.

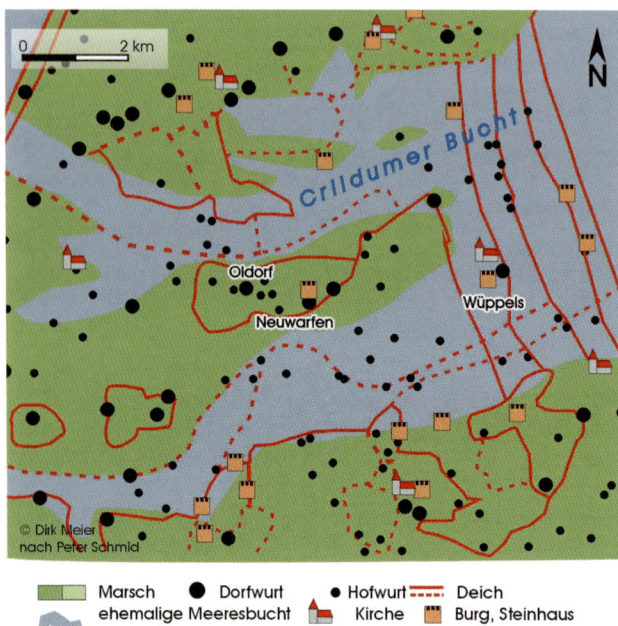

Die in das Wangerland einschneidende Crildumer Bucht wurde vom späten Mittelalter bis zur frühen Neuzeit abgedeicht.

Die Ausprägung der Jadebucht veränderte auch die Hydrologie, denn das Binnenwasser floss nicht mehr durch die Maadebucht in die Nordsee, da der Meeresvorstoß den Oberlauf der Maade abgetrennt hatte. Durch die Entstehung der Jadebucht verringerten sich die Spülkräfte in der Maadebucht, was deren Verlandung begünstigte. Reste der im Bereich des Jadebusens untergegangenen Marschen blieben als kleine Inseln noch bis an den Anfang des 17. Jahrhunderts bestehen. Diese Oberahneschen Felder könnten ein Teil der Flure des an der Jade gelegenen Marktortes Aldessen (Oldensum) sein, der 1428 letztmalig erwähnt wird. Dieser beteiligte sich – wie Spuren des Salztorfabbaus im Watt belegen – am lukrativen Salzhandel.

Östlich des Jadebusens erstreckt sich bis zur Weser die Halbinsel Butjadingen. Nach lokalen Eindeichungen organisierten auch hier die Landesgemeinden zwischen Langwarden und Tossens den küstenparallelen Deichbau. Den Süden Butjadingens zum Jadebusen, zur Heete und

zum 1362 eingebrochenen Lockfleth hin sicherten ebenfalls Deiche. Deren Abdämmung verhinderte lange Zeit die
Uneinigkeit der Bauerschaften. Infolge der schon genannten Clemensflut von 1334 ging vermutlich das Dorf Westela
südlich von Nordenhamm unter; Landverluste traten im
späten Mittelalter auch im Norden Butjadingens ein.

Ebenso wie in Butjadingen bildete auch im Land Wursten
nördlich der Wesermündung gewinnbringender Ackerbau
und Viehhaltung in den eingedeichten Seemarschen die
ökonomische Basis der autonomen Bauernverbände und
Landesgemeinden im Mittelalter. Ein erster, wohl seit dem
12. Jahrhundert errichteter Seedeich, der Oberstrich, führte
hier von der Wesermündung westlich mehrerer Dorfwurten
nach Norden, um schließlich die Geest der Hohen Lieth zu
erreichen. Weitere historisch nicht belegte Vordeichungen
folgten nach einer Phase lokaler Eindeichungen bei Spieka
mit den Seedeichen des Niederstrichs, des Alten Deiches
und des Neufeldes im späten Mittelalter. Während hier die
dauerhafte Sicherung des Marschlandes gelang, traten an
der Außenweser westlich von Wremen Landverluste ein.
Der Deichbau ermöglichte zugleich aber durch die Urbarmachung des vermoorten Sietlandes eine Ausweitung
der Agrarflächen. Gegen das von der Geest abfließende

Der Einbruch des Jadebusens in das Moorgebiet Rüstringens hatte weitreichende Folgen für die Landschaftsentwicklung des Küstengebietes zwischen Jade und Weser. Ferner brachen Lockfleth und Heete zur Weser durch und machten Butjadingen im späten Mittelalter zeitweilig zur Insel.
Foto: NASA

Geest
Moor
Brandungswall
Marsch der römischen Kaiserzeit
Marsch des frühen Mittelalters
Marsch des hohen Mittelalters
junge Marsch
Wurt der römischen Kaiserzeit
Wurt des frühen Mittelalters
Wurt des hohen Mitelalters
Deich

1 Oberstrich
2 Niederstrich
3 Altendeich
4 Neufeld

Landgewinn

Oxstedt

Nordsee

LAND WURSTEN

-1300
Spieka
Cappel
Midlum
Paddingbüttel
-1200
Alsum
Holßel
Misselwarden
Mulsum
Norderwierde
Fallward
Wremen
Hofe
Sievern
Hülsing
Barward
Schottwarden
Barward
Imsum
Dingen
Landverlust
Weddewarden

Weser

0   3 km

Während im Süden des Landes Wursten geringe Landverluste eintraten, ermöglichte im Norden eine natürliche Auflandung die mittelalterliche Bedeichung der Seemarsch.

Wasser schützte der 1312 urkundlich erwähnte Graue Wall, ein niedriger Binnendeich.

Die durch diese Kultivierungsmaßnahmen reich gewordenen Bauerschaften gerieten in der Folgezeit mehr und mehr in Konflikte mit den Herrschaftsansprüchen der auswärtigen Feudalherren. Nach wiederholt erfolgreichem Widerstand mussten sich die Bauern schließlich 1524 endgültig dem Bremer Erzbischof unterwerfen. Damit endete zwar die bäuerliche Selbstbestimmung, wenn auch die reichen Bauernfamilien ihre ökonomisch führende Stellung behielten. Dazu trug die Entwicklung des Landes durch Neueindeichung und die Errichtung von Sielhäfen bei. 1618 entstand in seinem Verlauf der heutige, mehrfach erneuerte Seedeich.

Deichbau und Sturmfluten an der Nordseeküste Schleswig-Holsteins

Auch an der schleswig-holsteinischen Nordseeküste begann im 12. Jahrhundert der Deichbau. Die Deiche erwiesen sich jedoch schweren Sturmfluten nicht gewachsen, denn so schreibt der dänische Historiker Saxo Grammaticus (1150–1220) in seiner Dänischen Geschichte: *An Jütland grenzt Kleinfriesland* [Frisia Minor]*, das vom jütischen Höhenzug abfällt, daher also viel tiefer liegt. Die Überschwemmungen des Meeres geben Anlass zu übermäßig reichem Wachstum, doch ist zweifelhaft, ob diese Überflutungen nur Vorteile bieten, denn wenn es stark stürmt, brechen die Wellen durch Dämme, mit denen sich die Bewohner gegen das Meer schützen. Es wälzen sich manchmal solche Wassermassen über die Felder, dass zuweilen nicht nur die fruchtbare Erde, sondern auch Häuser und Menschen weggespült werden.*

Seit dem 16./17. Jahrhundert halten dann mehrere Chronisten und Topographen wie Neocorus, Johannes Petreus, Peter Sax, Antonius Heimreich, Matthias Boetius, Johannes Mejer und Caspar Danckwerth in Berichten oder Karten die Bedeichungen und Sturmfluten an der schleswig-holsteinischen Küste fest.

Dithmarschen

Im südlichen schleswig-holsteinischen Küstengebiet zwischen Elbe und Eider verlief seit dem 12. Jahrhundert ein sicher in mehreren Abschnitten errichteter Seedeich entlang, der die Dithmarscher Süder- und Nordermarsch mit ihrer Dorfwurtenzone vor den Überflutungen der Nordsee schützte. In Süderdithmarschen reichte dieser vom Hochmoor als Grenze zur Wilstermarsch entlang der Elbe und führte dann westlich von dem im späten Mittelalter untergegangenen Uthaven, dem Vorgängerort Brunsbüttels, nach Norden entlang mehrerer Dorfwurten, um dann bei Ammerswurth südlich der Süderau an die Nehrung des Elpersbütteler Donns anzuschließen. Nach der Durchdämmung der Süderau wurde der Seedeich dann bis zur Geest bei Meldorf vorverlegt. Da in einer Urkunde des Bremer Erzbischofs von 1140 vom Ackerbau in *Ethelekeswisch* (Eddelak) die Rede ist, dürften in dieser Zeit Deiche vorhanden gewesen sein. Zudem wird mit *Berlette* (Barlt) eine Siedlung erwähnt, die in dem urbar gemachten Sietland liegt.

Ein weiterer Seedeich führte von der Geest nördlich von Meldorf entlang mehrerer Wurtendörfer bis Wöhrden und umschloss dann die sich nach Westen ausdehnende Dithmarscher Nordermarsch mit weiteren Wurtendörfern entlang einer damals noch bestehenden Eiderschleife bis zur Lundener Nehrung. Neben den bereits im frühen Mittelalter entstandenen Siedlungen hatte sich hier seit dem 12. Jahrhundert mit der Anlage überwiegend aus Klei aufgehöhter, rechteckiger Dorfwurten, wie Schülp, Büsum und Büsumer Deichhausen, das Siedlungsbild verdichtet.

Einzelne dieser Wurten schützten vielleicht schon im 11. Jahrhundert ihre Wirtschaftsflächen durch Deiche. So wurde in Norderbusenwurth auf einem in dieser Zeit nicht mehr sturmflutfreien Niveau der Marsch ein zweischiffiges Gebäude, wohl eine Scheune, errichtet. Eine Datierung dieses 5 m breiten und ca. 20 m langen, auf einem niedrigen Sodenpodest angelegten Baus war nur noch anhand von Radiokarbondatierungen möglich, die mit ihren Mittelwerten in die Zeit des späten 11. oder frühen 12. Jahrhunderts weisen. Eine dritte Radiokarbondatierung, mit hoher Wahrscheinlichkeit aus dem frühen 12. Jahrhundert, stammt

Der im Hochmittelalter bedeichten Marsch mit ihren Dorfwurten schließen sich westlich die Köge der jungen Marsch an. Die inneren, vom 12.–14. Jahrhundert urbar gemachten Marschen kennzeichnen Marschhufensiedlungen.

Geest □ Moor □ Sandwall □ alte Marsch □ junge Marsch •● Wurt ═ Deich ♠ Kirche

aus der Siedlungsschicht der ersten Aufhöhung, die im randlichen Bereich der Dorfwurt auf einem Höhenniveau von NN +2,30 m liegt.

Ein ähnliches Alter weist die etwas weiter nordöstlich gelegene Wurt Lütjenbüttel auf. Der Untergrund besteht hier aus etwa 1 m mächtigen Schilflagen sowie einem darüber liegenden Moor der ersten nachchristlichen Jahrhunderte, das jüngere Sturmflutschichten bedeckten, die einen zunehmenden Meereseinfluss dokumentieren. Auf der abgesodeten Oberfläche der Salzmarsch hatten hier die ersten Siedler eine etwa 1,5 m hohe Warft aus Kleisoden aufgetragen, auf der um 1138 ein Gebäude mit Flechtwerkwänden errichtet wurde. In der Folgezeit wurde die Wurt durch die Anpackung von Mist- und Kleiaufträgen erweitert und im 14. Jahrhundert erhöht. Der Warftenbau belegt, dass man in dieser Zeit dem Schutz der niedrigeren Seedeiche nicht vertraute.

Deich- und Landesausbau im Mittelalter blieben in Dithmarschen in den Händen der bäuerlichen Selbstverwaltung. Bis zum Landrecht von 1447, das auch das Deichrecht regelte, bestand Dithmarschen aus einer Föderation autonomer Kirchspiele, wozu in der Marsch 1140 Büsum und das im 14. Jahrhundert untergegangene Uthaven an der Elbe gehören. Ferner werden 1281 Wesselburen, Wöhrden, Eddelak und Marne erwähnt. Die Lenkung des Landes lag seit 1447 bei zunächst gewählten, später erblichen 48 Regenten.

Westlich der mittelalterlichen Deichlinie bedeichte man noch vor 1500 in Norderdithmarschen das *Olde Feld* bei Wesselburen. Etwa zur gleichen Zeit wurde auch der Seedeich zwischen Thalingburen und Ketelsbüttel in Süderdithmarschen nach Westen vorverlegt. Da die östlich von Brunsbüttel auf Moor errichteten Deiche nur eine geringe Standfestigkeit besaßen, mussten diese nach den Sturmfluten von 1532 und 1563 zurückgenommen werden. Im anschließenden Grenzgebiet zur östlich anschließenden

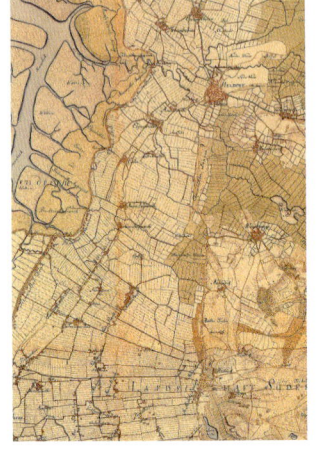

Süderdithmarschen mit Warften, Orten und Deichen. Ausschnitt der Karte von Vahrendorf. Topographisch-Militärische Charte des Herzogtums Holstein (1789–1796)

Zu den typischen Dorfwurten Dithmarschens gehört Wesselburen mit der erstmals 1281 urkundlich erwähnten Kirche.

Wilstermarsch nahe der Elbe grenzte noch im späten Mittelalter ein Hochmoor direkt an den Fluss. Da dieses eine natürliche Grenze der Bauernrepublik bildete, ließ der dänische König hier erst nach der Eroberung des Landes 1559 einen durchlaufenden Elbdeich errichten.

Westlich der mittelalterlichen Deichlinie Norderdithmarschens lag – getrennt durch den Wardstrom – die Insel Büsum. Im Schutz von aufgewehten Dünen über einem Vorsand waren hier Marschen aufgelandet, die seit dem 12. Jahrhundert besiedelt und bedeicht wurden. Wenn man der Schilderung des Dithmarscher Chronisten Neocorus von 1596 Glauben schenkt, lagen auf Büsum mit Süd-, Mittel- und Norddorp drei Wurtendörfer. Allerdings erwähnt die Urkunde von 1140 des Erzbischofs Hartwig I. nur das Kirchdorf *Middlestorpe* auf der grasbewachsenen Insel *Biusne*, nicht jedoch Süddorp. Da die Büsumer wiederholt Hamburger Schiffe angriffen, verbrannte ein Aufgebot der Hansestadt 1440 die Kirche in Middeldorp, die dann 1442 nach Norddorp (das heutige Büsum) verlegt wurde. Nach dem Büsumer Belassungsbuch umfasste Middeldorp 1472 noch 20 ha Land, während 1496 keine Bewohner mehr aufgeführt werden, was auf den Untergang des Kirchortes schließen lässt. Die ehemalige Ausdehnung der Insel im Süden lässt sich aufgrund der Erosion durch das Meer nicht mehr rekonstruieren. Hingegen erweiterte sich durch Landanwachs die Insel nach Norden und Nordosten hin. Nach einer ersten Vordeichung vor 1450 wurde hier 1452 der *Nien Koeg* (Westerdeichstrich) gewonnen, dessen

Lütjenbüttel, Dithmarschen. Profile der auf einer Seemarsch über einem vermoorten Untergrund errichteten größeren Hofwurt des Mittelalters. Die Hofwurt wurde um 1140 errichtet, in der Folgezeit erweitert und im 14. Jahrhundert erhöht. Zur Wasserversorgung dienten in den Untergrund der Wurt reichende Sode.

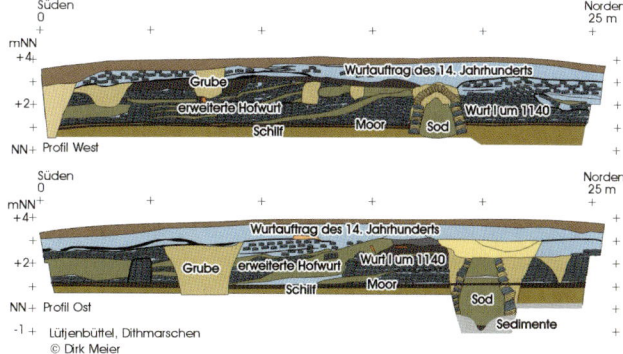

Seedeich parallel des Wardstroms verlief. Dadurch verlor der alte Sielhafen Flaxwehl seinen Wasseranschluss, der verlegt wurde. Ebenso wie die Allerheiligenflut von 1532 richteten auch die Sturmfluten von 1570 und 1573 schwere Schäden an.

Nach dem siegreichen Dithmarscher Feldzug des dänischen Königs und schleswig-holsteinischen Adels 1559 wurde das Land aufgeteilt. Der erste adelige Verwaltungsakt vom 9. Juni 1559 sowie das Landrecht von 1567 bestätigten zwar noch die Eigentumsrechte der Einheimischen auf das bis dahin selbständige Vorland, doch sollte sich dies bald ändern.

Nachdem die Fürsten bei der Bedeichung zwischen Ammerswurth und Marne (1578–1581) erstmals eingriffen, ließ dann von dem davor angewachsenen Vorland der dänische König als Landesherr 1624 Abgaben von den Eigentümern erheben, bevor er diese enteignete. Friedrich IV. erklärte dann 1671, dass die Vorländer königlicher Besitz seien. Nach der verheerenden Sturmflut von 1717/18, welche die Neulandgewinnungen unterbrach, förderte Landanwachs die Gewinnung mehrerer Köge. Die erste dieser Eindeichungen war der Kronprinzenkoog, dessen Deich bis 1787 fertiggestellt wurde. Vor dem Kronprinzenkoog entstand schon bald ein Anwachs mehrerer, durch Priele getrennter „Quellerinseln", deren Bedeichung 1854 mit dem Friedrichskoog erfolgte, dem bald weitere Eindeichungen bis in das 20. Jahrhundert folgten. Nach einer letzten, durch den Nationalsozialismus propagandistisch ausgeschlachteten Gewinnung des Dieksanderkooges in den Jahren 1930–1935 (damals: Adolf-Hitler-Koog) dient heute der Deichbau nur noch dem Küstenschutz. Deshalb ist der bis 1978 fertiggestellte Speicherkoog in der Meldorfer Bucht größtenteils Naturschutzgebiet.

Wie in Süderdithmarschen die dänischen Könige hatten auch in Norderdithmarschen die Schleswiger Herzöge als Landesherren die Bedeichung nach 1559 vorangetrieben. Hier hatte Herzog Adolf I. (1526–1586) die Landfestmachung der Insel Büsum mit dem Bau des Wahrdamms 1585 initiiert. Beiderseits des Damms setzte eine schnelle Verlandung ein, so dass man 1599 mit der Eindeichung des Wardammkooges begann, die sich bis 1609 hinzog. Bereits vorher war auf der geschützten Leeseite der Insel

Steinzeugkanne aus Lütjenbüttel, Dithmarschen.

Krug aus Lütjenbüttel, Dithmarschen.

1575–1579 die Gewinnung des Grovenkooges erfolgt. Da der nach 1452 am Groventief angelegte Hafen wiederum seine Funktion verlor, wurde dieser an seine heutige Stelle (Hafenbecken I) an der Büsumer Dorfwurt verlegt.

Noch vor dem dänischen König hatten in Norderdithmarschen schon seit 1615 die Herzöge von Schleswig Ansprüche auf das eindeichungsreife Land erhoben, die Konzessionen an Unternehmer vergaben. Auf diese Weise wurden hier mehrere Köge, wie der 1696 fertiggestellte Hedwigenkoog, gewonnen. Günstlingswirtschaft und Bestechlichkeit spielten bei diesen Landvergaben oft eine Rolle. Weitere Eindeichungen entstanden auch entlang der Eider, deren Mündungstrichter so weiter verkleinert wurde, so dass sich hier die Fluten stauten, bis diese schließlich 1973 an ihrer Mündung mit dem Eidersperrwerk abgedämmt wurde.

Eiderstedt

Im Mittelalter umfasste Eiderstedt drei Harden als Verwaltungsbezirke des dänischen Königs, die im Erdbuch Waldemars II. (1170–1241) erwähnt sind. Westlich des von der Eider nach Norden führenden Prielstroms der Süderhever lag die Harde *Holm* mit den Inseln Utholm im Süden und Westerhever im Norden. Hauptort war das auf einer Nehrung gelegene Tating. Die Harde *Tuninghen* mit dem Hauptort Tönning erstreckte sich entlang der Eider bis zur Süderhever, während den Norden der heutigen Halbinsel die Harde *Everschop* mit dem Hauptort Garding einnahm. Die drei Eiderstedter Harden bildeten zusammen eine Probstei.

Nach 1435 standen die Eiderstedter Harden in einem losen Abhängigkeitsverhältnis zum Schleswiger Herzog, bewahrten jedoch viele Freiheiten. Obwohl die Kirchspiele in Deichsachen voneinander unabhängig waren, arbeiteten sie doch – wenn auch nicht konfliktfrei – bei größeren Bedeichungsvorhaben zusammen.

Seit dem 12. Jahrhundert schützte ein umfassender Deich die Tönninger und Teile der Everschoper Harde. Dieser grenzte im Süden an die Eider, im Westen an den Prielstrom der Süderhever, im Norden an die Offenbüller Bucht und im Osten an die vermoorte Südermarsch. Im Süden musste dabei der Seedeich im 14. Jahrhundert im Gebiet von Kating nach Landverlusten zurückgenommen werden. Diese umfassende Bedeichung ermöglichte die Urbarmachung des stauwasserreichen Sietlandes im Gebiet von Oldensworth, Kotzenbüll und Witzwort. Ob die Neusiedler im Zuge einer erneuten friesischen Landnahme dabei einem königlichen Aufruf folgten oder das Land selbständig in Besitz nahmen, ist unklar. Die flächenhafte Besiedlung der Tönninger Harde mit den typischen Siedlungsmustern langgestreckter Hofwarftenreihen mit anschließenden Streifenfluren nahm dabei im 12. Jahrhundert seinen Ausgang von der dicht besiedelten Seemarsch entlang der Eidermündung. Die große Sietwende, die zwischen Oldenswort und Uevelsbüll die Eiderstedter und die Everschoper Harde trennt und das Ende der Sietlandskultivierung markiert,

Eiderstedt mit Warften, Kirchen und Deichen.

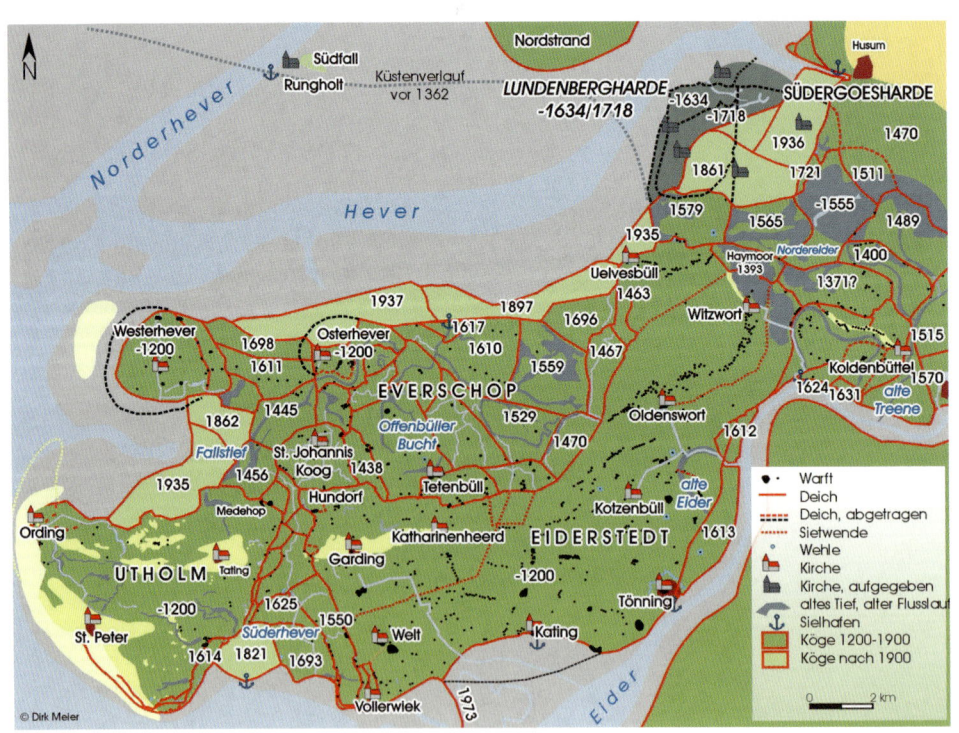

Bis 1456 wurde das Fallstief im Vordergrund abgedämmt. Im Nordosten erkennt man den mittelalterlichen Ringdeich des St. Johannis-Kooges mit Hofwarften und Blockfluren. Foto: Walter Raabe

entstand nach 1435. Nördlich dieser Sietwende verläuft die Entwässerung nach Norden zur Hever, südlich zur Eider.

Westlich der Tönninger Harde lag im Mittelalter – getrennt durch den Wardstrom – die Insel Utholm. Außer im Westen, wo die Dünen einen natürlichen Schutz bildeten, schützte ein Deich die Insel. Alle Kirchorte Utholms lagen mit Tating, St. Peter und Ording auf höheren Nehrungen und Sandgebieten. Nur vereinzelt entstanden hier im Mittelalter größere Warften. Nachdem man zunächst entlang der verlandeten Süderhever kleine Vordeichungen errichtete, deichte man die Insel bis zum späten Mittelalter an die Tönninger Harde an. Die Andeichung der nördlich liegenden Insel Westerhever mit ihrem umlaufenden Ringdeich und mehreren im 12. Jahrhundert errichteten Großwarften, wie Sieversbüll oder Stufhusen, gelang mit der Bedeichung des gefährlichen Fallstiefs an die Everschoper Harde und Utholm hingegen erst bis 1456. Somit konnte der Bestand beider Inseln gesichert werden, die sich im 14. Jahrhundert aufgrund von Sturmfluten geringfügig verkleinert hatten.

Anders als im Süden Eiderstedts, wo bereits im hohen Mittelalter eine umfassende Bedeichung existierte, prägten die Landschaft der Everschop Harde um 1000 zahlreiche, von Prielen durchzogene Marschinseln. In den häufig von Salzwasser überfluteten Seemarschen schütteten die Neusiedler aus Klei große Warften auf und begannen selbständig mit der Eindeichung ihrer Wirtschaftsflächen. Zu den ältesten dieser lokalen Eindeichungen gehört der St.-Johannis-Koog mit seinen Groß- und Hofwarften, dessen nordwestliche und westliche Deichtrasse an das Fallstief grenzt. Ein untersuchtes Beispiel einer Großwarft bildet die auf einer NN +0,70 m hohen Marsch im 12. Jahrhundert bis NN +3 m hoch aus Klei aufgetragene Warft Hundorf, die in schneller zeitlicher Folge randlich ausgebaut und im 14. Jahrhundert um einen Meter erhöht wurde. Partiellen Schutz der oft von Salzwasser überschwemmten Agrarflächen gewährte ein ringförmiger Sommerdeich. Dieser wallförmige Deich wies im 12. Jahrhundert eine Breite von 6 m und eine Kronenhöhe von NN +1,50 auf, bevor man diesen bis um 1450 auf bis zu 15 m verbreiterte und etwa NN +3,50 m erhöhte.

Östlich des St.-Johannis-Kooges wurde der Iversbüller Koog angedeicht, nördlich folgte mit dem Mimhusenkoog eine weitere mittelalterliche Vordeichung, die bis an einen verlandeten Seitenarm des breiten Fallstiefs reichte. Der das Fallstief überdämmende Osterhever Mühlendeich war in den Untergrund des zugeschlickten Prielarms gesackt. Wie Ausgrabungen zeigen, entstand hier zunächst ein 10,50 m breiter und 2 m hoher Deich mit steiler Binnenseite und 1:4 flacher auslaufender Seeseite, der mehrfach bis in die Zeit um 1450 bis schließlich 20 m verbreitert und bis etwa NN +4,50 m (setzungskorrigierte Kronenhöhe) erhöht wurde.

Landschaftsrekonstruktion des nördlichen Eiderstedt. Warften und Ringdeiche. Ausstellung der Arbeitsgruppe Küstenarchäologie.
Foto: Dirk Meier

Die Erhöhung der Fallstiefdeiche war die Folge mehrerer Sturmfluten, von denen besonders die von 1436 eine Rücknahme der Seedeiche Osterhevers verursachte. Daher bedeichten die Kirchspiele mit dem Hever- und Holmkoog bis 1456 das gefährliche Tief. Während hier vor dem Seedeich die restliche Bucht zwischen Wester- und Osterhever aufschlickte, musste der nördliche Deich Osterhevers 1554 und 1559 erneut zurückgenommen werden. Vor dem heutigen nördlichen Osterhever Deich wurde 1620 die Hartingshausens-Hallig eingedeicht, die schon fünf Jahre später wieder ausgedeicht werden musste.

In der aufgeschlickten Bucht zwischen Wester- und Osterhever ließ der Schleswiger Herzog 1611 durch seinen Generaldeichgrafen Rollwagen die Eindeichung des Augustenkooges ausführen. Dessen Deich musste jedoch nach Brüchen infolge der Burchardiflut 1634 wiederhergestellt werden. Nach Peter Sax waren infolge dieser schweren Sturmflut auch die *Heverdeiche* von Poppenbüll und Osterhever *zerschlagen*. In Poppenbüll wechselten fast alle Höfe ihren Besitzer. Infolge weiterer Vorlandanwachses konnte jedoch schon 1698 der Neuaugustenkoog eingedeicht werden, dessen Bebauung ebenso wie im Altaugustenkoog mit reihenförmig angelegten, von Graften umgebenen repräsentativen Haubargen erfolgte.

Ebenso wie das Fallstief von Westen her den Bestand der Seemarschen im nördlichen Eiderstedt gefährdete, war dies auch von Norden her der Fall. So war im späten Mittelalter von der Hever her im Gebiet zwischen Osterhever im Westen, Tetenbüll im Süden und Uelvesbüll im Osten die Offenbüller Bucht eingebrochen. In den Strander Annalen heißt es dazu: *Anno 1436 in aller gotshilligen auenede in der middernacht do ginck de grote Mandrenke, do verdrenkenden tho Tetenbüll negen stige volckes ...*

Einige der im 12. Jahrhundert errichteten Warften in dem wohl nach 1436 neu bedeichten Marschkoog in der Offenbüller Bucht, wie das an einem der Priele angelegte Schockenbüll, hatten dabei als Halligen die Sturmfluten überdauert. Einen ungefähren Hinweis über den Umfang des hier verlorenen Landes gibt das Register des Schleswiger Domkapitels von 1462/63, das die Kirchen *Offenbul, Reinbool, Jordfleth, Westermarck, Merne* sowie *Oldtetenbol* als untergegangen anführt. Ob diese alle existierten, lässt sich nicht mehr ermitteln. Dass hier aber ursprünglich eine geschlossene Deichlinie zwischen Osterhever und Uelvesbüll bestand, ist anzunehmen, denn Johannes Schultze berichtet 1613, *dass es noch in Ulvesbüll an den Aeckern, außerhalb Teichs vor gar kurzem Jahren zu sehen gewest, dass es nämlich ein Tractus der Teiche von Ulvesbüll nach Osterhever gewesen ...*

Nach dem Meereseinbruch erfolgten an den Rändern der Offenbüller Bucht mit dem Barnekemoor-Koog und den beiden Offenbüller Kögen erste Vordeichungen im Nordosten. Nördlich an den Osteroffenbülle-Koog erstreckte sich der *Nyekoch*, dessen um 1475 fertiggestellter Deich schon 1483 teilweise zerstört wurde. Weiter entstand um 1529 der Adenbüller Koog. Schließlich wurde der zerstörte *Nyekoch* als größerer *Olde Nyekoch* (Altneukoog) 1559

Rekonstruktion der mittelalterlichen Warft Hundorf mit Ringdeich, Eiderstedt.

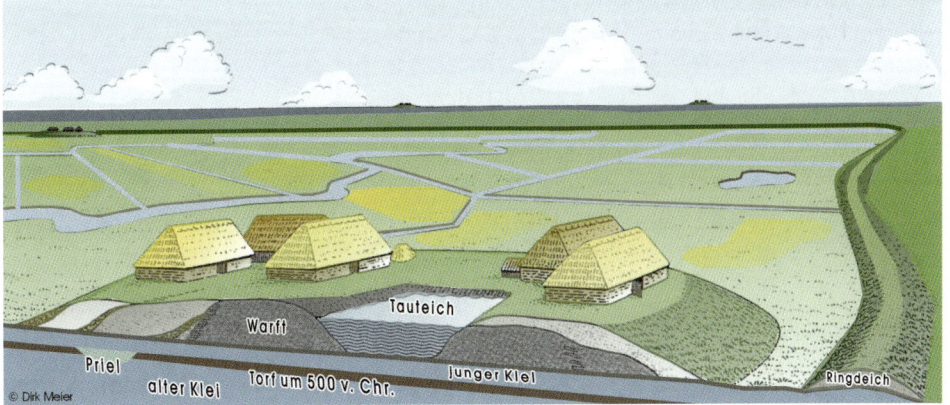

© Dirk Meier
Priel · alter Klei · Torf um 500 v. Chr. · Warft · Tauteich · junger Klei · Ringdeich

fertiggestellt. Außerhalb des Altneukooges floss das breite Krabbritt, das man durch den 1610 eingedeichten Sievers-flether Koog umleitete. Die reihenförmige Parzellenstruktur mit ihren Hofwarftenreihen repräsentativer Haubarge kenn-zeichnet auch hier die Neulandgewinnung.

Großwarft Stufhusen, Eider-stedt. Foto: Walter Raabe

Weitere Neubedeichungen des 15./16. Jahrhunderts erfolgten vor allem im Bereich der sog. Nordereider, eines Seitenarmes der Hever, der im späten Mittelalter nach Süden bis zur Treene und Eider vorgestoßen war. Über den 1362 entstandenen Wattflächen wuchsen Marschen auf, die mit mehreren kleinen Kögen bis um 1400 bedeicht wurden. Infolge dieser Bedeichungen war nur noch der nördliche Teil der Nordereider offen geblieben, so dass zwischen der Lundenbergharde im Nordosten und der Everschopharde mit der Mark vor Uelvesbüll im Südwesten eine schlauchförmige Bucht entstanden war. Mit dem nach dem Chronicon Eiderostandense wohl 1489 fertiggestellten Dammkoog entstand dann hier ein erster Koog.

Die daran angrenzenden Watten durchzogen reißende Prielströme, deren Abdeichung erst bis 1554/55 gelang. Danach erfolgte die Verlandung der restlichen Bucht schnell, so dass Herzog Adolf I. 1563 die Genehmigung zum Deichbau über die Obbenshalligen erteilte. Nach deren Eindeichung als Obbenskoog bis 1565 bestand noch eine restliche Bucht zwischen der Lundenbergharde im Norden und Uelvesbüll im Südwesten, in der sich bei Stürmen das Wasser staute und der Tidenhub anstieg. Dadurch erhöhte sich auch die Strömungsgeschwindigkeit des Tidewassers in den tiefen Rinnen. Nach Konflikten zwischen Herzog und Einheimischen gelang hier schließlich 1579 die Gewinnung des Adolfskooges. Mit diesem *Uevelsbüller Neuen Werk* war der Prielstrom der Nordereider endgültig abgedämmt.

Die Lundenbergharde – Versunkene Kulturlandschaft im Wattenmeer

Die Lundenbergharde bildete bis in das 14. Jahrhundert eine Landverbindung zwischen Eiderstedt und Alt Nordstrand, welche nach dem Schleswiger Kapitelregister von 1436 die Kirchspiele von Simonsberg, Lundenberg, Lith, Hamm, Morsum, Ivelek und Padelek (Padeleck) umfasste. Der Kirchort Lundenberg lag ursprünglich wohl auf dem nördlichen Teil der bis Lith reichenden Witzworter Nehrung, welche die möglicherweise schon vor 1362 nach Osten vordringende Hever durchbrach, so dass die Lundenbergharde in einen nördlichen Teil mit den Kirchspielen Morsum, Hamm und Lith auf der Insel Strand und einen südlichen Bereich mit den Kirchspielen Simonsberg, Lundenberg, Ivelek und Padelek zerfiel. Eine weitere Veränderung der Landschaft verursachte dann die Marcellusflut von 1362. Nach dem Domkapitelregister *(Registrum Capituli)* des Schleswiger Bischofs gingen in dieser Flut *Boyenberg, Wybetskapelle, Syvertmanrip, Ivelek* und *Padelek* unter. *Boyenberg* lag vermutlich südlich von Lundenberg, während die *Wybetskapelle* vielleicht im Süden oder Südosten der Lundenbergharde zu suchen ist, wo sich

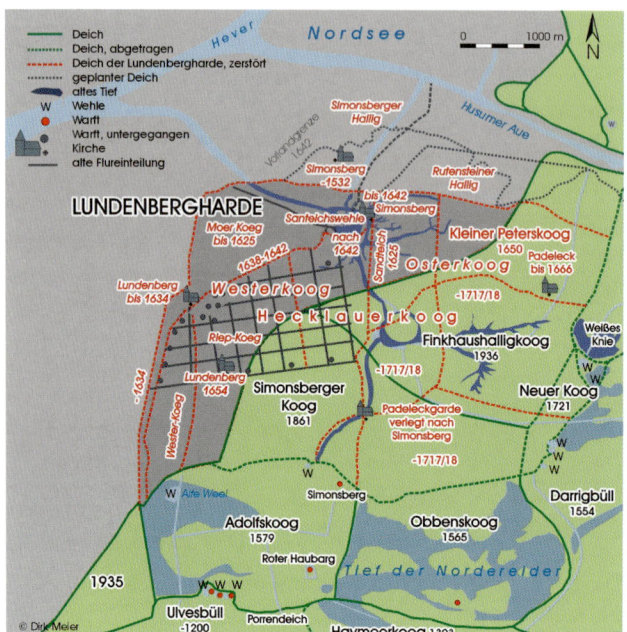

Lundenbergharde mit Landverlusten und Neubedeichungen.

um 1400 der Durchbruch der Hever zur Eider und Treene als sog. Nordereider hin ausweitete. *Ivelek* befand sich wohl nahe des Moortiefs als einem Seitenarm der Hever. Der *Catalogus vetustus* aus dem Ende des 15. Jahrhunderts zählt zu den 1362 verlorenen Kirchen noch die nicht verbürgten von St. Bartholomäus und St. Johannis auf. Infolge des Vorstoßes der Nordereider nach Süden sowie weiterer Prielströme wurde die Lundenbergharde zeitweise von der Südermarsch und Eiderstedt getrennt und bildete eine Insel.

Erhalten blieben nach 1362 nur die Kirchen des südlichen Teils, nämlich Simonsberg und das 1344 und 1357 erwähnte Lundenberg. Eine Zeitlang bestand auch noch Padeleck, das 1412 in den Klageakten gegen die Dithmarscher erscheint, während fünf Jahre später nur noch Simonsberg und Lundenberg erwähnt werden. 1465 trug man im Zinsbuch des Schleswiger Bischofs ein, dass Simonsberg und Lundenberg nichts mehr gegeben hätten, da die Kirchspiele mit dem Deichbau beschäftigt waren. An anderer Stelle heißt es, dass diese 1470 von den neuen *Äckern etwas zu geben begonnen hätten*, somit also die Bedeichungsarbeiten abgeschlossen gewesen sein müssen.

In dieser Zeit bestand das Gebiet der südlichen Lundenbergharde somit größtenteils aus den wiedergewonnenen Flächen der im 14. Jahrhundert untergegangenen Kirchspiele, wie der Westerkoog (um 1453) und der Padelecker Neuen Koog (1531) dokumentieren. Infolge weiterer Landverluste wurde 1532 die Simonsberger Kirche verlegt. Auch nach der Andeichung der Lundenbergharde an Eiderstedt mit dem Adolfskoog 1579 blieben deren Seedeiche gefährdet, die 1602 und 1615 brachen. Letztmalig gelang die Wiederherstellung des Seedeiches im Frühsommer 1625. Um nach Deichbrüchen Überflutungen zu stoppen, errichtete man zwischen Padelek und Simonsberg einen Mitteldeich *(Sandteich)*. Die Sturmflut vom 16. Dezember 1628 führte wiederum zu Deichbrüchen. Da im Zuge des Dreißigjährigen Krieges kaiserliche Truppen Eiderstedt besetzt hielten, war an eine Wiederherstellung des Adolfskoogdeiches erst 1630 zu denken. Der Einbruch zweier großer Wehlen bedingte dann eine Zurücknahme des nördlichen Deiches, so dass der bisherige Lundenberger Mitteldeich von 1625 teilweise zum Seedeich wurde.

Dann brach die schwere Buchardiflut von 1634 über die Lundenbergharde herein. Vergebens hatten deren Bewohner bei der Südermarsch zuvor um Unterstützung gebeten, da sie ihre teilweise als Stackdeiche errichteten Deiche nicht mehr unterhalten konnten. Das Drama dokumentieren noch heute Reste des Lundenberger Stackdeiches im Watt vor Simonsberg. Der 1638–1642 errichtete neue Seedeich beließ die zerstörte Kirche von Lundenberg im Watt, deren letzte Reste noch erhalten sind. Anstelle der ausgedeichten Kirchen von Lundenberg und Simonsberg erhielt die restliche Lundenbergharde 1654 eine neue im Westerkoog. Wester- und Osterkoog verschmolzen dann zum Hecklauerkoog. Am 23. Januar 1643 zerstörte eine Sturmflut den nördlichen Seedeich der Lundenbergharde an der schon vorhandenen großen Wehle *(Sandteichswehle)*. Der östliche Teil des untergegangenen Padelecker

Neuen Kooges konnte 1650 als Kleiner Peterskoog wiedergewonnen werden.

In den Sturmfluten von 1717 und 1718 brach der
Seedeich der restlichen Lundenbergharde erneut. Das
einströmende Wasser zerstörte auch die Mitteldeiche und
überschwemmte die Südermarsch, der Rest der Lundenbergharde wurde zu Watt. Nur mit dem bis 1721 fertiggestellten Neuen Koog konnte noch ein Teil des zerstörten
Hecklauerkooges wiedergewonnen werden. Die letzten
Eindeichungen erfolgten 1881 mit dem Simonsberger und
1936 mit dem Finkhaushalligkoog.

Nordfriesische Festlandsmarschen

Vor der Marcellusflut von 1362 erstreckten sich vor der
nordfriesischen Festlandsgeest nur kleine Seemarschen
und in den Niederungen der in das Wattenmeer mündenden Flüsse Moore. Infolge der Katastrophenfluten des 14.
Jahrhunderts drang die Nordsee dann in das sumpfige
Gebiet nahe des Geestrandes der Süder- und Nordergoesharde vor und lagerte oberhalb der Moorlandschaft
Sande und Tone (junger Klei) ab, auf denen Seemarschen
aufwuchsen. Als Folge der Verbindung der Hever zur
Süderaue konnte sich Husum als Hafenort entwickeln.
Ferner waren vor dem Schobüller Geestvorsprung junge
Seemarschen aufgelandet, die im 15. Jahrhundert bedeicht
wurden.

In der im Erdbuch Waldemars II. 1231 genannten Hatt-
stedter Marsch im Norden der Südergoesharde begann die
Besiedlung im 12. Jahrhundert zunächst auf den Dünen
von Lundenberg, Sterdebüll und Herstum, bevor Warften in
den kleinen Marschflächen entlang der Tideflüsse errich-
tet wurden. Möglicherweise schützten bereits im hohen
Mittelalter Flussdeiche diese vor Überschwemmungen.
Infolge der Marcellusflut von 1362 gingen hier nach dem
Schleswiger Domkapitelregister die Orte *Hattstedt* und
Wartinghusen unter.

Infolge von Sedimentanlagerungen verlandete die
Arlaubucht jedoch schnell. Die Eindeichung der jungen
Marschen erfolgte hier mit dem Hattstedter Alten Koog
(um 1478) und Neuen Koog (um 1496/1512), durch den

die Arlau nun entwässerte. Nordwestlich der Marschen an der Arlau wuchs wohl nach 1362 die zur Beltringharde Alt Nordstrands gehörende Harmelfshallig auf. An diese schlossen sich noch Ende des 16. Jahrhunderts mehrere Halligen bis nach Habel an.

Ebenfalls vor dem Bredstedter Geestrand waren kleine Marschgebiete im späten Mittelalter untergegangen. Durch Ablagerung von Sedimenten jungen Kleis entstanden auch hier junge Marschen, die im 16. Jahrhundert mit mehreren Kögen eingedeicht wurden.

Im Hinterland der Soholmer Au bis zum Geestrand erstreckte sich vor 1362 eine vermoorte Niederung, die erst infolge der Marcellusflut unter Meereseinfluss geriet. Auf den abgelagerten Sedimenten entstanden hier junge Marschen, die in der Folgezeit eingedeicht wurden (Bargumer Koog um 1466, Langenhorner Altern Koog um 1462/63–1470/80, Sterdebüller Altern Koog um 1493). In den Deich des Langenhorner Alten Kooges bezog man die Hallig Offekebul mit ihren Warften ein.

Südwestlich des Langenhorner Alten Kooges lag die Hallig Ockholm. Das zur Strander Beltringharde gehörende Kirchspiel *Occoholm (Ockeholm)* nennt bereits die Liste des Schleswiger Bischofs Brun, bevor dieses 1435 zur Nordergoesharde kam. Deren Bauern ernährten sich von Viehhaltung und Salztorfabbau. Nach der Sturmflut von 1362 blieben von *Occoholm* nur einige Äcker *(ager)* übrig, wie das Zinsbuch des Schleswiger Bischofs 1462/63 ausführt. Diese waren im Unterschied zu den im Erdbuch genannten Wiesen *(pratum)* und Weiden *(pascuum)* bedeicht. Die hier nach 1362 aufgelandeten Marschen wurden als Halligen von den auf Warften liegenden Höfen bewirtschaftet. Dazu gehörte auch die Hallig Ockholm, deren 1515 errichteter Sommerdeich die Sturmflut 1532 teilweise zerstört hatte. 1543 wurde die Hallig dann an die Festlandsmarsch angedeicht. Zur Hallig Ockholm gehörte ein von Flensburger Kaufleuten seit 1579 genutzter Hafen.

Die nach der Andeichung Ockholms entstandene Meeresbucht vor dem Bredstedter Geestvorsprung im Norden sowie den Hattstedter Kögen im Süden konnte nur schwer abgedämmt werden. Erst allmählich landeten hier junge Seemarschen auf, die mit dem Bredstedter Koog (1510), Bordelumer Koog (1527) und Breklumer Koog (1542)

Nordfriesland mit Kögen und Warften.

bedeicht wurden. Vor diesen Kögen erstreckten sich im Wattenmeer Priele, die in den Prielstrom des Bottergatts östlich der Insel Alt Nordstrand mündeten. Die Burchardiflut von 1634 zerstörte dann den Sterdebüller Neuen Koog und überschwemmte den Ockholmer Koog, der erst 1639 neu bedeicht werden konnte.

Nachdem die Insel Alt Nordstrand infolge der Burchardiflut 1634 auseinanderbrach, verfrachteten Strömung und Wind die abgebauten Sedimente, so dass Wattflächen vor den nordfriesischen Festlandsmarschen aufschlickten und sich Vorländer bildeten. Da der mit dem Bredstedter Werk 1664 ins Auge gefasste Plan deren Gesamteindeichung scheiterte, konnte man deren Bedeichung nur abschnittsweise mit mehreren Kögen bewältigen. Neben dem Hauke-Haien-Koog (1960) bilden hier der Cecilienkoog (1905) und der Sönke-Nissen-Koog (1923–1925) die heutige Küstenlinie des nordfriesischen Festlandes. Südlich des Sönke-Nissen-Kooges erfolgte 1987 aus Küstenschutzgründen die Vordeichung der Nordstrander Bucht (Beltringharder Koog), der Naturschutzgebiet ist.

Nordwestlich von Bredstedt erstreckte sich noch in der frühen Neuzeit die ausgedehnte Dagebüller Bucht mit ihren Halligen Galmsbüll, Dagebüll und Fahretoft, deren Wattflächen mehrere Priele durchzogen. Über die hier schon 1362 erfolgten Landverluste gibt das Zinsbuch des Schleswiger Bischofs um 1450 nur einen groben Anhalt, das für die Bökingharde vier Kirchen auf Risummoor und drei weitere auf den Halligen der Dagebüller Bucht angibt, im einzelnen *Risum, Lintholm, Nigebul, Dedesbul, Fortoft, Wisch* (Dagebüll) und *Galmesbul.* Die in der zweiten Hälfte des 16. Jahrhunderts vermerkten Fahrwasser zwischen Föhr und

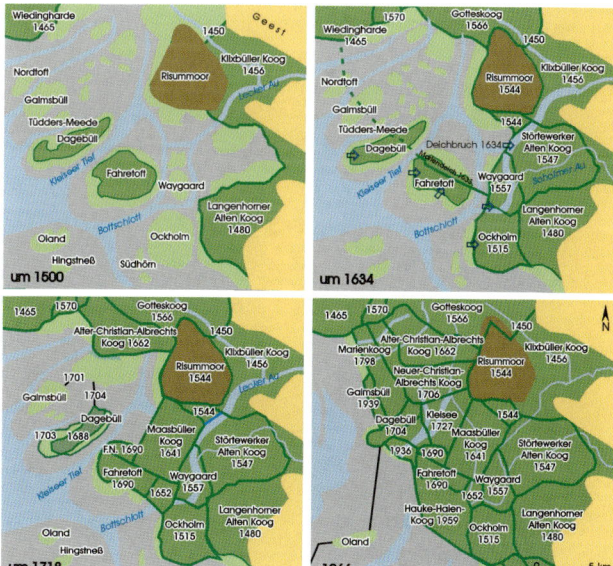

Um 1500 lagen noch mehrere Halligen in der Dagebüller Bucht, die nur mühsam abgedeicht werden konnte. Heute ist der Buchtcharakter verschwunden.

der nordfriesischen Festlandsküste belegen eine fortschreitende Zerschneidung der Halligen in der Dagebüller Bucht. Eine Ursache dafür war der hier betriebene Salztorfabbau.

Im Osten der Dagebüller Bucht lag die Geestinsel Risummoor, die um 1450 ein Damm mit der Festlandsgeest verband. Dieses seit dem Hochmittelalter kultivierte Moor umgab seit 1456 ein Deich (Kornkoog). Die weitere Landgewinnung erfolgte hier mit Dammbauten von Risummoor nach Klixbüll und Stedesand um 1450. Danach entstanden östlich und südlich von Risummoor der Große und Kleine Kohldammer Koog (1465/1544), der Störtewerker Altenkoog (1547) und der Langenhorner Altenkoog (1480). Infolge dieser Bedeichungen wurde der Flutraum der Dagebüller Bucht weiter eingeengt, so dass hier die Fluten höher aufliefen. Die Meeresangriffe machten deren Abdämmung daher zu einer vordringlichen Aufgabe.

In der Bucht konnten dabei die Halligen Galmsbüll, Dagebüll und Fahretoft als Stützpunkte der Abdeichung dienen. Nachdem eine erste, 1570 von Herzog Hans dem Älteren initiierte Abdämmung infolge von Sturmfluten aufgegeben werden musste, griff im Auftrag des Schleswiger Herzogs Johann Adolf der holländische Wasserbauingenieur Jan Adriaanszoon Leeghwater die alten Pläne wieder auf. Zur Durchführung erhielten holländische Unternehmer (Partizipanten) dabei den Zuschlag.

Uthlandfriesische Häuser auf der ehemaligen Hallig Dagebüll. Foto: Dirk Meier

Kirchwarft von Dagebüll mit
altem Halligdeich.
Foto: Dirk Meier

Erst 1631/32 gelang es, neben den Niederländern auch 22 einheimische Mitpartizipanten für das Vorhaben zu gewinnen. Die Arbeiten begannen am 9. April 1632 mit einem Einsatz von 5.500 Arbeitskräften, deren Meuterei Soldaten verhindern mussten. Bei der vorgesehenen Linienführung blieb der größere Teil der mit Sommerdeichen gesicherten Hallig Fahretoft außendeichs. Auf dieser war erst 1633 der Seedeich in geradliniger Verlängerung des Bottschlotter Werkes fertiggestellt und das Bottschlotter Tief durchdämmt, dessen Reste noch heute einen See bei Fahretoft bilden. Der neue Deich lief dabei teilweise über Wattflächen. Im April begann dann die Abdämmung des Kleiseer Tiefs zwischen Fahretoft und Dagebüll, das sich nicht nur stark vergrößert hatte, sondern dessen Strömung auch zunahm. Zudem beeinträchtigten unerwartete Stürme am 24. und 25. August 1634 die Arbeit. Infolge der Katastrophenflut vom 11. Oktober 1634 kam eine Fortsetzung des Vorhabens nicht mehr in Betracht. Ungeachtet der Misserfolge blieben jedoch die 50 Partizipanten auf Fahretoft. Sie versuchten nun eine Durchdämmung der übrigen kleineren Tiefs. Da der Herzog jedoch alle Bottschlotter Ländereien selber übernahm, stellten die letzten Holländer 1647 ihre Tätigkeit am Bottschlotter Werk ein.

Während in der Folgezeit im Westteil der Bucht Zerstörungsvorgänge des Meeres weiterhin überwogen, nahm infolge der Sedimentzufuhr und Landgewinnungsmaßnahmen die Verlandung im inneren Teil der Bucht zu, die abschnittsweise eingedeicht wurde. Um 1800 waren große Teile der Bucht verlandet, nur in den exponierten Bereichen überwogen die Zerstörungsvorgänge durch das Meer.

Neben der Bedeichung der Dagebüller Bucht bildet auch die Landfestmachung der Horsbüllharde (Wiedingharde) durch den Gotteskoog ein Beispiel der Eindeichungspolitik der frühen Neuzeit. Noch bis in das 16. Jahrhundert trennten im Norden Priele die Horsbüllharde von der nördlich benachbarten Hoyerharde und Loeharde (Tondernmarsch). Im Nordosten befanden sich kleine Sandinseln mit dazwischen liegenden Prielen, die während der Sommermonate passierbar waren. Zur Verbesserung dieser Verkehrsverbindung hatte der dänische König Erik VI. Menved 1314 einen Dammbau vom Festland zur Horsbüllharde angeordnet. Auf diesem sollte auch der Neukirchener Markt abgehalten

Vordeichung der Nordstrander Bucht mit Blick von Nordstrand auf die Festlandsmarschen. Foto: Cornelia Mertens

werden. Das vordringende Brunsodder Tief, das südlich von Ruttebüll in die Wiedau mündete, zerstörte jedoch spätestens 1362 diesen Damm.

In dieser Zeit war die Horsbüllharde dicht besiedelt und umfasste mehrere Kirchspiele, Groß- und Hofwarften. Zunächst bestanden hier lokale Sommerdeiche. Infolge der Katastrophenflut von 1362 gingen im Gebiet des späteren Gotteskooges mehrere Kirchen unter, darunter wohl *Revtoft* südlich von Aventoft, *Vendal* östlich von Emmelsbüll und *Kahlebüll* bei Uthusum, wie Cypraeus im 16. Jahrhundert erwähnt. Diese Landzerstörungen hatte der Salztorfabbau mit seiner Tieferlegung der Landoberflächen begünstigt. Um 1465 sicherte man den Rest der Marschinsel der Horsbüllharde mit einem umfassenden Deich. Unter dem Schleswiger Herzog und späteren dänischen König Friedrich I. (1471–1533) wollte man das Brunsodder Tief wiederum überschlagen. Wiederholt zerstörten jedoch Sturmfluten den zwischen 1507–1512 errichteten Damm.

Herzog Johann der Ältere von Hadersleben ging dann 1553 an die Abdämmung der Wiedau bei Ruttebüll und ließ bis 1566 einen Deich von der südlichen Horsbüllharde nach Risummoor errichten. Mit dessen Fertigstellung wurde 1566 auch eine Schifffahrtschleuse für den Flussverkehr auf der Wiedau nach Tondern errichtet. Der Dammbau zum Risummoor erfolgte dann zwischen 1553 und 1566. Mit Abschluss beider Baumaßnahmen war 1566 der Gottes-

Eindeichung des Gotteskooges in Nordfriesland.

koog fertiggestellt. Vor diesen Eindeichungen lagen hier einige, durch Prielströme getrennte Halligen mit Warften.

Im Süden des Gotteskooges wurde 1570 der Kleine Emmelsbüller Koog angedeicht, den allerdings die Allerheiligenflut vom 1. November 1570 überschwemmte. Weitere Sturmfluten zwischen 1573 und 1634 beschädigten alle Seedeiche schwer. Infolge des 1593 zerstörten Süderdeiches blieb der Gotteskoog lange Zeit den Überflutungen schutzlos ausgesetzt. Die verfrühte Eindeichung des Gotteskooges über nur wenig aufgeschlicktem Watt führte zudem zu Binnenwasserstau. Das Schlickland ließ sich aufgrund seiner häufigen Überschwemmung nicht nutzen, weshalb um 1600 zahlreiche Bauern ihr Land aufgaben. Deren Anteile fielen an den Schleswiger Herzog, der seinem Generaldeichgrafen Rollwagen eine Konzession für ihre Trockenlegung erteilte. Rollwagen legte das heute noch vorhandene System von Sielzügen an und regulierte die Süderau. Doch noch immer stand das niedrige Land immer wieder unter Wasser. Heute sind die 1928 noch über 280 ha großen Wasserflächen infolge der verbesserten Entwässerung fast alle verschwunden, womit auch ökologische Feuchtgebiete verlorengingen.

Zwischen Land und Meer: Die nordfriesischen Uthlande

Das Gebiet des heutigen nordfriesischen Wattenmeeres, dessen Landschaftsentwicklung außerordentlich wechselvoll verlief, wird erstmals 1261 in einem Vertrag der Friesen mit Hamburg als *Uthlande* bezeichnet. Mit dem Deichbau und der Urbarmachung der vermoorten Gebiete, die noch um 1.000 n. Chr. weite Bereiche des heutigen Wattenmeeres einnahmen, wandelte sich der Naturraum zu einer vom Menschen gestalteten Kulturlandschaft. Es war die gewaltige Kraft des Blanken Hans, der tobenden Nordsee, der die Deiche durchbrach und im späten Mittelalter ebenso wie in der frühen Neuzeit große Teile dieser Agrarlandschaft zerstörte, in das Wattenmeer einbezog und mit Sedimenten bedeckte. Wo die Transportkraft des Wassers in den Prielströmen diese Meeresablagerungen teilweise abräumen, erinnern Kulturspuren in Form untergegangener Kirchen, Warften, Brunnen, Deiche und Fluren nachhaltig, dass das heutige Weltnaturerbe Wattenmeer hier in großen Teilen einst besiedelte Kulturlandschaft war. Da diese von den Erosivkräften des Meeres ebenso wie durch Krabben- und Muschelfang wieder zerstört werden, ist deren Dokumentation für die Geschichte der Uthlande von evidenter Bedeutung.

Der Strand bis 1362

Einen frühen Hinweis auf die amphibische Landschaft der Uthlande lässt sich der Hamburger Kirchengeschichte Adams von Bremen um 1075 entnehmen, die außer Helgoland noch andere Friesland und Dänemark gegenüberliegende Inseln ohne Namen erwähnt. Über die Unzugänglichkeit dieser Landschaft erfahren wir aus einem Brief des Papstes Innozenz III. von 1198 an den Propsten der Propstei Strand, die im Süden des heutigen nordfriesischen Wattenmeeres lag, Folgendes:

Wie Wir erfahren haben, ist der Zugang zu Eurem Gebiet wegen häufiger Überschwemmungen und der Behinderung durch vielfältige Wasserläufe erschwert. Es wurde deshalb schon zu jener Zeit, als der Glaube dort neu eingepflanzt war, festgesetzt und bis auf den heutigen Tag beibehalten, dass der Propst als Stellvertreter des Bischofs, so weit es ihm erlaubt ist, in jenen Gegenden fungieren darf.

Mit den Gräben sind Sielzüge gemeint, welche die niedrige Marsch- und Moorlandschaft entwässerten. Die Gewässer bildeten hingegen natürliche Vorfluter, in denen sich der Rückstau der Sturmfluten infolge von Überschwemmungen der unbedeichten Marschinseln bemerkbar machte.

Eine weitere Beschreibung Frieslands findet sich in der Dänischen Geschichte von Saxo Grammaticus, der im ausgehenden 12. Jahrhundert vom Vorhandensein von Deichen in Klein Friesland *(Fisia minor)* spricht. Ferner heißt es, dass die Friesen das Land, *welches zunächst sumpfig und feucht war, in langer Arbeit trocken gelegt haben* und dass Sturmfluten im Winter das Land bedrohten.

Nach den Kirchengründungen im 12. Jahrhundert erfolgte die Unterteilung der Harden in Viertel und Kirchspiele.

Noch 1450 gehörten Föhr und Amrum sowie die Halligen zur Propstei des alten Strandes, während zur Propstei *Withaa* (Wiedau) die Horsbüll- und Bökingharde mit der Insel Sylt gerechnet wurden. Zum Schluss der Aufzählung in der Erdbuchliste Waldemars II. von 1231 folgen die Marschharden der Uthlande, welche die Pellwormharde, Edomsharde, Beltringharde, Wiedrichsharde, Föhr und Sylt umfassen. Vier weitere als Inseln angegebene Harden, so *Aland, Gaestaenacka, Hwaelae major* und *Hwaelae minor*, werden später nicht mehr erwähnt. Ob es sich dabei um falsche Schreibweisen oder untergegangene Bereiche im Westen handelt, ist nicht mehr zu ermitteln.

Die einzelnen, nach der Abgabenhöhe dicht besiedelten Marschharden trennten Prielströme, sumpfige Niederungen oder auch Deiche. Das meiste Landgeld unter den uthländischen Verwaltungsbezirken zahlte die Edomsharde, gefolgt von der Pellworm- und Beltringharde. Bemerkenswert ist auch die hohe Belastung der Beltringharde mit 80 Mark Feinsilber, was etwa ein Viertel höher als in der Horsbüll- und Bökingharde und gleich hoch wie in der Pellwormharde ist. Krongüter waren in den Uthlanden nicht vorhanden.

Die genauen Küstenlinien vor den spätmittelalterlichen Landverlusten lassen sich nicht mehr rekonstruieren, da mittelalterliche Karten fehlen. Die 1651 veröffentlichte Karte *Von dem alten Nortfrieslande anno 1240* des Mathematikers Johannes Mejer ist weit mehr der Phantasie als der Realität entsprungen. Die vermerkten Orte sind teilweise frei erfunden. Ein Teil davon befindet sich bereits in Mejers *Designatio der Harden vnd Kerkspelen in Frisia Minori oder Nordfreßlandt Ao. 1240*, einer Vorarbeit zu seinen historischen Entwürfen. Mejer schrieb wohl vor allem vom *Catalogus vetustus* ab. Eiderstedt reicht auf seiner Karte viel zu weit nach Westen. In den Uthlanden existieren zu viele Inseln, und Sylt war durch Wasser von der Horsbüllharde getrennt.

Auf der ersten, 1559 veröffentlichten Karte der Herzogtümer Holstein und Schleswig von Marcus Jordanus erscheint im Süden des heutigen nordfriesischen Wattenmeeres der „Strand" als große, langrechteckige Insel. Auch die Seekarte von Lucas Janszoon Waghenaer von 1584 zeigt diesen in noch annähernd rechteckigen Ausmaßen, was so nicht mehr zutreffend ist. Nördlich davon verzeich-

Die 1651 veröffentlichte Karte der alten Uthlande von 1240 von Johannes Mejer ist nicht sehr realistisch. Die Landflächen reichen teilweise zu weit nach Westen, in den nördlichen Uthlanden existierten größere Wasserflächen.

121

Ausschnitt der Uthlande aus dem Spieghel der zeevaerdt (Leiden 1584) von Lucas Jans-zoon Waghenaer (Blick von Westen).

net Waghenaer neben den Inseln *Ameren* (Amrum), *Silt* (Sylt) und *Fux* (Föhr) mehrere Halligen. Johannes Petreus, Pastor in Odenbüll auf Nordstrand, zeichnete 1597 einen weitere groben Entwurf von Alt Nordstrand. Zuverlässigere Karten finden sich erst seit dem frühen 17. Jahrhundert, wie von Johann Wittemack, Johannes Mejer und Quirinius Indervelden. Während sich die Umrisse der 1634 zerklei-nerten Insel Alt Nordstrand gut rekonstruieren lassen, gilt dies nicht für den Zustand vor der Zweiten Marcellusflut von 1362.

Der mittelalterliche Strand dürfte dabei im Westen etwa bis zu ehemaligen, mit Dünen bewachsenen Nehrungen nahe der heutigen Halligen Süder- und Norderoog im Sü-den bis fast nach Hooge im Norden gereicht haben. Im Sü-den verlief der breite Prielstrom der Hever, der den Strand von der Halbinsel Eiderstedt trennte. Im Osten grenzte der Strand an eine vermoorte, von einem Wasserlauf durch-zogene sumpfige Niederung, die bis zum nordfriesischen Geestrand reichte. Mit dem schon wohl vor 1362 erfolgten Vorstoß der Hever nach Osten und der damit verbundenen teilweisen Zerstörung der Lundenbergharde nahm hier der

Mereeseinfluss zu, so dass sich oberhalb der Schilfsümpfe Wattsedimente ablagerten. Ferner wuchsen vor dem nordfriesischen Geestrand Marschen auf. Nördlich des Strandes erstreckten sich zwischen der Süder- und Norderaue kleinere, durch Gezeitenströme getrennte Marscheninseln.

Mit der Pellworm-, Edoms- und Beltringharde umfasste der Strand drei Harden. Die alte Grenze zwischen der Edoms- und der Beltringharde verlief dabei entlang des von Bupsee bis Lith reichenden, 1634 zerstörten Moordeiches. Dieser regelte ebenso wie andere Sietwenden des alten Strandes die Binnenentwässerung.

Neben dem großen Koog auf Pellworm gehören der Alte Koog mit der alten Kirche sowie die Gebiete von Evensbüll, Rorbeck, Volksbüll, Hersbüll, Emesbüll, Odenbüll, Gaikebüll, Stintebüll, Brunock, Ilgrof, Bupschlut, Bupsee,

Pellworm mit Warften, Deichen und Kulturspuren.

Buptee, Balum und Buphever sowie Rungholt zu den bis 1362 bedeichten Gebieten. Den gesamten Strand schützte ein Seedeich, der im Westen Anschluss an Dünen gefunden haben mag. Die ältesten Kirchen in diesem Gebiet registriert das Schleswiger Domkapitelregister von 1352, das in einer Abschrift von 1407 in der Königlichen Bibliothek von Kopenhagen vorliegt. Dass die 1362 untergegangenen Gebiete des alten Strandes bedeicht waren, geht auch aus dem Schleswiger Domkapitelregister des Bischofs Brun (1350/51–1369) hervor. Daneben erwähnt auch der wohl nicht vor dem Ende des 15. Jahrhunderts verfasste *Catalogus vetustus* den Untergang von Kirchen.

Bis an das Ende des 11. Jahrhunderts – somit in die Gründungszeit des Schleswiger Domkapitels von 1096 – könnte frühestens die alte Kirche auf Pellworm zurückreichen, wenn deren älteste Bauphasen auch erst von etwa 1180 stammen. Andere Teile des Schiffes sind ebenso wie der 1611 eingestürzte Turm erst im 13. Jahrhundert errichtet worden. Chor und Apsis sind aus rheinischem Tuff, was den Reichtum des Kirchspiels im Mittelalter unterstreicht. Die heutige extreme Randlage der Kirche ist eine Folge der hier bis 1795 eingetretenen Landverluste.

Die Gründung der Pellwormer Alten Kirche fällt in die Zeit der mit dem Deichbau und der Entwässerung einhergehenden flächenhaften Aufsiedlung des alten Strandes im 12. Jahrhundert, während vorher nutzbare Seemarschen begrenzt waren. So wies eine Ausgrabung im Mittelsten Koog auf Pellworm ein auf einem NN +0,50 m hohen Prieluferwall errichtetes Haus (Nr. 49) des 9. Jahrhunderts nach. Dieses ebenso wie Funde aus dem Watt von Hallig

Rekonstruierte Deichphasen des Schardeiches auf Pellworm, der den Großen Koog umgibt.

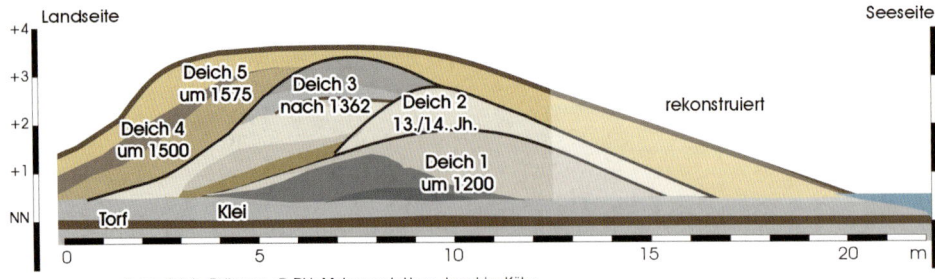

Schardeich, Pellworm. © Dirk Meier nach Hans-Joachim Kühn

Hooge belegen indirekt, dass sich im Westen noch Dünen befanden, in deren Schutzlage man zur ebenen Erde in der Marsch siedeln konnte. Nach deren teilweiser Abtragung im Hochmittelalter nahm der Sturmfluteinfluss zu und überdeckte die Siedlungen mit Sedimenten. Die Strandwallreste trug das Meer ab. So heißt es bei Iven Knutzen 1588, *dass thovorne hebben de water nicht so hoch gelopen, und an diße Örde haben kamen können, dewyle domals vor der Hever grote Sanddühnen gelegen hebben; do sind hir man kleine Ouven gewesen, dar nu leyder de grooten deepen sind ... Na solcker tydt do de Sanddünen wechschlögen und dat water begünde höger tho gahn, hebben die Lüde angefangen Sommerdyke tho maken ...*

Aufgrund der Sturmflutgefahr war daher seit dem Hochmittelalter der Bau von Warften notwendig. Typisch für Pellworm ist deren unregelmäßige Verteilung in einer von Prielen durchzogenen Seemarsch. Nach einem Schnitt durch die bis NN +3,70 m hohe Thiessenwarft (Nr. 226) im Mittelsten Koog zu schließen, bestand der im 12. Jahrhundert errichtete Kern aus Klei- und Torfstücken, die randlich Sodensetzungen sicherten. Mit einer Länge von 90 m und einer Breite von 30 m gehört sie zu den größten, mehrfach erhöhten Hofwarften der Insel. Im Untergrund der Warft befanden sich ein mit Schilf durchsetzter Klei sowie eine einige Dezimeter mächtige Torfschicht aus der Zeit um etwa 500 v. Chr. Dieses dicht unter der Grundwasseroberfläche aufgewachsene Moor bedeckten Meeresablagerungen, auf denen ein Marschboden aufwuchs, der das Pflugland der Siedler bedeckte. Noch vor dem Bau der Warft wurden die Äcker mit etwa 20 cm mächtigen Sturmflutschichten bedeckt. Unter der NN +2,22 m hohen, untersuchten und 1976 abgetragenen Warft (Nr. 138) erstreckten sich in west-östlicher Richtung mit Torf verfüllte Gräben. Somit entwässerte man hier im 12. Jahrhundert vor Anlage der Warft das Land.

Die bis NN +3,53 m hohe Bank-Matthiessen-Warft (Nr. 219) im Alten Koog wurde hingegen erst im späten Mittelalter errichtet. Deren Basis lag über 2,5 m mächtigen Sedimenten oberhalb eines Torfes der Zeit um 500 v. Chr. Offensichtlich sind hier nach der Moorbildung stärkere Meereseinflüsse auf einem niedrigeren Höhenniveau wirksam geworden als bei der 900 m weiter nördlich gelegenen

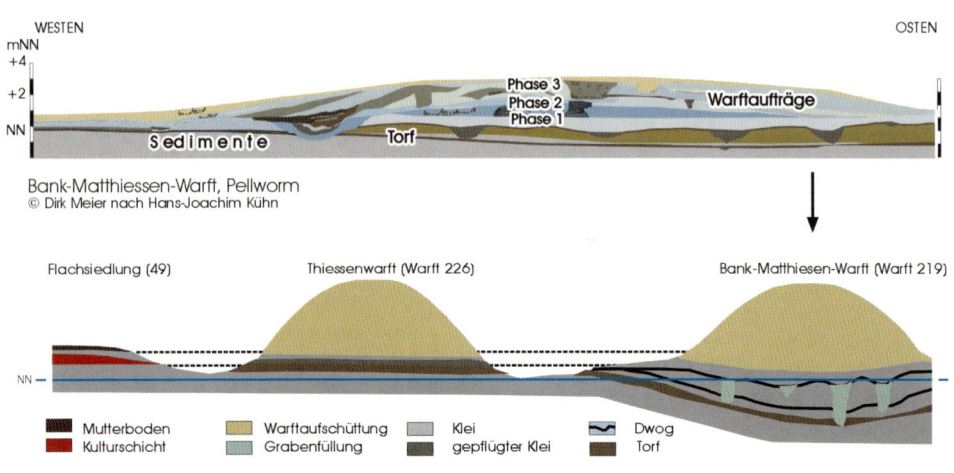

Obere Schichten des Küstenholozäns auf Pellworm, überhöhte Darstellung, Längenverhältnisse nicht maßstäblich
© Dirk Meier nach Dietrich Hoffmann

Warft im Neuen Koog. Die tiefe Lage des Torfes ist hier aber auch eine Folge späterer kleinräumiger Setzungen des Untergrundes, wodurch eine bis um etwa 400 n. Chr. mit Sedimenten aufgefüllte Mulde entstand. Die ehemals auf einer NN +1 m hohen Marsch erbaute Warft war etwas in den Untergrund gesackt. Eine erste Warftphase des 13. Jahrhunderts zeichnete sich über einem aufgegebenen Sodenwandbau auf einer Höhe von etwa NN +2,20 m ab, die dann um einen Meter erhöht wurde. Die jüngste untersuchte Warft lag im Zentrum des Großen Kooges und stammte aus dem 16. Jahrhundert. Vor dem Warftbau war der Torf an dieser Stelle abgegraben und in Gruben gefüllt worden.

Den großen Koog Pellworms umgab der im späten 12. Jahrhundert errichtete Schardeich, der mit NN +1,40 m nur eine niedrige Kronenhöhe besaß. Der Deich, der 1362 den Koog schützte, wies eine Höhe von NN +2 m auf und besaß eine mit 1:6 geneigte Innenseite, während von der Seeseite nur der obere, 1:4 geböschte Teil erhalten ist. Im Großen Koog sind auch Reste von Teilbedeichungen vorhanden, die vermutlich nach der Zerstörung des Seedeiches in aller Eile errichtet wurden. Nach dem Deichbau

Obere Schichten des Küstenholozäns auf Pellworm mit Torfen und Sedimenten sowie Schnitt durch die Bank-Matthiessen-Warft, Pellworm.

wurde die eingedeichte Marsch kaum noch mit Sedimenten aufgehöht.

Im Zuge des Deichbaus und der künstlichen Entwässerung verschwanden im Osten des Strandes die Moore. Typische Marschhufensiedlungen mit langgestreckten Hofwurtenketten weisen noch heute auf Nordstrand das seit dem 12. Jahrhundert urbar gemachte Kulturland aus. Zu den größten und mit NN +5 m auch höchsten Warften auf Nordstrand gehörte das 1955 abgetragene Forsbüll (Nr. 46) im Trindermarschkoog. Diese 130 m lange und 110 m breite Großwarft war für mehrere Höfe im 12. Jahrhundert erbaut und dann vergrößert worden. Nachdem die Trindermarsch infolge der Sturmflut von 1362 vom übrigen Alt Nordstrand vorübergehend getrennt wurde, bezog man die Warft in den neuen Inseldeich mit ein.

Eine weitere Untersuchung erfolgte auf der NN +3,30 m hohen, ehemaligen Kirchwarft von Evensbüll (Nr. 74) im Neukoog. Unterhalb der Kleiaufträge befand sich eine noch auf dem unkultivierten Moor angelegte Flachsiedlung aus der Zeit des 12. Jahrhunderts. Das hohe Moor schützte die Siedler hier noch vor Überflutungen, während in Forsbüll dieses bereits nicht mehr vorhanden war, so dass die Siedler hier auf der nur NN +0,20 m hohen Marsch eine Warft auftrugen. Der Schnitt durch eine NN +4,46 m hohe Deichwarft (Nr. 70) des 13. Jahrhunderts im Alten Koog bestätigte diese Annahme. Unter der Warft waren hier noch

Nordstrand mit Warften, Deichen und Kulturspuren.

Abgrabungsspuren mit Torfresten erhalten, die Sturmflutablagerungen bedeckten. Ein Teil des 10 m breiten und 1,46 m hohen spätmittelalterlichen Deiches mit einer Krone von NN +2,24 m war hier unter den Warftaufschüttungen konserviert. Dieser verlor infolge eines gewonnenen Kooges im Westen seine Bedeutung und wurde bebaut. Mit der Erweiterung solcher Deichsiedlungen und -warften auf Mitteldeichen entstand das für Nordstrand typische Siedlungsbild.

Rungholt

In der Nähe der heutigen Hallig Südfall befand sich der zur Edomsharde gehörende, seit der frühen Neuzeit sagenhaft verklärte Ort Rungholt. Dessen Name erscheint erstmals auf der Rückseite eines Hamburger Testaments von 1345: *Edemizherde parrochia Rungeholte judices consiliarij iurati Thedo bonisß cum heredibus* heißt es da, in der Übersetzung: *Edomsharde Kirchspiel Rungholt Richter, Ratleute, Geschworene Thedo Bonisson samt Erben.* Der Name *Rungholt* leitet sich vermutlich von der friesischen Vorsilbe *Rung-* (falsch, gering) und dem Stammwort *Holt* (Gehölz) ab. Daraus ergibt sich die Bedeutung „Niederholz"; unterstützt wird dies durch eine, wenn auch viel jüngere Karte Mejers von 1636, die einen kleinen Wald *(Silva Rungholtina)* in hügeligem Gelände zeigt, vielleicht auf einem ehemals höheren Gebiet.

Dass Rungholt in einer reichen Marschlandschaft lag, bestätigten die hohen Abgaben der Edomsharde im Erdbuch Waldemars von 1231. Zudem führt das Schleswiger Domkapitel in der Edomsharde ein Priesterkollegium auf. Mehrere Urkunden des 13. und 14. Jahrhunderts belegen ferner einen regen Handelsverkehr zwischen Flandern, Bremen, Hamburg und der Edomsharde. So baten die Vertreter der Lundenbergharde am 13. Januar 1355 den Grafen von Flandern um einen ungehinderten Handel. Am 9. Juni des gleichen Jahres erhielen die *consules* bzw. Ratleute die verlangte Bestätigung. Eine weitere Urkunde von 1358 unterstreicht die Bedeutung der Edomsharde bei den Auseinandersetzungen der friesischen Harden mit dem auswärtigen schleswig-holsteinischen Adel. Am 19. Juni

1361 gab ein Schutzbrief den Hamburger Kaufleuten freies Geleit in der Edomsharde.

Bei dem erwähnten Hafen der Edomsharde dürfte es sich um Rungholt handeln, wobei der Name für das größere Kirchspielsgebiet galt. Nach den Verträgen sollten die Ratsmänner und die Gemeinschaft der Edomsharde allen Hamburger Einwohnern Handelssicherheit gewähren, da die verschiedenen nordfriesischen Harden öfter im Streit miteinander lagen, in den sich die holsteinischen Grafen nicht hineinziehen lassen wollten. Als bedeutender Ort in der Edomsharde besaß Rungholt sicher eine Hauptkirche.

Dass Rungholt in diesem Gebiet gelegen hat, bestätigen schon 1597 Johannes Petreus und Matz Paysen. Die von Johannes Mejer 1636 gezeichnete und von Peter Sax ergänzte historisierende Karte der 1362 untergegangenen Landschaft vermerkt am oberen Rand: *Clades Rungholtina facta ad FL. HEVERAM, Anno 1300, die 16. Januarij* (Das Rungholter Unglück, geschehen am Fluss Hever, Anno 1300, am 16. Januar). Der weitere Text betont, dass die Karte auf mündlichen Überlieferungen der Vorfahren basiert. Die Mejersche Karte lässt im Rungholt-Gebiet

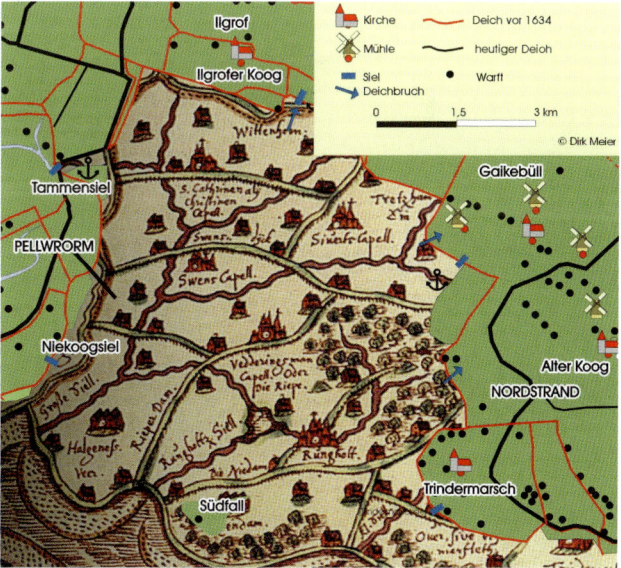

Rekonstruktion der Insel Alt-Nordstrand mit projezierter Karte „Clades Rungholtina" von Johannes Mejer im Gebiet der 1362 untergegangenen Edomsharde. Für die Lage Rungholts nordwestlich der Hallig Südfall fehlen die Beweise. Viele Ortsnamen sind frei erfunden.

129

einen Deich mit einem Siel *(Emißarius Rungholtinus)*, einen
großen Sielzug *(Agger Ripanus)*, den Niedamdeich *(Nieda-
num)* sowie den Ort *Rungholtum* erkennen. Ferner zeigt die
Karte weitere Kirchspiele und Deiche, deren Existenz so
nicht nachgewiesen ist.

Kulturspuren im Watt um die Hallig Südfall belegen den
Untergang des mittelalterlichen Kulturlandes. Einen frühen
Hinweis liefert Matthias Boetius († 1624), der von Wegen,
Gräben und metallenen Kesseln im Watt schreibt. Um
1880 entdeckte ein Fischer Holzreste und weitere Funde
im Watt. Diese deutete der Nordstrander Bauer Andreas
Busch dann in den 1920er Jahren als Reste von Rungholt.

Mittelalterliche Gräben im
Gebiet des Rungholt-Watts, im
Hintergrund die Hallig Südfall.
Foto: Dirk Meier

An einem südlich der heutigen Hallig verlaufenden mittelalterlichen Deich, von Busch nach der Mejerschen Karte
Niedamdeich genannt, kartierte er mehrere Hofwarften mit
anschließenden streifenförmigen Äckern und geradlinigen
Sielzügen, was auf eine ehedem vermoorte Marsch schließen lässt. Auf einer der beiden Warften deuten Sodenlagen
auf ein 5,30 m breites Gebäude hin. Bauten mit Sodenwän-
den wurden noch bis in die frühe Neuzeit auf den nordfriesischen Inseln errichtet, da gebrannte Ziegel teuer waren.
Weitere neun unregelmäßig verteilte Warften sowie die
vermutete runde, mit einem Graben umgebene Kirchwarft
ohne Brunnen (nach Busch Warft 1) mit zwei länglichen
Gruben, evtl. Gräbern, entdeckte Busch nordwestlich der
Hallig in einem Gebiet von etwa 900 m in west-östlicher
und 600 m in nord-südlicher Ausdehnung. Nördlich davon
spülte das Meer 2011 Reste etwa 0,50 m breiter Entwässerungsgräben sowie einen größeren Sielzug frei. Nach
den vielen Warften und bis zu 90 gefundenen Brunnenrin-
gen kann man auf eine dichte Besiedlung des Rungholt-
Gebietes schließen, die um die 1000 Menschen umfasst
haben könnte. Neben runden sind hier rechteckige Warften
(Busch Nr. 28) mit mehreren Sodenbrunnen belegt, wie sie
seit dem 12. Jahrhundert üblich sind. Die unterschiedlich
großen Sodenbrunnen versorgten mehrere Häuser. Eine
der Warften (Nr. 9) wies allein sieben bis neun Brunnen auf.
Zu den vielen archäologischen Funden gehören mittelalterliche Keramik in Form harter Grauware, Fibeln und rheini-
scher Import, Tierknochen und Steine im Klosterformat.

Im Niedamdeich, dessen Kronenhöhe nach Vergleichs-
befunden archäologisch untersuchter Deiche aus Eider-

stedt und Nordfriesland mindestens NN +2 m betrug,
befanden sich zwei aus Holz errichtete lange Kammersiele
(von Busch Schleusen genannt). Das ältere, mit dem
Deichbau um 1200 errichtete, 20,50 m lange und 3,30 m
breite Siel war undicht geworden, so dass man dieses um
1280 durch ein 25,50 m langes und 4,40 m breites ersetzte. Am Ende dürften die Siele wohl Holzklappen besessen
haben, die ausströmendes Binnenwasser von selbst öffne-
te. Die Kammerwände bestanden aus Balken, wobei das
jüngere drei, das ältere zwei getrennte Durchlässe besaß.
Die bei NN −1,30 m eingemessenen Kammerböden lagen
nur wenig tiefer als das entwässerte Kulturland, dessen
Höhe zwischen NN −0,79 und −0,89 m betragen haben
dürfte.

Das Mittlere Tidehochwasser nahm Busch um 1362
aufgrund des Sielbodens mit NN −0,44 m an, während des
MThw 1962 bei Strucklahnungshörn mit NN +1,36 m sehr
viel höher auflief. Der niedrige Wert des MThw vor 1362
belegt, dass dieses mit dem frühen Beginn der Kleinen
Eiszeit abgesunken war. Aufgrund des geringen Niveau-

Kulturspuren im Gebiet der
Hallig Südfall.

unterschiedes zwischen Siel und Kulturland funktionierte die Entwässerung im Mittelalter nur mangelhaft. Ausgehend von dem rekonstruierten Wert des MThw vor 1362, hätten die Deichkronen der damaligen Zeit mindestens 2,44 m oberhalb des MThw gelegen. Eine Zerstörung der Deiche musste zwangsläufig zur schnellen Überflutung und zum Untergang der Kulturlandflächen im Rungholtgebiet führen, da diese tiefer als das damalige MThw lagen.

Nachdem vor 1358 die Edomsharde noch mächtig genug gewesen war, um mit dem auswärtigen Adel einen Neutralitätsvertrag abzuschließen, mussten deren Ratleute zusammen mit denen der Beltringharde am 30. März 1398 den Herzog Gerhard von Schleswig bitten, ihnen gegen ihre Widersacher zu helfen, *damit die Deiche und Dämme gehalten werden*. Wie stark der Behauptungswille der Edomsharde war, zeigt die Tatsache, dass diese am 15. Juli 1400 den Bremer Kaufleuten wieder freien Handel zusicherte. Bei der Mitteilung der Segelanweisung *in dat Hever dep* zu einem Hafen, wo Salz gehandelt wird, muss es sich um einen Nachfolgehafen Rungholts handeln, desen Lage die Kaufleute noch nicht kannten. Demnach haben zwischen etwa 1358 und 1400 mit dem Vordringen der Hever größere landschaftliche Veränderungen stattgefunden.

An der Stelle Rungholts und anderer Kirchspiele erstreckten sich nun Wattflächen und eine Zeit lang wohl noch kleine Marschinseln. Noch nach 1398 und vielleicht bis spätestens in die Mitte des 16. Jahrhunderts baute man Salztorf in der Rungholt-Bucht ab, obwohl die damit verbundenen Gefahren durch das Tieferlegen von Landoberflächen bekannt waren. So bezeichnet der 1551 verfasste *Codex manuscriptus historiae* „Grote und Lüttke Rungholt" als Orte, die durch Versäumnisse der Vorfahren untergegangen seien. Entsprechende Nachweise sind als mit Torf verfüllte Gräben, Siedlungsreste und Funde nördlich der heutigen Hallig Südfall südlich des Prielstroms Fuhle Schlot belegt.

Matthias Boetius berichtet u. a. 1623 in *De cataclysmo Norstrandico* Folgendes über die 1362 im Rungholtgebiet untergegangenen Kirchen: *Im Süden und Südwesten sollen Halgeneß, Niedamm, Obbenbüll, Overmarflot, Utermarflot, Rungholt, der Flecken oder besser Städtchen, und Fedderskapelle gelegen haben. Ausgelassen werden hier die*

Altes und junges Siel im Rungholter Niedamdeich.

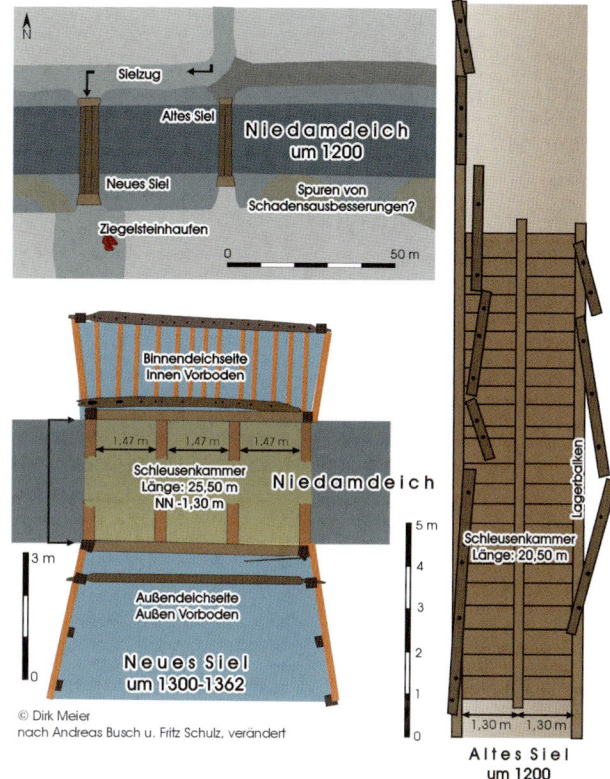

© Dirk Meier
nach Andreas Busch u. Fritz Schulz, verändert

*Trindermarsch und Südfall, von denen jene ein Kirchspiel
ist, diese aber keine Kirche hat. Deshalb darf man wohl
nicht mit Unrecht vermuten, Niedamm sei identisch gewesen mit Südfall, weil dieses doch heutigentags Nieland
genannt wird.*

Nachprüfbar ist dies ebenso wenig wie der malerische
Bericht Heimreichs aus der 1666 verfassten Nordfresischen Chronik: *An. C.m 1300. am Tage Marcelli Pontificis
[ist der 16. Januar, richtig wäre aber 1362] hat sich die
West-See durch Sturmwinde erhaben, und das Wasser
4. Ellen über die höchsten Teiche geführt, Städte und
Dörffer umbgekehret, und den Flecken Rungholdt, neben
sieben Kirchspiel Kirchen in [der] Edomsharde verwüstet,*

133

*andere mehre anitzo zugeschweigen. Dazumahl sein 7600
Menschen ertruncken, 21. Wählen in Nordstrande eingerissen.* Heimreich machte dann mit seiner Sage über das
verderbte Leben der Bewohner Rungholt bis heute zur
Legende.

Die Marcellusflut von 1362

Bereits vor der Zweiten Marcellusflut von 1362, die einen
tiefen Einschnitt in die wirtschaftliche Entwicklung des
Strandes bedeutete, hatten Sturmfluten zu größeren Schäden geführt. So verzeichnen die Strander Annalen eine
hoge Fluth mit angeblich 10.000 Toten von 1216. Über die
viel später von Heimreich erwähnte Flut von 1218 ist aus
älteren Urkunden nichts bekannt. Am 4. September 1300
sollen nach den Strander Annalen 28 Kirchspiele untergegangen sein. Letztere Angabe dürfte aber eher für die
gesamte schleswig-holsteinische Nordseeküste zutreffend
sein. Weitere Sturmfluten nennt Heimreich 1668 für die
Jahre 1313, 1316 und 1334.

Diese Sturmfluten ebenso wie die Zweite Marcellusflut
von 1362 fallen in einen Zeitraum, in der das Klima vom
mittelalterlichen Klimaoptimum zwischen 900 und 1300
zur Kleinen Eiszeit hin kühler und regenreicher wurde. Die
Übergangszeit des 14. Jahrhunderts ist dabei von zahlreichen Naturkatastrophen geprägt. So sahen etwa die Jahre
1313/14 bis 1317 außergewöhnlich feuchte Sommer und
überwiegend nasse Frühjahrs- und Herbstzeiten. Auf diese
Extremzeit folgten Jahrzehnte bitterkalter und extrem nas-
ser Sommer in den Jahren 1338, 1342 und 1347. Für die
Sommerkälte des Jahres 1347 gibt es in den letzten 700
Jahren gar keine Parallele. Den großen Regen von 1338
beschreibt auch der nordfriesische Pastor Matthias Boetius
1623 in seiner Geschichte der Sturmfluten Nordstrands.

In jenen Jahren des 14. Jahrhunderts kam es aber noch
zu anderen Katastrophen. So war der dänische König
Waldemar IV. Atterdag zusammen mit dem Herzog von
Schleswig mit der Karrharde als Verbündeter gegen die
Marschharden zu Felde gezogen. Da die Friesen jedoch
nicht gemeinsam vorgingen, wurde das Aufgebot der
mächtigen Bökingharde bei Langsundtoft (wohl an einem

Wasserlauf unweit von Niebüll) geschlagen, so dass auch die übrigen Verwaltungsbezirke die der Bökingharde auferlegten Friedensbedingungen 1344 akzeptieren mussten. Neben den Sturmfluten und Fehden bedeutete vor allem die Pest von 1350/1351, der ein großer Teil der Bevölkerung zum Opfer fiel, eine Heimsuchung für die Menschen, die kaum noch die Ernte einbringen oder Deiche und Siele unterhalten konnten.

Nur kurz nach diesen Unglücken brach 1362 die Zweite Marcellusflut über die Nordseeküste herein. Der Schreiber des ältesten Schleswiger Stadtbuches notierte zu den Auswirkungen der Katastrophe: *Anno MCCCLXII, am XVI. dage Januarii, do was ene grote watervlot ime Freslande, darinne up denne Strande XXX kerken unde kerspele vordrunkene.* Die eingetretenen Landverluste lassen sich dabei anhand der schriftlichen Überlieferung nur ungenau verifizieren. Hinweise auf untergegangene Kirchspiele lassen sich dem Schleswiger Domkapitelregister *(Registrum capituli Slesvicensis)* entnehmen. Mit der Ergänzung von 1407 erfolgte dann die Niederlegung eines unvollständigen Auszuges aus dem ersten Register von 1352. Ob diese Liste letztlich zur Zeit des Bischofs Nicolaus Brun († 1367) oder des Bischofs Nicolaus Wulf (1429–1477) niedergeschrieben wurde, ist allerdings ungewiss. Erst die neue, um 1450 niedergelegte Fassung übernahm die wesentlichen Angaben. Danach büßte das Bistum Schleswig zahlreiche Kirchen in den Propsteien Nordfrieslands ein. Das Domkapitelregister verzeichnet den Untergang von 8 Kirchspielen in der Eiderstedter Propstei, 3 in der Lundenbergharde, 5 in *Withaa* (Wiedau), 10 auf *Sild* (Sylt) sowie 25 in der Propstei Strand, darunter auch *Rungeholt*.

Vergleicht man die Brunsche Liste mit den jüngeren Quellen und den Kulturspuren im Watt, lassen sich die

Blockbild der Geologie der nordfriesischen Uthlande. 1362 stießen große Prielströme in die mit tonigen Sedimenten verfüllten eiszeitlichen Schmelzwassertäler vor und zerschnitten das Kulturland.

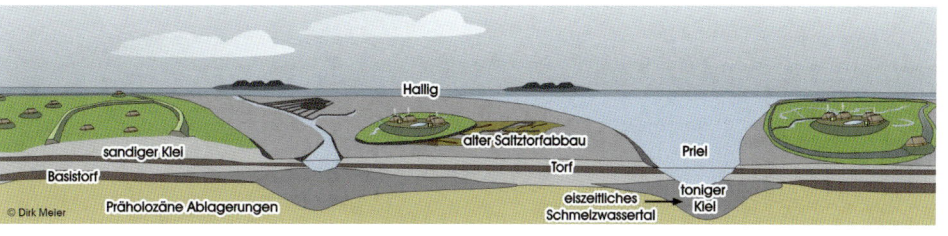

Landverluste der zweiten Hälfte des 14. Jahrhunderts grob rekonstruieren. Nach J. A. Cypraeus (1634) und Anton Heimreich (1668) sollen in der Edomsharde sieben Kirchspiele mit 7.600 Menschen untergegangen sein. Der *Catalogus vetustus* nennt teilweise gleiche oder anderslautende Bezeichnungen für untergegangene Kirchspielsgebiete der Pellwormharde.

Die unbekannten Verfasser des *Chronicon Eiderostadense vulgare*, dessen älteste Teile aus der Zeit um 1460 stammen, aber erst um 1550 durch Johann Russe zusammengefügt wurden, beschreiben das Eindringen des Meeres in die Uthlande als eine Abfolge von Unglücken. Neben den Sturmfluten hätten die Pest von 1350, innere Konflikte der genossenschaftlichen Bauernverbände und Harden sowie die Forderungen des dänischen Königs Waldemars IV. die Kräfte der Menschen überfordert. Angst und Schrecken hätten die Bewohner nach göttlichen Vorzeichen erfasst, die am Himmel erschienen seien. So war der Walpurgistag von 1393 sehr finster gewesen, 1400 erschien ein Komet und 1402 ein Stern im Westen. Die Sturmfluten, so berichtet das *Chronicon* weiter, hätten 1341 mit einer *grothe*[n] *Mandrenke* begonnen. Zur Katastrophe von 1362 heißt es: *Do begunden de Uthlande ersten entwey brekende.* Am 16. Januar 1362 wäre dann die *aldergrötheste Mandrenke* über die Menschen gekommen, so dass *dat meiste volck* in den Uthlanden ertrunken sei. Die Angabe von 100.000 Toten ist frei erfunden. Erneut seien *alle uthlande* nach dem Vorzeichen einer Finsternis in der Walpurgisflut am 1. Mai 1380 vom Meer zerrissen worden.

Cypraeus (1536–1609) datierte die *grote Mandranck* unzutreffend auf den 8. September 1362, wobei er den Untergang einiger Kirchen auch in älteren Sturmfluten für möglich hält. Ferner verzeichnet er zwischen Habel und dem Festland die untergegangenen Kirchspiele von *Habelde, Groden, Veder Hayens, Ockholm* und ein weiteres ohne Namen, dessen Lage vergessen wurde. Deren Untergang bestätigt auch Heimreich, indem er noch *Immenhusen* und *Ockegroff (Ottengroff)* hinzusetzt. Zu ergänzen sind noch die Angaben eines Indulgenzbriefes (Gnadenbriefes) des Baseler Konzils für den 1440 abgebrannten Schleswiger

Sturmfluten wurden im Mittelalter oft als göttliche Strafe wie die Sintflut empfunden.
Sintflut, Ausschnitt eines Gemäldes von Caspar Memberger (1555–1618)

Dom, wonach im ganzen Bistum infolge von Sturmfluten 60 Kirchen vergangen seien.

Nach diesen verschiedenen Quellen gingen in den südlichen Harden der Uthlande angeblich folgende Kirchen unter, darunter in der Edomsharde *Rungholt, Ackenboll, Overmarthfleet, Uthermarthfleet, Fedderingscapell, Ilgrof, Brunock* und *Stintebüll.* Die letzten drei Kirchspiele wurden teilweise wieder bedeicht. In der Beltringharde waren es *Redtwermans Capell, Grode vel Grodum, Ockeholm, Hayens Capell, Beltum vel Biltum, Ottisgroff vel Occogroff,* in der Wiedrichsharde *Iuenbull, Wyderichk, Appelum, Knium vel Knidum, Eydum Kirch, Tinneboll* und *Sudermarsch* sowie in der Pellwormharde *Hoeghe, Suderwisck (Süderwisch), Norderwisck (Norderwisch), Gormersbull (Gotmersboll), Nordhever, Norderboll, Suderboll, Fallum vel Falum, Flerdebol vel Flordesboll (Flendesbüll), Swens vel Svets Capell (Sieverstskapelle), Kathrinken Kirch alias Christinckenkirch (Karstine Kerke), Walthusen, Heverum vel Heverdam* und *Balum.*

Mit Ausnahme von Hooge (Høghe) sind viele der anderen Kirchen hinsichtlich ihrer Lage nicht mehr zu identifizieren. Auch ihre Exisenz ist teilweise fraglich. Da im Gebiet der späteren Halligen Süder- und Norderoog vor 1362 Festegüter der alten Kirche von Pellworm lagen, befanden sich wohl einige der genannten Kirchen in diesem Gebiet. Hier ist Walthusen (Walthusum) zu vermuten, dessen Name vielleicht auf den Ort gleichen Namens am Nordende des Großen Kooges übertragen wurde. Heverdam befand sich wohl nahe des Gezeitenstromes der Buphever, der nach 1362 Pellworm zeitweise vom übrigen Strand trennte. *Balim* (Balum) und *Gotmersboll* sind vielleicht auch in diesem Grenzgebiet zwischen der Pellworm- und der Wiedrichsharde zu lokalisieren. Die einzigen erhaltenen Reste eines Kirchplatzes im Watt sind 1000 m südlich der heutigen Hallig Hooge nachgewiesen.

Suder- und *Norderwisch* befanden sich vielleicht auf Pellworm. Anton Heimreich berichtet 1668, *dass An. 1493 umb Viti einige fünf Pilwormerharde Rath sich verglichen, einige saltze gründe in der Süder- und Norderwisch, Hannebüll, Fisselhagen und Vogtshalgen im Kirchspiel Pilworm belegen, im selbigen Jahre zu beteichen.* Die beiden ersten Bezeichnungen erinnern dabei an die 1362 verlorenen Kirchspielgebiete. *Karstine Kerke, Flendesbüll* und *Sievertskappelle* könnten in der nach 1362 entstandenen großen Bucht zwischen Pellworm und Nordstrand zu suchen sein. Ferner verkleinerte sich die Trindermarsch auf Nordstrand sowie die Gebiete von Hamm und Lith.

Ein Steuerregister von 1436 zählt zudem vier untergegangene Kirchspiele auf, die im westlichen Teil der Beltringharde lagen, und zwar *Westerwolt, Balum* und *Rivesbüll*. Diese *gaben als Steuer Salz während die vierte Siedlung nicht einmal das abgab.* Nach dem 1462/63 verfassten Zinsbuch der Schleswiger Bischöfe bestanden noch Einkünfte aus Gebieten, die 1362 größtenteils untergingen. Danach wären also Halligen als Reste des ehemaligen Kulturlandes erhalten geblieben.

Eindrucksvollste Zeugen dieser spätmittelalterlichen Katastrophe sind die Kulturspuren. Neben dem schon beschriebenen Wattengebiet nahe der Hallig Südfall finden sich weitere im Wattengebiet von Pellworm. Etwa 600 m und 1000 m westlich der alten Kirche belegen Gräben, Warften, Sodenbrunnen sowie Krüge, Töpfe, Holzschüsseln und Schuhe ebenso wie Tierknochen das wohl 1362 untergegangene Kulturland. Südwestlich der Tammwarft fanden sich im Watt Reste eines hochmittelalterlichen Wohnstallhauses mit Flechtwerkwänden und Sodenfußboden. Nordwestlich von Pellworm sind Reste einer rechteckigen Warft des 12. Jahrhunderts sichtbar, die wohl zum Kirchspiel Walthusum gehörte. An deren Basis kommen die Spuren des Fethings, von Zisternen und Abfallgruben wieder zutage. In unmittelbarer Nähe lag ein Skelett im Wattboden, daneben befanden sich weitere in einem Graben. Vielleicht handelt es sich um Flutopfer.

Nach den Kulturspuren und Schriftzeugnissen kann somit als gesichert gelten, dass in der Pellworm-, Beltring-, der Edoms- und Lundenbergharde sowie im Gebiet der heutigen nördlichen Halligen im späten Mittelalter erhebliche Landverluste eintraten. Als Seitenarm der Hever drang die nach Nordosten vorstoßende Norderhever in die Edomsharde ein und vernichtete das niedrige Kulturland. Nach 1362 bildete sich hier eine Meeresbucht, und die

Insel Strand erhielt die bis 1634 bestehende hufeisenförmige Gestalt.

Folgt man Matthias Boetius aus Koldenbüttel, war die *Mandränkelse* von 1362, bei der er sich mehrfach im Datum irrte, *die größte aller Fluten gewesen*. Für Johannes Petreus bedeutete die Flut eine Strafe für die sündigen Einwohner der Uthlande. Aber auch die mangelhaften Deiche seien an dem Unglück Schuld gewesen. Die von ihm beschriebenen Stackdeiche gab es aber 1362 noch nicht, so dass man nach anderen Erklärungen suchen muss.

Betrachten wir zunächst die Wetterlage, wie sie 1362 vielleicht bestanden haben mag. Vorstellbar ist, dass sich ähnlich wie 1962 ein von den Azoren bis Spanien und zur Biskaya reichendes Hoch befand, während gleichzeitig ein Tief von Grönland und Island her in die Nordsee vorstieß. Aus dem Hoch strömte die Luft im Uhrzeigersinn vom östlichen Mittelmeer über die Biskaya und die Britischen Inseln. Hier traf es auf das aus dem Norden kommende Tief, das sich gegen den Uhrzeigersinn bewegte. Der Druckausgleich vom Hoch zum Tief entlud sich in einem gewaltigen Sturm über der Nordsee am 16./17. Januar 1362. Da die beiden unterschiedlichen Luftdruckgebiete sich kaum bewegten, hielt der Orkan tagelang an. Auf ein Hochwasser folgte das nächste, ohne dass bei Ebbe ein größerer Abfluss des Wassers erfolgte, da der Sturm aus Westen gegen den Ebbstrom blies.

So ein Sturmwetter wird aber in den historischen Quellen nicht bezeugt, wohl aber nach englischen Berichten ein aus süd-südwestlicher Richtung am 14. und 15. Januar 1362 heranziehender gewaltiger Sturm, der schwere Schäden anrichtete. Von England aus überquerte dieser in nordwestlicher Richtung die Nordsee, drehte dort im Bereich des Skagerraks und traf dann die nordfriesischen Uthlande am 15. Januar nachmittags zu dem ermittelbaren Hochwassertermin um 17 Uhr. Am 16. Januar entwickelte sich der Sturm abends zu einem Orkan, der über mehrere Hochwassertermine anhielt und die Deiche zerstörte. Trotz Ebbe lief das eingebrochene Wasser nicht ab.

Nach Heimreichs Nordfresischer Chronik von 1668 soll die stürmische Westsee vier Ellen (etwa 2,4 m) über die höchsten Deiche gegangen sei und die Flut 21 Deichbrüche auf der Insel Strand verursacht haben. Geht man von der durchschnittlichen Höhe der archäologisch untersuchten Warften und Deiche in Eiderstedt und Nordfriesland aus, so hat die Sturmflut von 1362 die bis etwa NN +2 m hohen Deiche überschwemmt und die Höhe der bis ca. NN +3 m hohen Warften sicherlich erreicht, wenn nicht überschritten.

Bleibt insgesamt festzustellen, dass die Marcellusflut von 1362 weitgehend die heutige Gestalt der nordfriesischen Küste prägte. Ihre Wirkung ist das Resultat mehrerer Ursachen. Zunächst einmal hatten die menschlichen Eingriffe in die Landschaft durch die Entwässerung des Sietlandes und den Salztorfabbau zu einer Tieferlegung von Landoberflächen in den Uthlanden geführt. Bereits Saxo Grammaticus erwähnt um 1200 den Abbau von Salztorfen. Im Zinsregister der Schleswiger Bischöfe heißt es zum Salztorfabbau 1462: *von dem ganzen Strand, Eiderstedt und der Lundenbergharde, wo Salz gebrannt wird, soll der Bischof von jeder Salzbude 2 Tonnen Salz haben.* Auch das Schleswiger und Flensburger Stadtrecht enthalten Hinweise zur Salzgewinnung. Im Erdbuch des dänischen Königs Waldmars II. ist von vier Salzsiedereien die Rede, die wohl teilweise im Vorland der friesischen Geestharden lagen. Neben Schleswig war der Mittelpunkt des friesischen Salzhandels die Stadt Ripen (Ribe).

Nach Ausweis der Kulturspuren im Wattenmeer erfolgte ein umfangreicher Salztorfabbau in den Uthlanden vor allem im Gebiet der heutigen nördlichen Halligen, wo über dem abgebauten Moor Sedimente jungen Kleis abgelagert sind. Niedrige, aus Torf ausgeführte Dämme umgaben hier die einzelnen Abbaufelder. Erfolgte dieser innerhalb der bedeichten Kulturlandflächen, gerieten die Böden sehr schnell unter das Niveau des Mittleren Tidehochwassers. Die tiefe Lage der Landoberflächen in den Uthlanden bestätigen indirekt viel spätere Berichte, die bezeugen, wie das Wasser auch nach dem Abklingen der Sturmfluten bei normaler Tide durch die Deichbrüche in die Marschen ein- und ausströmte. Deichbrüche führten daher schnell zu einem Verlust des Kulturlandes. Die Oberflächen des anmoorigen, gepflügten Landes trug das überströmende Wasser fort. Einen derartigen Vorgang beschreibt Matthias Boetius in seinem Bericht über die Zerstörung der Orte Stintebüll und Brunock auf Alt-Nordstrand 1615 mit folgenden Worten: *So wurde nach dem Einsturz der Wohnungen und Gebäude von Stintebüll und Brunock alles weggerissene Material und alles Hausgerät hierher getrieben* [in Moorlöcher]. *Es folgten ganze Mooräcker, die einst ausgelegt waren zum Kornbau oder zum Rasenstechen ... Dieses Gemenge der verschiedenen Dinge hatte die ungezähmte Gewalt des Meeres so durcheinander geworfen, dass man nie etwas Wüsteres und Traurigeres gesehen hat ...*

Die großen Landverluste gehen jedoch nicht allein auf die Salztorfgewinnung, sondern vielmehr auf geomorphologische Ursachen zurück. So verlaufen im Untergrund Nordfrieslands vom Rand der weichseleiszeitlichen Gletscher von Osten nach Westen Schmelzwassertäler, die im Verlauf des nacheiszeitlichen Meeresspiegelanstiegs das Meer mit setzungsfähigen, tonigen Sedimenten verfüllt hatte. Die heutigen Prielströme der Norderhever, Norder- und Süderaue folgen den alten, mit tonigen Sedimenten verfüllten, bis NN –18 m tiefen Tälern, während die Inseln Pellworm und Nordstrand auf sandigen, weniger zur Sackung neigenden Sedimenten oberhalb der hier höheren, bis NN –12 m ansteigenden eiszeitlichen Oberfläche liegen. Schon kurz nach dieser Katastrophenflut brach nach den Annalen des Strandes 1380 eine weitere Sturmflut über die Uthlande herein.

Alt-Nordstrand zwischen 1362 und 1634

Die Auswirkungen der Katastrophenflut von 1362 vermitteln folgende Zahlen: Während die Pellwormharde 1344 dem dänischen König eine Gestellung von 500 Berittenen für den Kriegsfall zusicherte, werden 1456 nur 60 Haushalte gezählt. Aber im Kriege gegen Dithmarschen 1559 bestand das Aufgebot schon wieder aus 2000 Strandingern. Die *Praepositura Strand* umfasste nach 1362 noch 22 Kirchspiele, von denen aber Balum und Imminghausen keine Kirchen mehr besaßen. Diese gehörten zur Pellworm-, Beltring- und Edomharde. Nach dem Eingehen der Hooger Kirche kamen die Bewohner zur Pellwormer Alten Kirche. Im Unterschied zur Wiedrichsharde erfolgten in der Pellworm-, Beltring- und Edomsharde nach 1362 wieder Eindeichungen. So sicherte man in der Pellwormharde die Gebiete von Walthusum, Heverdam und Balum, die zu Pell-

worm, Buphever und Westerwold kamen. In der Edoms-
harde bedeichte man die Trindermarsch. Ferner wurden die
Regionen von Wester- und Osterwold im Nordwesten der
Insel erneut durch Deiche gesichert.

Die neu errichteten Deiche beschädigten die Sturmfluten des 15./16. Jahrhunderts. Unter diesen war die
Allerheiligenflut von 1436 die schwerste. Der Vorstoß des
Prielstroms der Buphever, der sich zwischen Walthusum
und Balum, Heverdam und Christinenkerke erstreckte
und bis zum Fallstief (Norderhever) reichte, führte dabei
zur vorübergehenden Trennung Pellworms vom Rest Alt
Nordstrands. Da die Kirchspiele Walthusum und Balum, die
ursprünglich westlich des späteren Norder Nie Kooges
lagen, aber vielleicht schon 1362 untergingen, könnte
dieser Meereseinbruch allerdings auch auf diese Sturmflut
zurückgehen. So heißt es, dass die Losreißung Pellworms
längere Zeit vor 1436 erfolgt sein soll. Ferner ist der
Steuerliste von 1436 zu entnehmen, dass im Gebiet von
Balum und Westerwold noch keine Bedeichung erfolgte.
Der Einbruch wurde dann mit dem Bupheveringkoog 1445
bedeicht, wie indirekt 1500 bezeugt wird. In der fünften
St.-Gallen-Flut am 22. November 1483 trat nach Heimreich
im Deich an der Walthusener Bucht ein Deichbruch ein,
von wo aus das Wasser bis nach Tammensiel strömte.
Daraufhin mussten 1484 ein Entwässerungsgraben sowie
ein neues Siel bei Tammensiel gebaut werden, um das
Binnenwasser abzuleiten. Weitere Schäden verursachte die
Cecilienflut am 22. November 1483.

Balum, Buphever und Norder
Nie Koog.
Ausschnitt der Karte Alt-Nord-
strand von Johannes Mejer

In den Strander Annalen heißt es hingegen, dass erst
1550 zwischen Pellworm und Buphever *dat Deep geschlagen* wurde am *Dage S. Johannis Apostolis [24. Juni]*.
An der am 6. Juli 1551 fertigen Bedeichung soll sich die
gesamte Insel beteiligt haben. Petreus bestätigt dies mit
den Worten, dass *der schöne Koog zwischen Buphever
und Pellworm* nach etlichen, mindesten sieben Jahren
gewonnen worden ist. Möglicherweise wurde auch die
1445 angefangene Bedeichung wieder zerstört, jedenfalls
bestand der Koog seit 1551. Dessen Deich wurde nach
den Resten im Watt als Stackdeich errichtet.

Das untergegangene südliche Buphever konnte dann
1551 mit dem Norder Nie Koog wieder bedeicht werden,
doch die Kirchspiele Stintebüll, Brunok und Ilgrof hatten

zwischen 50 und 60 Prozent ihrer Flächen verloren. Deren teilweise zerstörte Deiche wurden auf Initiative des Generaldeichgrafen Rollwagen Anfang des 17. Jahrhunderts zurückgenommen. Trotzdem bemühten sich die Strander weiter, ihre Insel durch Vordeichungen zu vergrößern. So deutet im Pellwormer Gebiet das höhere Landgeld zwischen 1465 und 1509 auf die Bedeichung des Hunnenkooges hin, der dann seit 1468 als neuer Koog erscheint. Ferner wollte man 1493 den Vorläufer des heutigen Süderkoogs eindeichen. In Heimreichs Nordfresischer Chronik heißt es dazu, *daß Anno 1493. umb Viti einige für Pilwormerharde Rath sich verglichen, einige saltze gründe in der Süder- und Norderwisch, Hannebul, Fisselhagen und Vogtshalgen im Kirchspiel Pilworm belegen, im selbigen Jahre zu beteichen.* Da sich Süder- und Norderwisch östlich an den Alten Koog Pellworms anschließen, wurde hier 1362 verlorenes Kulturland wieder bedeicht. Die errichtete Neue Kirche kann man als Indiz für eine untergegangene ansehen.

Zu den weiteren Neubedeichungen mittelalterlichen Kulturlandes gehört das Gebiet um Buphever. So heißt es in einem 1500 protokollierten Gerichtsurteil (Dingswinde): *Als der Koog zu Buphever gewonnen wurde, da man das Jahr 1445 schrieb, war das Land des Thomas Backsen darin belegen, der zu der Zeit in Hamburg wohnte. Dieser konnte deshalb sein Land nicht bedeichen und verkaufte es wegen der Überflutungen.* Es ist wohl die gleiche Bedeichung, die ihren Niederschlag im Gerichtsprotokoll von 1445 findet, in der Enne Thorenson auf sein altes Land zwischen der Beltring- und Edomsharde Anspruch erhob. Somit gehörte der 1445 eingedeichte Buphever Koog zur Edomsharde. Weiter heißt es, dass Thomas Backsen Land im neuen Koog besaß, es aber nach der großen Sturmflut von 1436 verließ und nach Hamburg ging. Der niederdeutsche Name Tammes Backenson findet sich in Rivesbüll, dem nach Osterwold genannten Ort im Steuerregister von 1436. Zu dem südlich von Osterwold gelegenen Rivesbüll gehörte wohl die Redwertskapelle, aus deren Resten dann mit Teilen der Edomsharde Buphever zusammengedeicht wurde. Dies unterstreicht eine Urkunde vom 6. November 1442, in welcher der Schleswiger Bischof Nikolaus dem Domkapitel in Hadersleben den Erlös der verlassenen Äcker schenkte, die ehedem zur *Sancte Christine* in der Propstei Strand gehörten. Nach Ausweis der Schleswiger Bistumsliste ist diese 1362 untergegangen, was in einem älteren Auszug des *Catalogus vetustus* seine Bestätigung findet.

Die ebenfalls in den Bistumsaufzeichnungen als verloren aufgeführte Kirche *In dem Wolde* fand wohl 1362 Nachfolger in den Alt-Nordstrander Kirchspielen Wester- und Osterwold. In einem nordfriesischen Gerichtsprotokoll von 1444 wird diese mit *Westerwolde* gleichgesetzt, was 1634 nahe des nordwestlichen Deichverlaufs der Insel Strand lag. Da Wester- und Osterwold 1465 Landgeld entrichteten, waren diese Gebiete schon vorher bedeicht. Ähnliches gilt für das Kirchspiel Imminghusen. Die dortige Kirche wurde jedoch 1479 niedergelegt und die Bewohner nach Bupsee eingemeindet, da das nähere Bupte ein Wasserlauf trennte. Außerhalb der Inselgrenzen von 1634 lagen hier neben *Hage (Haye)* weitere 1362 untergegangene Dörfer. In der Landgeldliste von 1465 fehlen aber die Orte Osterwold, Langeland und Fedderingerip. Da sie erst 1509/23 erwähnt werden, dürften sie bedeicht gewesen sein. Die nach 1362 bedeichten Gebiete erscheinen hier somit mit neuen Namen.

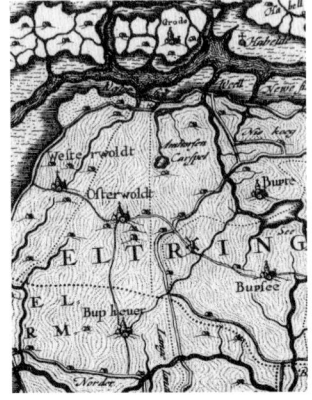

Westerwold, Osterwold, Bupte, Bupsee und Buphever. Ausschnitt der Karte Alt-Nordstrand von Johannes Mejer

Das Wasser einer Kette von Sturmfluten, unter denen die Allerheiligenflut von 1532 die schwerste war, staute sich vor allem an der Nordostecke der Rungholt-Bucht bei Ilgrof, Brunock und Stintebüll. Hier durften die Bewohner als Entschädigung für ihre Schäden Torf graben. Ferner erfahren wir Folgendes: *Anno 1532, Montag nach Allerheiligen war im Strande ... solcher Auflauf des Wassers, daß im Nordstrande beinahe 1400 Menschen ertrunken sind und brachen in derselben Flut 6 Wehlen ein im Nordstrande, und der Schaden der dabei an Häusern, Korn, Ochsen, Kühen, Pferden, Schafen und Schweinen geschah, ist unberechenbar.* Weitere Einzelheiten werden in den Strander Annalen beschrieben, die von 1500 Toten und 18 Wehlen berichten. Heimreich sah diese Auswirkungen als Folge eines Südweststurms, bei dem nach Deichbrüchen die ganze Insel überschwemmt wurde. Die Flut soll bei Bupsee 3 Ellen (1,80 m) über die Deichkronen gegangen sein. Trotz der Schäden war nach den Strander Annalen am 12. März 1539 mit der Eindeichung des neuen Kooges bei Gaikebüll begonnen worden. Allerdings machte die Sturmflut am

Ilgrof, Brunock und Stintebüll an der Rungholt-Bucht.
Ausschnitt der Karte Alt-Nordstrand von Johannes Mejer

6. Dezember des gleichen Jahres, bei der auch die Deiche
bei Stintebüll ebenso wie 1544 stark beschädigt wurden,
alles zunichte.

Infolge dieser Neu- und Wiedereindeichungen bildete
sich seit etwa 1551 die Form der hufeisenförmigen Insel
Alt-Nordstrand heraus, wie sie bis 1634 bestehen blieb.
Auf ihr lagen in der Beltringharde die Kirchspiele Evesbüll,
Rörbeck, Volgsbüll, Königsbüll, Bupsee, Bupte, Osterwold, Westerwold; in der Edomsharde Hersbüll, Odenbüll,
Trindermarsch, Gaickebüll, Stintebüll, Brunock, Buphever
sowie in der Pellwormharde die alte und neue Kirche. Von
der ehemaligen Lundenbergharde gehörten die Kirchen
von Morsum, Ham und Lith seit dem spätmittelalterlichen
Vorstoß der Hever zu Alt-Nordstrand. Ferner kam 1556
noch die neue Kirche auf Pellworm hinzu.

In das schadensreiche, aber auch durch Bedeichungen
geprägte 16. Jahrhundert fällt auch der einzige Versuch
einer Vordeichung im Süden Pellworms. So befürwortet ein
Mandat Herzog Johanns von 1556 eine Vergrößerung der
Insel. Ebenso wollte man 1555 und 1577 mit einem Deich
von Ilgrof nach Pellworm die Rungholt-Bucht beseitigen.
Einen weiteren Damm plante man 1553 von Morsum zu
einer gegenüberliegenen Hallig. Auch die Morsumfähre
sollte 1568/69 ein Damm ersetzen.

Diese nicht umgesetzten Pläne unterbrachen neben
Streitigkeiten erneute Sturmfluten. So heißt es 1559 in
einem Brief an den Nordstrander Staller, dass *dem Lande
und den Deichen großer Schaden geschah*. 1564 musste der Deich bei Hersbüll zurückgenommen werden, wo
nach Petreus bei Lith noch Wurzeln alter Eichen zu sehen
waren. In der Sturmflut vom 5./6. November 1570 traten
nach Heimreich 10 Wehlen in Volgsbüll und Westerwold
ein. Über die Schäden bei Volgsbüll berichtet Petreus: *Im
Jahre 1570 wurde in Volckboll das neue Werk am 28. April
begonnen und zuerst mit Tragbahren 39 Tage gearbeitet,
danach mit Sturzkarren 33 Tage, es war das Werk derer
aus Evensboll und Odenboll schier zum vollen Seedeich
gekommen, da aber nicht von allen der gleiche Fleiß auf-
gewendet wurde, ging es in einem Sturm wieder verloren.*
Ähnliches berichten die Strander Annalen. Zu Bupte und
Westerwold schreibt Petreus, dass sich zwischen dem
zerbrochenen Deich ein Strom herausbildete. So heißt es:

*dat sollte water gingk tho Puptee in und tho Westerwolt
wedder henuth, und moste men vp den middendicken jo
so woll alß den seedicken wehren.* Da der Deichbruch bei
Westerwold nicht zu schließen war, deichte man hier 200
Demat (98,60 ha) aus.

Danach erfolgten am 24. April 1571 bei *Volckesboll* und
Westerwoldt Einbrüche an den alten umdeichten Wehlen.
Während der Seedeich bei Volckesboll am 16. Mai wiederhergestellt war, gestalteten sich die Arbeiten am Durchbruch bei Westerwold schwieriger.

Die Schadensereignisse bewiesen, dass die Deiche
unzureichend waren. Daher forderte 1572 eine herzogliche Vorlage eine Erhöhung der See- und Mitteldeiche.
Ob diese Maßnahmen zur Ausführung kamen, steht nicht
fest. Jedenfalls brachen die Deiche am 21. August 1573
erneut, als sich nach Petreus *ein grausamer Stormwind
von Südwest* erhoben hatte. Bei Stintebüll und anderen
Orten rutschten die Deichkronen ab, so dass die Köge von
Stintebüll, Brunock, Ilgrof sowie der Hunnenkoog, der Alte
Koog und der Mittelste Koog auf Pellworm voller Wasser
liefen. Bei Brunok und Ilgrof musste der stark beschädigte
Deich wiederhergestellt werden.

Am 21. August 1574 wurden auf Alt-Nordstrand u.a.
Stintebüll und Trindermarsch überflutet, wo *ein gruwlich
lock 20 roden lang beth up des dickes saling ingefeget.*
Am 23. Dezember 1593 erhob sich *dat ungewedder, dat
des morgens den 24., was am christavende, dat solte
water aver unsern dicken allenthaven averlep, was dartho
sudwestenwindt ock springfloth. Averst do wie also in der
grotesten gefahr stunden, sühe do kerde sich Godt mit sien
allmacht, gand und barmhertigkeit tho uns, dat in der eile
vor unsern ogen dat water am dick wotende, 2 ellen gesun-
cken, und dat land blefft Godtloff droch.*

Der Landesherr verlangte daher am 26. Mai 1575 eine
erneute Deicherhöhung. Dazu kam es wohl, denn 1609
konnten Broderus Boysen und Peter Jnjerdt berichten,
*dass die Deiche der anderen achtzehn Carspels noch im
zimlichen Wohlstande stehen.* Nur zeitweisen Erfolg hatten
die Bedeichungsarbeiten 1579 in der Trindermarsch, wo
man den Deich schon 1580 zurückverlegen musste. Bei
Balum, Morsum und Lith dachte man hingegen an Neu-
eindeichungen. 1590 wurden die Deiche wieder von den

Trindermarsch auf der Karte
Alt-Nordstrand von Johannes
Mejer.

Wellen überströmt, wenn auch das Wasser in kurzer Zeit wieder sank, so dass keine nachhaltigen Überschwemmungen eintraten. Der Sturmwind wehte jedoch ebenso wie 1600 das Getreide um.

Neben den unzureichenden Ausmaßen und zu steilen Böschungen bildeten besonders die Stackdeiche, die 1581 bei einer Alt-Nordstrander Deichlänge von umgerechnet etwa 91,27 km mit etwa 26,11 km rund ein Viertel ausmachten, eine ständige Gefahr. Besonders bedroht waren auch die hohen Torfdeiche der Kirchspiele Eveßbüll und Rörbek. Die Sietwenden und Deiche hatten auf Alt-Nordstrand die bäuerlichen Gemeinschaften zu unterhalten, wobei vor der Niederlegung der Deichsatzungen seit dem 15. Jahrhundert das Gewohnheitsrecht galt. Als älteste Rechtsquellen auf Nordstrand gelten die Siebenhardesbeliebung und das Landrecht von 1426, das 1518, 1558 und 1572 verändert wurde. Die Obrigkeit vertrat der Staller, die Harden ihre Ratsleute.

Trotz der Sturmflutschäden war so das schadensreiche 16. Jahrhundert glimpflich zu Ende gegangen. Über die letzten Jahrzehnte der Insel vor der Katastrophe von 1634 sind wir gut unterrichtet. Zu Beginn des 17. Jahrhunderts standen zwei Bedeichungspläne im Vordergrund, die teilweise auf Planungen des 16. Jahrhunderts fußten. Diese umfassten zum einen die Bedeichung des Vorlandes bei Morsum, Ham, Lith und Volgsbüll sowie die Durchführung des in der Balumer Bucht bereits begonnenen Deichwerks. Letzteres wurde jedoch am 7./10. Mai 1601 nach einem Bericht der herzoglichen Kommission aufgegeben, während man die Bedeichungen bei Morsum, Lith und Ham 1603 begann. Trotzdem stand den Landverlusten des späten Mittelalters zwischen 1581–1634 nur ein Neulandgewinn von 3.500 ha (bezogen auf eine Gesamtgröße von 21.500 ha) gegenüber.

Neben den Sturmfluten bedrohten in den letzten Jahrzehnten vor 1634 auch andere Katastrophen das Leben der Menschen auf der Insel. So vernichteten eine Regenperiode sowie Schädlinge 1619, 1626 und 1627 einen Teil der Ernte. Infolge der Pest von 1598 bis 1603 starben 325 Menschen. Eine 1630 eintretende Seuche kostete 137 Menschen in Bupsee und Bopschlut das Leben. Feuersbrünste zerstörten 1624 in Gaikebüll, Evensbüll und

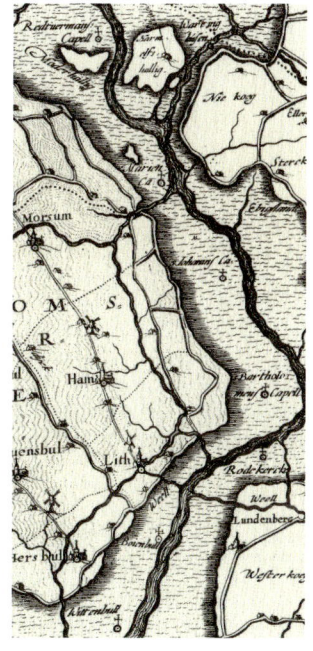

Morsum, Ham und Lith auf der Karte Alt-Nordstrand von Johannes Mejer mit den Vordeichungen.

Bopschlut, 1625 in Pellworm, 1626 in Hersbüll und Bupsee, 1627 in Evensbüll, Emesbüll und Ilgrof sowie Habel
und 1629 in Königsbüll zahlreiche Häuser. Ferner fingen
1624 die Mooräcker in Evensbüll Feuer.

Sieht man von diesen Schäden, den Stürmen und den
Ereignissen des Dreißigjährigen Krieges ab, war Alt-Nord-
strand eine wohlhabende Insel. Die Reichen leisteten sich
Keramikimporte aus dem Weserraum und Holland, und ihre
stattlichen Höfe besaßen Öfen mit glasierten Kacheln. Die
Fruchtbarkeit mancher der Inselböden, die das zwanzig-
fache der Aussaat erbrachten, wird dabei vom Odenbüller
Pastor Johannes Petersen ausdrücklich hervorgehoben.
Gutes Kornland und gute Weiden für Fettochsen existier-
ten in Königsbüll, Bubschlut, Bupsee, Bupte, Oster- und
Westerwold, Pellworm und Buphever. Die Kirchspiele
Hamm, Morsum, Evensbüll, Rörbek und Volligsbüll be-
saßen hingegen schlechtere, moorige Böden. Neben den
vermögenderen *Bunden* als freien, grundbesitzenden Bau-
ern gab es *Lansten und Kotener*, somit freie Pächter und
Kätner als Arbeitsleute. Die Gesamtzahl aller Einwohner
Alt-Nordstrands wird von Pastor Kruse 1798 kurz vor 1634
mit 8610 angegeben, wobei es 1.779 Feuerstellen gab.
Daneben lebten Schmiede, Schuster, Schneider, Zimmer-

Alt-Nordstrand wie es bis 1634
bestand, nach Johannes Mejer.

leute und Glaser sowie Tagelöhner auf der Insel. Ferner befanden sich mit Seegard auf Pellworm und Morsum zwei Güter. Anders als die in den Kögen auf Warften angelegten Höfe der Reichen errichteten die armen Leute und Handwerker ihre Katen auf den Mitteldeichen. Das Leben der Gemeinschaft bestimmten noch Sippenhaft und Blutrache.

Neben der Landwirtschaft spielten das Kalkbrennen aus Muschelschalen, der Salztorfabbau außerhalb der Seedeiche, der Muschel- und Fischfang sowie der Seehandel mit der Getreideausfuhr eine Rolle. Die Exporte beschränkten allerdings teilweise herzogliche Regelungen. Mit Lith, Morsum, Rorbeck, Buptee, Pellworm, Ilgrof und Gaikebüll besaß Alt-Nordstrand gute Häfen. Manche Nordstrander waren Schiffseigner. Der Verkehr von der Insel erfolgte mit Fähren von Bupte nach Ockholm, von Morsum zur Hattstedter Marsch und von Lith nach Lundenberg.

Nachdem die Sturmflut vom 14. Februar 1602 noch glimpflich verlaufen war, war dennoch 1609 Herzog Johann Adolf vom schlechten Zustand der Deiche unterrichtet worden. Neben den erforderlichen Deichreparaturen plante man auf Anraten holländischer Deichbaumeister einen Damm von Pellworm über Hallig Südfall nach Nordstrand. Dieser kam aber ebenso wenig zur Ausführungen wie der an der Waldhusen-Balumer Bucht im Nordwesten. Nur im Osten der Insel gelang mit der Eindeichung des Vorlandes 1612 die Fertigstellung des Ham Neuen Kooges.

Über diese Zeit berichtet die 1623 vom Nordstrander Pastor Matthias Boetius herausgegebene Schrift *De cataclysmo Nordstrandico*, welche die Überschwemmungen und den Deichbau zwischen 1614–1618 schildert. Boetius versuchte darin die Schicksalsschläge mit einem göttlichen Heilsplan zu verbinden.

1612 hatte erneut eine Reihe schwerer Sturmfluten eingesetzt. So wurde am 15. September 1612 das Ilgrofer Siel zerstört, und Salzwasser überschwemmte den Koog. Der die Wehle umschließende Deich wurde bald wieder zerstört. Ferner brach der Deich bei Brunock, Bupsee und Bupschlut. Auch der die Insel durchziehende Moordeich wurde am 21. Dezember 1612 durchstoßen, so dass der mittlere Teil von Buphever bis 3. März 1613 unter Salzwasser stand. Infolge einer weiteren Sturmflut am 21. Oktober 1612 wurde der Große Koog überschwemmt. Da man mit dem Deichwerk bei Lith und Ham beschäftigt war, konnten die anderen See- und Mitteldeiche kaum repariert werden. Die Sturmflut von 1612 unterbrach auch die Arbeiten am Volgsbüller Koog *(Nye Hambullinger Kog)*, der erst 1614 fertig wurde. Damit war ein Teil des alten Volgsbüller Kooges wiedergewonnen worden, der 1570 ausgedeicht worden war.

Bei der Sturmflut vom 1. Dezember 1615 entstanden etwa 40 Wehlen, so dass die ganze Insel mit Ausnahme von Pellworm und Trindermarsch überflutet wurde. Dabei kamen 300 Menschen um. *Wer kann den großen Jammer beschreiben, das Heulen und Klagen der kleinen Kinder und alten Leute, die in der dunklen Nacht dem bitteren Tod und dem kalten, brausenden Wasser nicht entfliehen konnten,* vermelden die Strander Annalen. Nach Heimreich soll diese Flut höher als die von 1532 gewesen sein. Nach seiner Schilderung waren *der Mohrdeich, Stintebüller, Röhrbecker und Ilgrofer Südwendinge [Sietwenden] jämmerlich verstürzet und viele Häuser und Hausgerät weggetrieben, und sechs Windmühlen umgeworfen.* Der Sturm zerstörte auch die Kirchen von Brunock und Stintebüll sowie acht Windmühlen. Nur Pellworm und Trindermarsch blieben verschont. Der Brunocker Deich war so zerschlagen, dass er nicht zu reparieren war. Da dieser außendeichs an Schlickwatt und innendeichs an Pütten und Wehlen grenzte, konnte man hier kein Baumaterial abgraben. Erst am 11. September 1616 wurde die große Brunnocker Wehle nahezu geschlossen.

Anno 1616 – heißt es in den Strander Annalen weiter – *hat sich die Obrigkeit des Elends angenommen und Johan von Cotsen zum Deichgrafen benannt, der die Deiche wieder schließen konnte. Mehr als 80.000 Taler [ca. 26.666 Mark] waren verdeicht worden.* Die Reihe schwerer Sturmfluten setzte sich 1617, 1622 und 1624 fort. Nach Deichbrüchen überflutete das Salzwasser 1617 den Hagebüller Koog sowie die Ländereien von Rorbeck, Eßbüll, Buphever sowie Oster- und Westerwold. Die Wiederherstellungsversuche des Moordeiches erwiesen sich als vergeblich. Durch den Bau einer Schütting (Einlagedamm) über den Moorweg bis zur Stintebüller Sietwende sicherten sich hingegen die Bewohner im Osten der Insel gegen weiteres Vordringen des Salzwassers. Erneut erfolgten Besichtigun-

Hensebeck Koog im Nordwesten der Rungholt-Bucht auf der Karte Alt-Nordstrand von Johannes Mejer.

gen durch den Generaldeichgrafen und den Staller. In ihren Berichten von 1622 heißt es, dass zwar die Deiche an der Westküste der Insel teilweise Schäden aufwiesen, doch könnte man diese wiederherstellen. Hingegen waren die Deiche bei Ilgrof, Stintebüll und Brunock stark beschädigt. Die Sturmflut von 1624 verstärkte die Probleme noch.

Nochmals gelang jedoch eine Vorlandseindeichung in der Nordwestecke der Rungholter Bucht mit dem Hensebeck Koog 1624, nachdem diese hier 1555 ebenso wie 1577 gescheitert war. Der neue Deich wies umgerechnet eine Höhe von 4,17 m sowie eine Breite von 22,64–25,33 m auf. Die Krone war 1,79–2,38 m breit, die Seeseite 1:4, die Landseite 1:1,5 geböscht. Wenige Jahre zuvor war das Morsumer und Hamer Vorland im Osten der Insel als Ham Neuer Koog (südlicher Teil: 1603–1606, nördlicher Teil: 1608–1612) eingedeicht worden. An der Balumer Bucht im Westen der Insel machte nach einer Besichtigung von Herzog Johann Adolf eine Kommission am 8. Mai 1601 neue Vorschläge zur Eindeichung, nachdem diese 1597–1599 nicht zustande gekommen war. Bis 1613 gelang noch die Eindeichung des Wester Neuen Kooges.

Eine Neulandgewinnung bei Ilgrof hatte man 1609 hingegen nicht verwirklichen können. Die mangelhafte Unterhaltung des *Illgroffer Siells* sah Boetius als Ursache für die dann hier 1612 eingetretenen Schäden an. Eine herzogliche Kommission erarbeitete hier daher Vorschläge einer Vorlandseindeichung zwischen Stintebüll, Brunock und Ilgrof. Johan Claus Cott begann mit den Bauarbeiten eines Deiches, der umgerechnet eine Breite von 46,48 m, eine Höhe von 5,36 m sowie eine 35,76 m breite Deichkrone besaß und damit die Forderungen der Kommission übertraf. Die Seeseite war mit 1:2 ebenso wie die Landseite mit 1:1,5 aber recht steil geböscht. Trotz geregelter Finanzierung kam es zum Streit, so dass der Generaldeichgraf Rollwagen am 26. April 1617 neue Vorschläge unterbreitete. So gelang die Fertigstellung noch im gleichen Jahr.

Am 21. Januar 1625 wirkte sich ein Südweststurm wieder verhängnisvoll aus. Im Februar und März folgten weitere Sturmfluten. Die beschädigten Deiche von Ilgrof bis Lith hielten zwar, aber bei Balum entstand eine Wehle. Weitere befanden sich am Bonnenmanns Tief, am Westersiel sowie an der Bupseer Schleuse. Östlich davon waren kleinere Einbrüche des Seedeichs zu verzeichnen. Ferner wirkten die Sturmfluten von 1627–1630 auf die Seedeiche der Insel ein. So wurden am 27./28. Oktober 1627 infolge eines Südweststurms alle dem Großen Koog vorgelagerten Köge auf Pellworm überschwemmt. Das eingedrungene Wasser durchbrach auch den Deich des Großen Kooges. Bis zum März 1628 waren die Deiche zwar wiederhergestellt, brachen jedoch am 16. Dezember, so dass einige Pellwormer Köge überflutet wurden. Infolge der Schäden an den westlichen Seedeichen errichtete man im Kleinen Koog einen Einlagedeich. Nach dem Bericht des Strander Stallers A. von Bestenborstel waren 1631 die Seedeiche zwar in Ordnung gebracht worden, doch hatte es zwischen Pellworm und Lith viele Kammstürze gegeben. Im November 1631 wurden nach Deichbrüchen der Alte, Mittlere und Neue Koog auf Pellworm überschwemmt. Doch es sollte alles noch viel schlimmer kommen.

Die Burchardiflut von 1634

Der Burchardiflut fielen in der Nacht vom 11. auf den 12. Oktober 1634 an der schleswig-holsteinischen Nordseeküste zwischen 8.000 und 15.000 Menschen zum Opfer. Diese Katastrophe traf das Land während des Dreißigjährigen Krieges in einer Zeit ökonomischer Schwäche, nachdem schon 1603 eine Pest zahlreiche Einwohner das Leben gekostet hatte.

Nachdem in den Tagen vor der Flut ruhiges Wetter geherrscht hatte, zog – wie Augenzeugen bestätigen – am 11. Oktober 1634 ein kräftiger Sturm aus Osten herauf, der sich im Laufe des Abends nach Südwest drehte und sich zu einem Orkan aus Nordwest entwickelte. Wahrscheinlich war es ein Sturmtief des Jütland-Typs, das regional begrenzt für kurze Zeit sehr hohe Windgeschwindigkeiten erreicht. So ein Sturmtief bildet sich über Neufundland, zieht von hier aus über England sowie die Nordsee nach Osten oder Südosten und überquert dann die Nordsee. Selbst bei niedriger Tide erzeugen sie Sturmfluten, wie dies 1634 als auch 1976 der Fall war. Die Angaben über die Fluthöhen der Augenzeugenberichte variieren erheblich. Danach erreichte an den Festlandsdeichen die Sturmflut etwa eine

Höhe von 4 m über dem Mittleren Tidehochwasser und lag damit in Husum um 11 cm unter der von 1976.

Zwar kam es auch in Dithmarschen und Eiderstedt zu zahlreichen Deichbrüchen und Überschwemmungen sowie vielen Toten, aber nicht wie in den nordfriesischen Uthlanden zu bleibenden Landverlusten, die vor allem die Insel Alt-Nordstrand betrafen. Ob hier die geplante Abdämmung der Rungholt-Bucht die Katastrophe hätte verhindern können, ist aufgrund der sich vertiefenden Norderhever fraglich. So schreibt später Anton Heimreich, der 1626 in Trindermarsch als Sohn des Predigers Johann Heimrich geboren wurde: es *wäre auch unmöglich gewesen, den strengen Lauf des zwischen Pellworm und Südfall hinstreichenden Fallstromes überzudammen.*

Das 13. Kapitel der Nordfresischen Chronik Anton Heimreichs handelt dann *Von der A. 1634 ergagnenen landesverderblichen Sündfluth.* So hat sich ihm der Deichgraf von Risummohr seinen Spaten in den Deich mit den Worten gesetzt: *Trotz, nun Blanke Hans.* Es heißt dann weiter: *Das war ein kühnes Wort! Aber, gestaltsam sich den 11ten Oct. ein ungeheurer Sturmwind aus dem Südwesten sich erhoben, so sich in folgender Nacht auf halber Springfluth nach dem Nordwesten gewendet, und gar übel gehauset, daß er nicht allein hin und wieder die Häuser auf und abgedecket, auch unzählig viel gar hinweg genommen, dazu in den Wäldern und Hölzungen starke und dicke Bäume by Haufen niedergeschlagen, und mit der Wurzel aus der Erde gerissen, sondern auch das Wasser und das Meer in der Westsee dermaßen bewogen und aufgetrieben, daß es in denen anderselben und an der Elbe belegenen Ländern, als in Stormarn, Dithmarschen, Eiderstedt, Nordstrand, Jütland und anderen Oerten hin und wieder eingegangen, Deiche und Dämme zerrissen, und dahin gekommen, da man zuvor niemals solche Fluth vernommen, viele tausend Menschen und Vieh ersäufet, und solchen Schaden getan, daß es nicht zu beschreiben.*

Die Burchardiflut riss die etwa 22.000 ha große hufeisenförmige Insel Alt-Nordstrand mit ihren 28 Kögen und 22 Kirchspielen auseinander, wobei – je nach Berichten – zwischen 6.123 und 6.408 Menschen, etwa zwei Drittel der Bevölkerung, ihr Leben verloren. Nur etwa 2.500 hatten überlebt. Nach Einbrechen des Sturms hatten die Men-

Nordfriesland nach der Burchardiflut 1634. Karte von Johannes Mejer von 1652

schen nur etwa vier Stunden Zeit für ihre Rettung gehabt, gerieten sie ins kalte Wasser, ertranken oder erfroren sie. Etwa 1.339 Häuser und 30 Windmühlen waren ebenso zerstört worden wie auch 21 Kirchen und 6 Glockentürme. In Evensbüll spülte die Flut den Krug weg, wo sich die Deichrichter versammelt hatten. Nachdem das Meer die Häuser auf den Warften zerschlug, trieben die Hausreste und Dächer davon, auf denen sich die Menschen geflüchtet hatten. Einige ertranken in ihren Betten. Hausrat, Tierkadaver und Ertrunkene trieben auf den Wellen umher. Manche Menschen, die sich in ihrer Not zusammengebunden hatten, um gemeinsam zu überleben oder zu sterben, fand man so später an den Küsten. Den Verlust an Vieh bezifferт Heimreich auf über 50.000. Vielerorts brachen Brände aus, weil das offene Feuer in den Kaminen infolge des Sturmes die Häuser in Brand steckte. Nahezu alle Deiche waren in Mitleidenschaft gezogen oder ganz weggespült worden. Die noch erhaltenen landwirtschaftlichen Nutzflächen waren versalzt.

Schweineschädel aus dem Watt bei Buphever.
Foto: Cornelia Mertens

Die Schäden in den einzelnen Kirchspielen vermittelt der Bericht Heimreichs ebenso wie das *Vertzeichnuß der Menschen so den 11.8. bris in der Nacht Im Nordstrande, In der Hogen Wasserfluth Jemmerlich ertruncken vnnd vmbgekommen …*, eine Liste, die wohl der Staller anfertigen ließ. Am schlimmsten stand es in der Beltringharde. Die gerade erst wieder bedeichten Köge von Ilgrof, Brunock und Stintebüll waren verloren. Auch das Hinterland war nicht mehr zu sichern. Besonders gravierend waren die Schäden auch bei Lith, in der Balumer Bucht sowie in Bupte. Zwischen Bupsloot nach Bupsee war der größte Deichbruch eingetreten. Allein hier starben 490 Menschen.

Lederschuh aus dem Watt bei Buphever.
Foto: Cornelia Mertens

Ein wichtiger Ausgangspunkt dieser bis heute nicht abgeschlossenen Veränderungen war das von Südwesten her weiter vorstoßende Fallstief (Norderhever). Die Querschnittserweiterung und -vertiefung der Hever sowie ihrer Nebenarme führte zu einer Erhöhung des Tidenhubs und des Mittleren Tidehochwassers, das schon vor der Flut von 1634 in der Rungholt-Bucht an den Deichen zwischen Ilgrof und Brunock ebenso höher auflief wie bei Hersbüll und Lith im Südosten nahe der Hever und im Nordwesten bei Balum nahe des Rummellochs.

Nachdem sich am 11. Oktober 1634 die stürmischen Wassermassen in der Rungholt-Bucht stauten, bahnten die Deichbrüche bei Brunok-Stintebüll der Norderhever ihren Weg mitten durch die alte Insel. Die Prielströme zerschnitten das Kulturland, bedeckten es mit Sedimenten und bezogen es zu großen Teilen in das Wattenmeer mit ein.

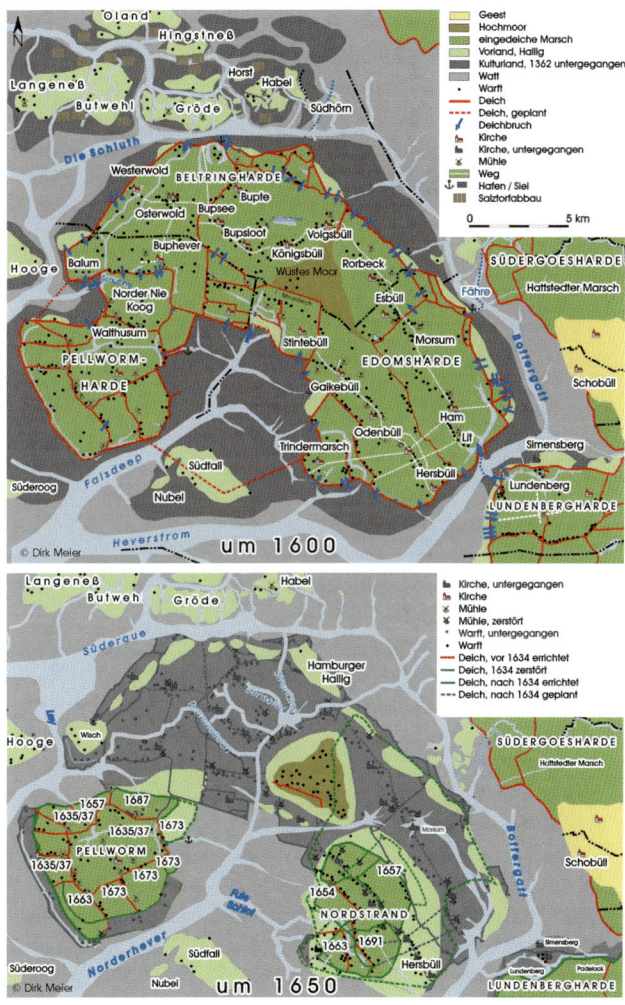

Alt-Nordstrand um 1600 und nach der Burchardiflut um 1650.

Neben der Norderhever drang nördlich von Pellworm das Rummelloch – ausgehend von einer großen Deichbruchstelle bei Balum – in das Gebiet des Kirchspiels Buphever ein und schuf eine Verbindung zur Norderhever. Die Kirchspiele von Balum, Buphever, Ilgrof, Brunock, Wester- und Osterwold, Bupte, Bupsee, Bupsloot, Königsbüll, Volgsbüll, Rorbeck, Stintebüll, Gaikebüll, Esbüll, Morsum, Ham sowie Teile der Trindermarsch und Hersbülls gingen unter. Von Norden her drang nach Deichbrüchen die Süderaue vor.

So blieben nur Teile der Pellwormharde, ein Teil der Kirchspiele von Odenbüll und Gaickebüll als Kern der heutigen Insel Nordstrand und das alte Hochmoor erhalten. Im Norden und Osten überdauerten einige zerfetzte Marschflächen als Halligen, die sich an der ehemaligen Küstenlinie der Insel orientierten.

Kurz nach der Katastrophe hielt der Gaikebüller Priester Lobedantz eine Predigt, in der er den Überlebenden neben der Buße auch Ratschläge gab, wie sie sich nach dem Verlust ihrer Lebensgrundlagen verhalten sollten. Nach einer Aufzählung der Schäden für jedes Kirchspiel heißt es weiter: *Der Verlust von Pferden, an Ochsen und Kühen, jungen Stieren und Schafen und Schweinen ist gleichfalls gar zu groß und ein Jammer anzusehen gewesen, denn man schätzt wohl 50.000 Stück derselben als verloren. Der Schaden an Torf- und Moorland geschehen ist auch übergroß, weil nicht nur ganze Äcker weggetrieben, sondern das übrige viel voneinander gerissen und sehr verdorben ist. ... Wieviele Menschen jetzt noch am Leben sind, weiß ich nicht eigentlich zu berichten, doch habe ich nicht ohne Bestürzung gelesen, dass in offenem Druck verlautet, es sollten nur 400 übrig geblieben sein. Ich vermute, dass wohl über anderthalb tausend erhalten geblieben sind ... .*

Dann kommt er auf die Wetterlage und die Menschen zu sprechen: *Es war am Sonnabend, des 11. des Monats Oktober, als sich das Wetter, welches eine Zeit schön und still gewesen, begann sich zu ändern, und früh am Tag begann es zu regnen. Doch der Morgen klärte sich wieder auf und es gab einen lieblichen Sonnenschein bis etwa 10. Dann wurde es wolkig und mittags regnerisch, dabei erhob sich der Wind, der gegen Abend ziemlich stark blies. Doch gab es wohl niemanden, der sich wegen einiger Gefahr und Schaden vorsah, obwohl sich das Brausen verstärkte, denn*

Im Watt zeugen Keramiktöpfe wie diese von Buphever vom Drama der Sturmflutkatastrophe 1634.
Foto: Cornelia Mertens

die Dämme und Deiche waren stattlich verfestigt, und man war einen solchen Sturm hier gewohnt. Um 9 wurde der Wind stärker und sehr böig, der wie ein ergrimmter Feind gleichsam mit bloßem Rapier das Meerwasser jagte und seine Wellen trieb, dass sie (wie viele mit eigenen Augen gesehen haben) wie große dicke Bäume einer über den anderen sich wälzend in geschwinder Eile etliche Ellen hoch und sehr ungestüm Dämme und Deiche hinanstiegen, auch der armen Leute kleinen Häuser unten am Deich niederschlugen. Um 10 alsbald ist wohl der erste Einbruch des salzigen Seewassers zu Stintebull geschehen, wenig vor 11 aber vermerkte man hier zu Gaikebull, dass dann die Schlöte und Graben mit großer Hast volliefen und also im Lande dann anstieg, dass sich dann über und über ergoss und viel Vieh und Feldfrüchte bei den Häusern wegriß.

Mit eben der Ebbe war dieser Ort um 2 nach Mitternacht, als vermutlich die hohen Kämme unserer Deiche abgeschlagen waren, ja dieselben an gar vielen Orten bis auf den Fuß auch eines Teils tief in der Erde abgestürzt, da sah man das Wasser unglaublich hoch sich schwellend zu uns in unsere Häuer kommen ...

Für Lobedantz war das Geschehen eine göttliche Strafe für das verderbte Leben der Einheimischen, wenn er auch diese nicht ohne Widerspruch hinnahm. Den Sturm beschreibt auch der holländische Ingenieur Jan Andriaanz Leeghwater, der mit der Bedeichung der Nordstrander Bucht beschäftigt war. Er erwähnt, dass sich am Tag nach Allerheiligen gegen Abend ein großer Sturm von Südwest erhob und auf Westen und Nordwesten drehte. Von den Augenzeugen, welche die Burchardiflut erlebt hatten, ging die evangelische Schwärmerin Anna Ovena Hoyer am weitesten, indem sie diese als Anfang der nahenden Apokalypse deutete.

Nicht auf göttliche Strafe, sondern auf andere Gründe ist der Untergang Alt-Nordstrands zurückzuführen. So schreibt 1798 der auf Pellworm wirkende Pastor Kruse zu Recht: *Der Untergang der Insel hatte in nichts anders seinen Grund wie in dem elenden Zustande der Deiche und des Deichwesens überhaupt. Die Deiche waren an manchen Stellen nicht mehr wie 10 Fuß über die tägliche Fluth hoch, dazu zu schwach und hin und wieder aus schlechter, morriger und sandigter Erde ausgeführt. Auch wurden sie*

Ausschnitt aus einer zeitgenössischen Darstellung der Burchardiflut.

*ebenso wenig wie die Schleusen beständig in gutem Stan-
de gehalten, und sollte eine wichtige Reparatur vorgenom-
men werden, so gabs nichts wie Zank und Zwietracht ... .
Freilich wäre Nordstrand, wenn es auch ungleich bessere
Deiche gehabt hätte, bei der ungeheuren Fluth wohl nicht
von einer Überschwemmung frei geblieben; aber bei bes-
seren und stärkeren Deichen – zumal wenn man auch die
Mitteldeiche im guten Stande gehalten hätte – würde sicher
das Bassin nicht so geschwinde und so hoch mit Wasser
angefüllt worden sein, daß über 2/3 der Einwohner hätten
ertrinken können. Es wären sicher als mehrere Menschen
am Leben geblieben, und diese hätte ihre Deiche wiederherstellen und das Land retten können.*

Entscheidend für die schnellen Landverluste war vor
allem die durch Entwässerung tiefer gelegte Landoberflä-
che, deren Böden teilweise unter den Stand des Mittleren
Tidehochwassers geraten waren, so dass nach Deichbrüchen auch nach Abklingen der Sturmflut das Hochwasser
bei normaler Tide zweimal am Tag das Kulturland überschwemmte. Zudem hatten die Bewohner Alt-Nordstrands
die Torfschichten abgegraben, um den darunter liegenden
kalkreichen Klei zur Bodenverbesserung nutzen zu können. Insofern man den Torf nicht benötigte, verfüllte man
damit alte Gräben. Kruse bemerkt dazu: *Der Boden der
Insel ist an vielen Stellen so niedrig, dass er ohne Deiche
wahrscheinlich bei stillem Wetter selbst von der täglichen
Flut überschwemmt würde ... . Eben wegen der moorigen
Laage sank vielleicht der Boden, da er durch Gräben aus-
getrocknet wurde, an manchen Stellen unter den gewöhnlichen Wasserstand. Solches Marschland gleicht einem
Schwamme, der die Feuchtigkeit an sich zieht und dadurch
in die Höhe getrieben wird. Solange es unbedeicht ist,
erhält es die Höhe, aber sobald es eingedeicht und durch
Gräben durchschnitten wird, zieht sich die Feuchtigkeit in
diese und das Land schrumpft zusammen.*

Erschwerend kam hinzu, dass man sich über einen
wirksamen Küstenschutz oft nicht einig werden konnte.
Nach Boethius berichtet, hatte ein herzoglicher Abgeord-
neter den Strandingern gesagt: *Nordstrander, wenn nicht
eure Zwietracht und eure ganze Starrköpfigkeit allbekannt
wäre und euch selbst verdientermaßen schon lange Strafe
gebracht hätte, so hättet ihr fürwahr verdient, daß wir im*

Sodenbrunnen einer untergegangenen Warft. Kulturspuren
von Buphever im Gebiet von
Alt-Nordstrand.
Foto: Cornelia Mertens

*Namen unseres gnädigsten Fürsten gegenwärtig schärfer
mit euch ins Gericht gingen.* Trotz dieser strengen Worte
kam aber Kruse zu Recht zur abschließenden Erkenntnis:
*Freilich wäre Nordstrand, wenn es ungleich bessere Deiche
gehabt hätte, bei der ungeheuren Fluth wohl nicht von
einer Überschwemmung frei geblieben.*

Letztlich führten mehrere Faktoren zum Drama: Der
Dreißigjährige Krieg hatte die ökonomischen und sozialen
Rahmenbedingungen stark verschlechtert, das parallel
der Flut sehr hoch auflaufende Wasser traf auf größtenteils nicht sehr gute Deiche, in Alt-Nordstrand lagen viele
Kulturlandflächen unterhalb des Mittleren Tidehochwassers
und das rasche Aufziehen des Unwetters traf die Menschen unvorbereitet in der Dunkelheit und weitete sich zur
Brandkatastrophe aus.

Die Sturmflut von 1634, die bei der Hallig Fahretoft 4 m
über dem Mittleren Tidehochwasser auflief und in Klixbüll
am Geestrand eine Höhe von etwa NN +4,3 m erreichte,
machte auch die Arbeiten an der Bedeichung der Dagebüller Bucht zunichte. Damit war diese etwa ähnlich hoch
wie die Sturmfluten von 1825 und 1962. Da die Deiche
aber vor 1634 oft nicht mehr als 3 m höher als das MThw

waren, überschlugen die Wellen die Deichkrone und brachten nach Kappenstürzen die Deiche zum Einsturz.

Kulturspuren im Wattenmeer

Heute noch sichtbare Fluren, Warften und Deiche als Ausweis der Katastrophe von 1634 finden sich im Westen und Norden Pellworms, im Gebiet des Rummellochs, bei Nordstrandischmoor, bei Hallig Südfall sowie im Gebiet von Hersbüll südlich der Insel Nordstrand.

Im Watt nordwestlich von Pellworm finden sich Reste des ehemals als Stackdeich erbauten Deiches des Norder Nie Kooges, durch den Pellworm 1551 wieder an Nordstrand angedeicht wurde. Etwas westlich dieses bis 1634 bestehenden Deiches ist im Watt ein weiterer Stackdeich nachgewiesen. Ob dieser ein Rest des geschilderten Bedeichungsversuchs von 1445 ist, ist unwahrscheinlich, da die ältesten nachgewiesenen Stackdeiche in Nordfriesland erst aus dem 16. Jahrhundert stammen. Vorstellbar wäre, dass es sich um den um 1551 errichteten Deich handelt, der dann infolge einer Sturmflut – vielleicht der von 1615 – zurückverlegt wurde. Vielleicht scheiterte auch eine erste Abdämmung des Prielstromes des Schüttings. Die Ausmaße des Deiches dürften dem Stackdeich des Husumer Porrenkooges von 1577 entsprochen haben, der etwa 16 m breit und 4 m hoch war sowie eine 1:6 geneigte Seeseite, 1:1,5 bis 1:3,5 geböschte Landseite und eine 2,50 m breite Deichkrone besaß.

Die südwestlich des Norder-Nie-Koog-Deiches sichtbaren, reihenförmig angelegten Warften und Gräben sind schon 1362 untergegangen. Da die Balumer Kirche nach 1362 nicht wiederaufgebaut worden war, gehörten deren Bewohner nun zu Westerwold. Nachdem in der Nacht vom 11. auf den 12. Oktober 1634 gegen 22 Uhr der Sturm auf Nordwest drehte, drückte dieser die Wassermassen durch den Schluth in die Walthusener Bucht. Infolge des Wasserdrucks brach nahe des Siels am Schütting der Deich. Da hier der Stackdeich des Norder Nie Kooges abbricht, handelt es sich wohl um die alte Einbruchstelle. Reste des Schüttinger Siels sind bislang nicht lokalisiert. Von hier verlief im Verlauf eines alten Prieles ein Sielzug nach Norden durch Buphever und den Großen Koog, der 1634 gleichfalls überschwemmt wurde. Außendeichs mündete dieser in den Schluth, einen Gezeitenstrom, der Nordstrand von Norden her umschloss. In Westerwold und Balum ertranken 164 Menschen, darunter der Pastor und der Küster. Nur 17 Hauswirte überlebten. Das Meer trieb 56 Häuser weg.

Im Bereich des Rummelloches sind noch heute bei Ebbe ehemalige Wohnplätze mit Sodenbrunnen, Wasserleitungen und Entwässerungsgräben zu erkennen. Südlich dieses Prielstroms lassen sich deutlich zwei Arten geradliniger Gräben unterscheiden, die das einstige Kulturland von Südwesten nach Nordosten beetartig aufteilen. Die Einheitlichkeit der Richtung lässt auf eine großräumige Planung der Binnenentwässerung schließen, die einmal erneuert wurde. So finden sich hier ältere, mit Torf verfüllte, 1,50 m breite und jüngere 2–3 m breite Gräben, die mit Schlamm und mit Schilfresten als Teil der ehemaligen Vegetation an ihren Rändern verfüllt sind. Ferner ist hier ein Weg mit beidseitigen Gräben nachgewiesen. An der Abzweigung eines Seitenweges sind noch zwei Pfosten eines ehemaligen Hecks erhalten. Die Höhenverhältnisse des Watts nördlich des Buphever Kooges haben sich hier schon in den 1960er Jahren stark verändert. Während die ursprüngliche Oberfläche nahezu waagerecht lag, fällt sie heute um mehr als 1 m nach Norden ab.

Die genannten Kulturspuren, darunter auch die südlich und nördlich des Rummellochs nachgewiesenen größeren rechteckige Warften mit mehreren Brunnen und Soden (Zisternen), gehörten zu dem 1445 neu- oder wiederbedeichten Buphever, dessen Kirchspiel eine Größe von 1.320 ha besaß. Die hier im gleichen Jahr errichtete St.-Laurentius-Kirche wurde 1479 durch einen Neubau ersetzt. Ein von ihrem Friedhof in einen Straßengraben weggetriebener Sarg mit dem Skelett eines neunzehnjährigen Mädchens kam im Watt unter den Sturmflutsedimenten wieder zutage. In zwei unweit gelegenen Abfallgruben fanden sich Apothekergewichte sowie bunt bemalte Glasscherben mit dem Namen Nommens. Ein Nommens hat nachweislich die Flut von 1634 überlebt. Infolge der Katastrophe von 1634 wurden in Buphever 90 Häuser zerstört, 340 Men-

schen starben, während nur 39 Hauswirte und sieben Kötner (Kätner) überlebten.

Der Pastor Buphevers, Andreas Steegmann, hatte vor 1634 erst zwei Jahre auf der Insel gewohnt und war mit den Gefahren einer Sturmflut nicht vertraut. Nach dem Deichbruch wollte er sich auf seine vier Fennen entfernte Kirchwarft retten, was jedoch aufgrund der Dunkelheit ebenso misslang wie der Versuch, zu seinem Nachbarn Sönke Bahnsen zu gelangen. In letzter Verzweiflung konnte er sich an einem vorbei treibenden Balken festbinden. Die Flut trieb ihn mehrere Kilometer nach Osten bis nach Stintebüll nahe Nordstrandischmoor. Der ohnmächtige Mann wurde am Deich von den Anwohnern gefunden und gesundgepflegt. Er kehrte dann in seine von der Sturmflut beschädigte Kirche zurück. Nachdem man deren Renovierung aufgab, zog er nach Helgoland. Die Kirche wurde 1640 verkauft.

Bei Buphever sind ferner Reste des Moordeiches im Watt erhalten, der die Edoms- von der Beltringharde trennte. Infolge seines Bruchs gingen die nördlichen Teile Alt-Nordstrands rasch verloren. Nördlich des Rummellochs befinden sich weitere Kulturspuren der ehemaligen Kirchspiele von Bupte, Oster- und Westerwold.

Zur Pellwormharde gehörte auch der Ort Südersiel, der einen am Fallstief (Norderhever) gelegenen Hafen besaß. Infolge der Sturmflut von 1634 starben hier 1012 Menschen. Ferner vernichtete das Meer 191 Häuser. Die Überreste dieses heute im Watt vor Pellworm liegenden Ortes werden langsam mit Sedimenten überdeckt. Sichtbar sind derzeit die Reste von mit Torf verfüllten Gräben. Vom alten Seedeich der Insel Strand ist hier nichts erhalten. Auf dem Weg nach Südersiel passiert man den 1798 untergegangenen Hof Untjehörn mit einem Sodenbrunnen.

Südlich der heutigen Insel Nordstrand finden sich im Watt die Reste des 1634 zerstörten Kirchspiels Hersbüll.

Nordfriesisches Wattenmeer mit Kulturspuren und Landverlusten im Gebiet des alten Strandes.

Hier vernichtete das Meer 11 Häuser, wobei 30 Einwohner ertranken. Ebenso wie sechs Hauswirte und vier Kätner überlebte der dortige Pastor Petrus Johannis die Flut und zog nach Husum, während die Witwe seines Vorgängers Fischer ertrank. Die vermutete Ortslage der Kirche dokumentieren Klosterformatsteine. Ebenfalls Reste des einstigen Stackdeiches lassen sich hier noch identifizieren.

Im Südwesten Strands war die Trindermarsch 1634 verlorengegangen, deren St.-Nicolaus-Kirche 1322 erbaut

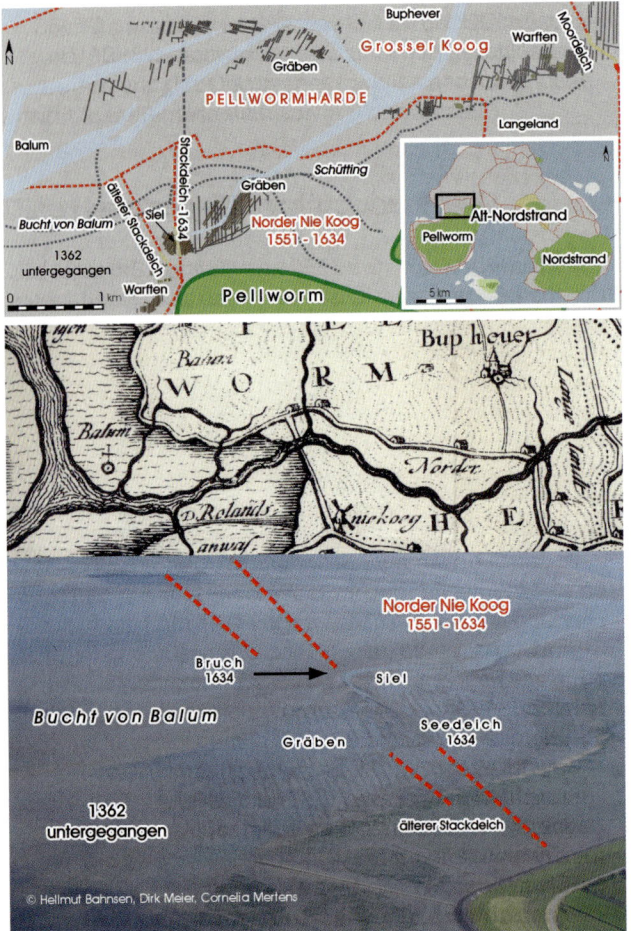

Der spätestens 1551 errichtete Norder Nie Koog verband Alt-Nordstrand wieder mit Pellworm, nachdem vorher die Balumer Bucht eingebrochen war und altes Kulturland zerstört wurde. Der nachweisbare Stackdeich wurde einmal zurückverlegt und bildete hier den Seedeich bis 1634. Dann brach er im Bereich des Siels.

worden sein soll. Im etwa 780 ha großen Koog ertranken 100 Menschen; 33 Häuser vernichtete das Meer. Die Kirche hatte zwar das Schadensereignis überstanden, doch wurde diese 1651 abgerissen und das Bauholz verkauft, nachdem man schon 1644 den Altar nach Friedrichstadt gebracht hatte. Der ehemalige Kirchort ist heute verschlickt und versandet. An einem Priel finden sich hier aber noch Warftreste und mit Torf verfüllte Gräben.

Vor dem heutigen Nordhafen Nordstrands lag der Ort Gaikebüll mit seiner Anlegestelle und der 1463 erbauten Kirche von St. Andrea. Obwohl hier 1634 an die 73 Häuser zerstört wurden und 232 Menschen umkamen, versuchte man den Ort zu sichern. Erst sechs Jahre nach der Sturmflut von 1634 verkaufte man die Kirche. Infolge der heutigen Küstenschutzmaßnahmen und der langsamen Versandung der Fahrrinne Fuhle Slot sind große Bereiche Gaikebülls heute von Wattsedimenten bedeckt. Noch in den 1950er Jahren konnte man hier aber Brunnenringe nahe des heutigen Seedeiches beobachten, von denen nur Reste erhalten sind.

Auch das heute teilweise im Beltringharder Koog liegende Gebiet von Morsum war – wie der übrige Ostteil Alt-Nordstrands – durch Entwässerung kultiviert worden, so dass hier die Landoberflächen abgesunken waren. Das unkultivierte Moor unter den darauf seit dem Hochmittelalter angelegten Hofwarften erreichte hier noch eine Höhe von 1 m. Seit dem Spätmittelalter gehörte zu diesem Marschhufendorf ein Hafen. Nach dem *Vertzeichnuß Im Nordstrande* sollen im Kirchspiel Morsum 350 Menschen ertrunken sein, 84 Häuser und drei Mühlen wurden ein Raub der Fluten. Nur 16 Hauswirte, aber keine Kätner überlebten hier. Die St.-Laurentius-Kirche war eine der Hauptkirchen des Strandes gewesen und hatte bis 1407 drei Kapellen und sechs Altäre besessen. 1470 war diese abgebrochen und nach Norden an den Ort versetzt worden, wo sie 1634 zerstört wurde. Bei der Sturmflut 1634 kam ihr Pastor, Jonas Friderici, ums Leben. Meeresablagerungen bedeckten dann die Fluren des Kirchspiels. Drei Jahre nach der Flut stürzte der Turm der Kirche ein, und das Gebäude wurde abgebrochen. Ein Priel spülte hier 1966 mehrere Kulturspuren frei. Sichtbar war ein in Nord-Süd-Richtung verlaufender, aufgehöhter Weg, der

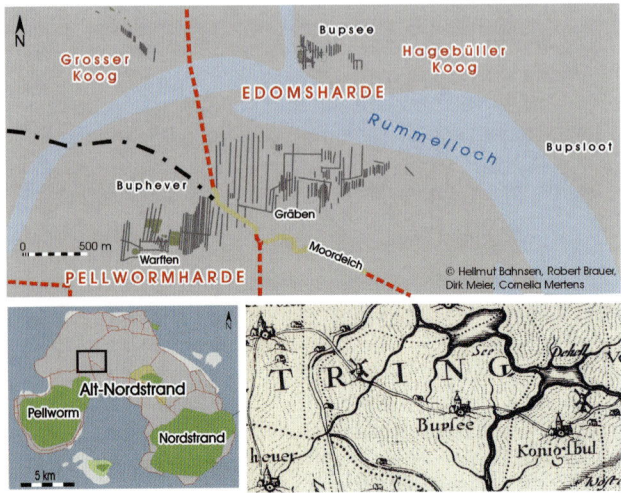

Kulturspuren im Gebiet von Buphever und Bupsee, Alt-Nordstrand. Die geradlinigen Sielzüge deuten auf eine planvolle Entwässerung der vermoorten Landschaft hin.

mindestens zehn rechteckige, durch Gräben eingefasste streifenförmige Parzellen reihenförmig angelegter Hofwarften begrenzte. Aus zahlreichen mit Soden ausgekleideten Brunnen und Fassbrunnen kamen vor allem Funde des 16. und 17. Jahrhunderts zutage, hingegen seltener solche des Mittelalters. Dazu gehören Klosterformatsteine, Dachpfannen, farbige Bodenfliesen und Keramik.

Das 1634 untergegangene Kirchspiel Lith besaß eine Größe von 460 ha. Hier befand sich ein Sielhafen, von wo eine Fähre zur südlich der Hever gelegenen Lundenbergharde führte. Infolge einer Einquartierung kaiserlicher Soldaten während des Dreißigjährigen Krieges gerieten Kirche und Glockenhaus am 4. Februar 1629 in Brand. In der Burchardiflut kamen der Pastor Clio und weitere 171 Menschen um. Ferner wurden 41 Häuser zerstört.

In dem nach 1634 teilweise wieder eingedeichten Kirchspiel Ham, dessen Kirche zerstört wurde, waren 365 Menschen ertrunken und 72 Häuser zerstört worden. Die Reste der ehemaligen Kirchwarft sind heute nur noch als schwache Kuppe in einem Acker auszumachen. In dem 1.140 ha großen Kirchspiel Evensbüll kamen 234 Menschen ums Leben. Ferner vernichtete das Meer 37 Häuser. Die Überlebenden setzten hier den Gottesdienst noch bis 1638 fort,

Ehemaliger Zaun im Gebiet von Buphever.
Foto: Cornelia Mertens

Große Mehrgehöftwarft mit Brunnen und Gräben in Bupsee, Alt-Nordstrand. Deutlich sind die schrägen Schleifspuren der Fischernetze zu sehen, welche die Kulturspuren verwischen. Die Warft ging 1634 unter.

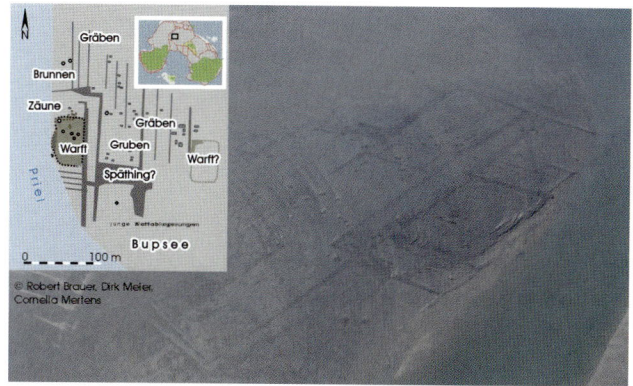

bevor sie nach Odenbüll eingepfarrt wurden. Wie die Warft der Hamkirche ist auch die Kirchwarft von Odenbüll noch auf Nordstrand zu erkennen.

Pellworm und Nordstrand nach 1634

Bis an den Horizont ziehen sich bei Buphever mit Torf verfüllte Entwässerungsgräben der 1634 untergegangenen Insel Alt-Nordstrand.
Foto: Dirk Meier

Nach der Burchardiflut waren nur noch Pellworm und Nordstrand, das Gebiet des Wüsten Moores sowie eine Reihe kleiner Marscheninseln als Rest der einstigen nördlichen und östlichen Küstenlinie übrig geblieben. Mit Ausnahme der 1923 an Nordstrand angedeichten Pohnshallig und der Hamburger Hallig sind diese von späteren Sturmfluten zerstört worden. Im Gebiet des durch die Flut von 1634 schwer getroffenen Alt-Nordstrands hatten zunächst nur die Wiederbedeichungen in der Pellwormharde Erfolg. Hier hatten die alte Kirche ebenso wie die neue von 1528 sowie mehrere Warften, deren Häuser zerstört waren, die Katastrophe überdauert. Das überschwemmte Land aber war durch das Salzwasser verdorben. Den überlebenden Bewohnern Pellworms gelangen jedoch schon 1635 bis 1637 mit dem Großen Koog, dem Mittelsten Koog, dem Kleinen Koog, dem Wester-Neuen-Koog sowie Teilen des Alten Kooges Wiederbedeichungen, wenn auch unter Rücknahme der meisten Seedeiche. Nun baute man auch einen Teil des Deiches des Großen Kooges zum Seedeich aus. Von diesem führte nun eine „Schütting" quer durch

Bei Hersbüll sind im Watt noch Reste des Stackdeiches erhalten, der hier Alt-Nordstrand bis 1634 schützte.

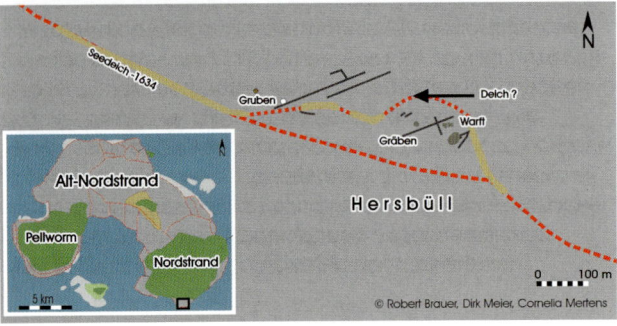

den vor 1637 erheblich größeren Koog bis zum westlichen Seedeich an der Alten Kirche. Während die vermögenderen Bauern ihre Höfe wieder auf den Einzelwarften in den Kögen errichteten, erbauten die Ärmeren ihre Katen auf den Binnendeichen wie dem Schardeich oder dem Südermitteldeich. Zwischen 1657 und 1687 erfolgten weitere Bedeichungen (Kleiner Norderkoog 1657, Westerkoog 1663 als Südteil des ehemaligen Alten Kooges, Ütermarker Koog 1672/73, Hunnenkoog 1672, Süderkoog 1687, Großer Norderkoog 1687). Dabei erwiesen sich der Erhalt der direkt an das Wattenmeer grenzenden Deiche im Westen, Süden und Osten der Insel als so schwierig, dass diese Ende des 18. Jahrhunderts noch weiter zurückverlegt wurden. Während der Weihnachtsflut von 1717 und der nachfolgenden Eisflut von 1718 wurde nach Deichbrüchen die ganze Insel überschwemmt. Die 1794, 1798 und 1804 neu errichteten Seedeiche bekamen flachere Böschungen, die Mitteldeiche wurden verbessert sowie als Erosionsschutz Lahnungen in das Watt hinaus gebaut. Dennoch brachen die Deiche in der Sturmflut 1825 an mehreren Stellen.

Im östlichen Teil der erhaltenen Reste Alt-Nordstrands versuchten die Einheimischen zunächst eine Wiedereindeichung der Trindermarsch. Da ihre Hilfegesuche an den Herzog Friedrich III. nichts nutzten, verließen viele ihre Heimat. Dieser verbot am 2. März 1635 jedoch eine weitere Migration und verlangte von den Ausgewanderten ihre Rückkehr. Da die wirtschaftliche Kraft der Einheimischen für eine Neubedeichung der Insel nicht ausreichte, ließ der Herzog seit 1636 ausländische Partizipanten kommen, denen er die Bedeichung und Nutzung des Landes übertrug. Mit großem Kapitaleinsatz landfremder Geldgeber – Holländer, Flamen sowie später auch Franzosen – gelangen so die ersten Wieder- und Neubedeichungen.

Der 1625 in Flandern geborene Deichgraf Quirinius Indervelden deichte dabei zusammen mit seinen Mitpartizipanten 1654 den Friedrichskoog (Alter Koog) ein, mit dem ein Teil der Marschen Gaickebülls und Odenbülls wieder gesichert werden konnte. Dabei folgen die neuen Deiche auf Nordstrand nicht den mittelalterlichen. Danach entstanden der Marie-Elisabeth-Koog (1657), der Trindermarsch-

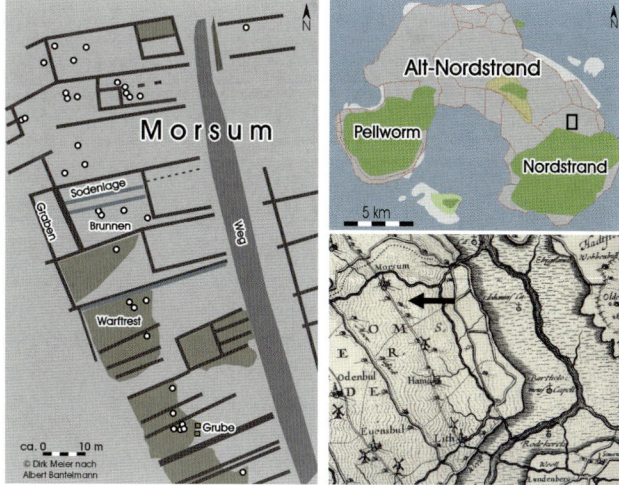

Die reihenförmige, 1634 untergegangene Marschhufensiedlung von Morsum weist auf eine ehemals vermoorte Landschaft hin, die hier von den Menschen kultiviert wurde. Das Gebiet liegt heute im Beltringharder Koog.

Alte Kirche von Pellworm, die nach den Landverlusten ganz am westlichen Rand des Alten Kooges liegt.
Foto: Dirk Meier

koog (1663) und der Neue Osterkoog (1691/1693). Von diesen Maßnahmen profitierten die Einheimischen kaum, sie hatten nicht nur ihre Existenzen verloren, sondern mussten auch mitansehen, wie landfremde Geldgeber Neuland gewannen und ihre eigenen Höfe gründeten.

Den Naturgewalten konnten auch die neuen Deiche nicht widerstehen. So wurde nach Deichbrüchen von 1717, 1718 und 1720 die ganze Inselmarsch überschwemmt. Der 1737/39 neu gewonnene Christians-Koog musste 1756 aufgegeben werden. Mit dem Elisabeth-Sophien-Koog 1771 gelang hier jedoch eine Neueindeichung. Nochmals überschwemmte nach Deichbrüchen die hohe Sturmflut von 1825 die Inselmarsch. Die 1923 mit der Andeichung der Pohnshallig im Osten vergrößerte Insel verbindet seit 1925 ein Damm mit dem Festland. Eine letzte Vordeichung erfolgte 1987 mit dem Beltringharder Koog im Bereich der 1634 untergegangenen Landflächen.

Nordstrand mit Warften im Verlauf der nach 1634 vorgenommenen Eindeichungen.
Foto: Cornelia Mertens

Die Halligen

Als Halligen bezeichnet man kleine, nicht durch höhere Seedeiche geschützte Marscheninseln, auf denen aus Klei errichtete Warften bei Sturmfluten den sicheren Schutz für den Menschen, sein Vieh und seine Habe bilden. Da eine dichte Bebauung der Warften ihre Anpassung an die gestiegenen Sturmflutspiegelstände verhindert, wurden diese randlich mit Ringdeichen erhöht. Die heutigen Halligkanten schützen Steindeckwerke und niedrige Deiche. Bis zur Versorgung der Halligen mit Trinkwasser nach 1962 bestand die traditionelle Wasserversorgung aus Zisternen. Das Vieh versorgte man mit Wasser aus dem Fething als großer Tränkekuhle, während für die Menschen das von den Dächern bei Regen herabfließende Regenwasser diente, das man durch gepflasterte Rinnen in Zisternen leitete. Diese flaschenförmigen Zisternen (Sode) waren im Mittelalter zunächst mit Kleisoden, später mit Backsteinen verkleidet. Die kleine Öffnung ließ sich mit einem Deckel verschließen, um bei einer Überschwemmung der Hallig das Eindringen von Salzwasser zu verhindern. Aus den Soden schöpften die Bewohner das Wasser mit Eimern, die an Brunnenbäumen hingen oder an Stangen befestigt waren. Daneben waren auch steinerne Noste (ehemalige Särge) als Trink-

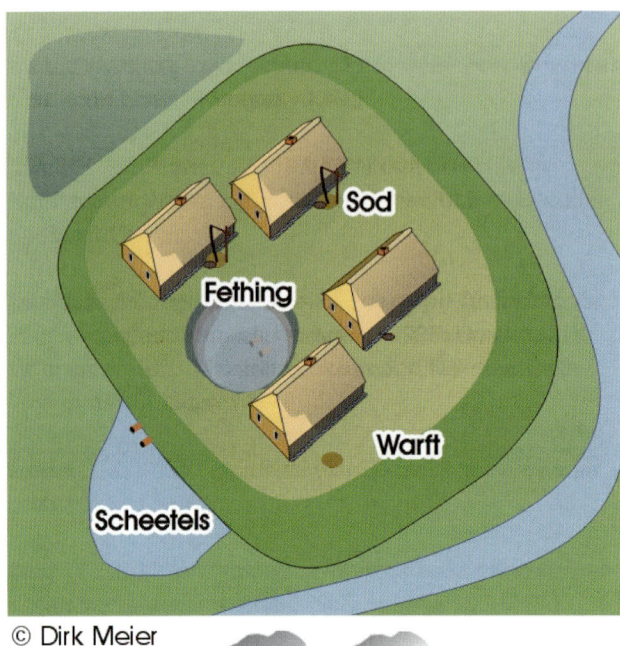

Die Wasserversorgung einer Halligwarft. Für die Menschen dienten Sode als Süßwasserreservoire, für das Vieh der Fething als große Tränke.

© Dirk Meier

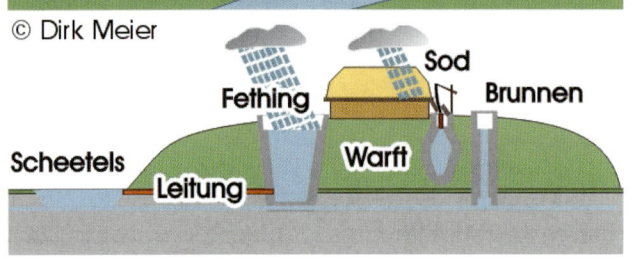

wasserreservoire in Gebrauch. Am Rande der Warften befindet sich als Speicherbecken für Regenwasser ein Scheetels (Skedels), von dem das Wasser durch ein Rohr zum Fething geleitet wird. Durch ein verzweigtes Rohrsystem gelangte das Tränkwasser in Brunnen, die sich meist an den Stallenden befanden. Fething, Leitungen, Zisternen und Brunnen wurden beim Neubau einer Warft mitgeplant. Erst dann erfolgte die Aufschüttung der Warft mit Klei und deren Bedeckung mit Grassoden. Die auf den Warften errichteten Häuser besaßen noch in der Neuzeit tief in den Warftkörper eingelassene Pfosten, die das Dach stützten.

Junge mit Bartmannskrug der frühen Neuzeit, den er im Watt bei Hallig Südfall gefunden hat. Foto: Dirk Meier

Auf dieses flüchteten sich die Bewohner, wenn Sturmfluten die Warft überschwemmten und die Wellen die Wände der Häuser zerschlugen. Heute verfügen die Hallighäuser über spezielle Schutzräume.

Im Laufe ihrer Entwicklung mussten die über mittelalterlichem Kulturland aufgewachsenen Halligen bis zu ihrer Befestigung erhebliche Landverluste hinnehmen, manche wie die 1586 erwähnte *Oselieks Hallige* im Westen der Insel Strand oder die Hallig Hingstneß verschwanden ganz, andere wie Nordmarsch, Butwehl und Langeneß wuchsen zusammen oder wurden – wie Ockholm – an das Festland angedeicht oder durch Dämme verbunden. Heute gibt es noch folgende Halligen im nordfriesischen Wattenmeer:

Südfall: Innerhalb der sich vor 1634 halbkreisförmig nach Norden ausdehnenden Bucht lag vor der hufeisenförmigen Küstenlinie Strands die zwischen Hever und Norderhever exponiert liegende Hallig Südfall, die nach 1362 über dem Kulturland des untergegangenen Rungholt auflandete. Die vor 1634 etwa 4 km lange und 2 km breite Hallig verkleinerte sich in der Folgezeit. Den fortschreitenden Uferabbruch im Westen, dem mehrere Warften zum Opfer fielen, konnte der Landanwachs im Osten nicht ausgleichen, bevor eine Befestigung der Halligkanten deren Restbestand sicherte.

Nordstrandischmoor: Die Hallig Nordstrandischmoor entstand aus jüngeren Meeresablagerungen oberhalb des alten Hochmoors der Insel Strand. Auf dieses „Wüste Moor" hatten sich 1634 Überlebende der Burchardiflut geflüchtet, die hier mit Fischfang, Torfabbau und etwas Viehhaltung ihr Dasein fristeten. Während die ersten behelfsmäßigen Behausungen noch direkt auf dem Hochmoor entstanden, wurden bald infolge höherer Sturmfluten Warften aufgeworfen. Meeresablagerungen, auf denen Salzwiesen aufwuchsen, bedeckten das Moor. Südwestlich der Hallig sind noch Teile des 10 m breiten Moordeiches zu sehen, der als Binnendeich verschiedene Entwässerungsgebiete der Insel Strand trennte. Da der vermoorte Untergrund nur wenig geeignetes Baumaterial hergab, hatte man diesen größtenteils mit Torfsoden aufgeworfen und die Seiten mit einem Holzstack mit Bretterwand versehen. Ebenfalls sichtbar

Die Hallig Nordstrandischmoor ist oberhalb des Wüsten Moores der Insel Alt-Nordstrand aufgewachsen. Foto: Dirk Meier

173

Hallig Südfall.
Foto: Cornelia Mertens

sind noch Teile des etwa 15 m breiten Stintebüller Deiches. Ferner sind hier noch Reste ehemaliger Hofwarften mit Sodenbrunnen und aus Ziegelsteinen im Klosterformat aufgemauerten Soden als Wasserzisternen erhalten.

Hamburger Hallig: Die aus dem ehemaligen nördlichen und östlichen Außenrand der Insel Strand nach 1634 entstandenen Halligen sind mit Ausnahme der 1923 an Nordstrand angedeichten Pohnshallig und Hamburger Hallig alle verschwunden. Der Halligname geht auf die Hamburger Kaufleute Rudolph und Arnold Amsinck zurück, die das sog. Bullingland, ein aufgelandetes Vorland vor der Alt-Nordstrander Inselküste, erwarben, es bedeichten und hier 1625 eine Warft errichteten, welche die Flut von 1634 überstand. Sie bemühten sich auch, die untergegangenen Ländereien der Kirchspiele Volgsbüll, Königsbüll, Bupsee, Bupslut und Bupthee im Anschluss an ihren Koog wiederzubedeichen. Die Eingesessenen dieser Köge schlossen mit den Amsincks am 9. April 1635 einen Vertrag, indem sie 3.200 Demat (ca. 6.491 ha) ihres Landes abtraten und sich an den Deichbauarbeiten beteiligen wollten. Das Vorhaben unterblieb jedoch. Die weitere Neueindeichung Nordstrands konzentrierte sich eher auf den Süden der Insel, während der ehemalige Amsinck Koog eine Insel bzw.

Hamburger Hallig.
Foto: Dirk Meier

Kirchwarft auf Hallig Hooge.
Foto: Dirk Meier

Hallig blieb. Im Westen ihrer Anbindung an die ehemalige Insel beraubt, im Osten durch den Prielstrom Bottergatt bedroht, verkleinerte sich die Hallig bis zu ihrer Sicherung. Seit 1874/75 ist sie durch einen Damm an das Festland angeschlossen.

Halligen Hooge, Süder- und Norderoog: Hooge ist höher als die anderen Halligen aufgewachsen und wird daher seltener überflutet. Zudem wirken die weiter westlich gelegenen Sände Japsand und Norderoogsand als Barrieren. Neben der infolge der Sturmflut von 1825 aufgelassenen, im 17. Jahrhundert erbauten Pohnswarft im Nordwesten der Hallig befinden sich heute auf Hooge neun bewohnte Warften sowie eine Kirchwarft mit Pastorat. Die archäologisch untersuchte Pohnswarft war auf einem 1 m mächtigen Halliganwachs oberhalb einer abgetragenen Torfschicht errichtet, deren Oberfläche etwa bei NN +1 m liegt. Nur etwa 400 m südlich der Pohnswarft treten im Watt Reste der einstigen Vermoorung an der Oberfläche auf, die mit ihren Spuren auf den Abbau von Brenn- und Salztorfen schließen lassen. Durch diesen Abbau wurden nach Ausweis von Keramikscherben Reste einer frühmittelalterlichen Flachsiedlung zerstört, die wohl etwas älter als auf Pellworm war und demnach in das 8./9. Jahrhundert gehören könnte.

Wie die Pohnswarft dürften auch die anderen Warften erst in der frühen Neuzeit entstanden sein. Die 1637 errichtete heutige Kirche wurde vermutlich über einer älteren erbaut. Die größte, bis NN +4,20 m hohe Hanswarft umfasste 1804 noch 26 Wohnungen und vier Fethinge. Während der letzten beiden Jahrhunderte der Grönlandfahrt, von 1600 bis 1800, war Hooge die Heimat vieler Seefahrer. Vor allem die Kapitäne und Steuerleute statteten, wie Hans Bandix 1776, ihr Haus mit einem reichen Pesel aus.

Die heutige Westerwarft wurde als Nachfolgewarft einer älteren errichtet und 1954 bis NN +6 m erhöht. Die anderen Warften auf Hooge sind mit etwa NN +4,40 bis +5 m etwas niedriger. Nahe der Hanswarft und Ockenswarft liegen Reste kleiner Umwallungen von Sommerkögen des späten Mittelalters oder der Frühneuzeit. Der von jüngeren Meeresablagerungen bedeckte niedrige Deich des kleinen Ockenswarftkooges entstand auf einer Marsch, die in dieser Höhenlage von NN +0,50 m bereits im frühen Mittelalter besiedelt war.

Die kleine Hallig Norderoog östlich des Norderoogsandes wurde nach der Sturmflut 1825 nur noch saisonal bewirtschaftet. 1909 kaufte der Verein Jordsand Süderoog, der dort ein Vogelschutzgebiet einrichtete.

Vor der Burchardiflut von 1634 befanden sich auf der Hallig Süderoog noch drei Wohnungen, wovon eine dem Strandvogt gehörte, der auf das in der Sturmflut zerstörte Leuchtfeuer aufpasste. Infolge der Katastrophenflut ertranken 10 Menschen auf Süderoog; das letzte Haus zerstörte die Sturmflut von 1825. Es wurde danach jedoch wiederaufgebaut.

Hallig Habel: Die zwischen Hooge und Habel liegenden, im späten Mittelalter untergegangenen Kirchspiele gehörten zum Bereich der Pellworm-, Wiedrichs- und Beltringharde. Das hier auf der präholozänen Oberfläche aufgewachsene

Blick auf Hooge von Pellworm aus mit untergegangenen Kulturlandflächen im Vordergrund, deren Entwässerungsgräben deutlich zu erkennen sind. Foto: Dirk Meier

Niedermoor wurde infolge zunehmenden Meereseinflusses von Schilfsümpfen verdrängt, die Brackwasserüberflutungen vertragen. Diese 1–1,5 m mächtigen, von feinen Sedimentablagerungen durchzogenen Dargschichten wurden in der zweiten Hälfte des 1. Jahrtausends n. Chr. mit Salzwasser überflutet. Das Schilf starb ab und wurde mit geringmächtigen Sedimenten bedeckt. Dieses amphibische Land hatten im Hochmittelalter erstmals Siedler entwässert und urbar gemacht. Entsprechende Gräben und Siedlungsreste sind nördlich der heutigen Hallig Habel auf einer Höhenlage von NN –1 m nachgewiesen. Ein Teil des Kulturlandes ebenso wie die Salztorfabbaufelder umgaben im hohen Mittelalter niedrige Kajedeiche. Der Nachweis von Tuffsteinen lässt auf eine Kirche nahe eines Priels schließen, die wohl 1362 unterging.

Schon vorher waren wohl die Norder- und Süderaue in dieses niedrige Gebiet eingedrungen, doch scheint es noch nicht zu großen Landverlusten gekommen zu sein, da die Wiedrichsharde 1358 noch zu den Harden gezählt wird, gegen welche die holsteinischen Grafen zu Felde zogen. Die 1398 erfolgten Klagen der südlich an die Wiedrichsharde angrenzenden Edoms- und Beltringharde aufgrund von Unfrieden und großer Wassernot deuten dann aber auf Landverluste hin.

Die nach 1362 weiter vordringende Nordsee bedeckte die moorige Landschaft der Wiedrichsharde mit Sedimenten, auf denen die heutige, etwa NN +2 m hohe Hallig aufwuchs, deren Oberfläche 2,5–2,8 m oberhalb des im 12. Jahrhundert kultivierten Landes liegt. Deren Auflast führte zu Sackungen der darunter liegenden Torf- und Dargschichten. Um 1600 erwähnt Petreus noch *drei oder vier Häuser* auf Habel. 1770 fanden noch sieben Familien ihr Auskommen; 1805 bestanden dann nur noch die Süder- und Norderwarft. Erstere zerstörte 1825 das Meer, während die Norderwarft noch bis 1923 bewohnt wurde. Heute wird Habel vom Naturschutzverein Jordsand betreut.

Hallig Gröde: Auch die nordwestlich von Habel liegende Hallig Gröde verkleinerte sich bis zur frühen Neuzeit, wuchs aber nach der Verlandung des trennenden Priels mit der benachbarten Hallig Appelland zusammen. Zwischen den Halligen Gröde-Appelland und Oland lag noch bis

junge Wattablagerungen

Salztorfabbau

Fething

Brunnen

Deichbasis zwischen Gräben

-1,5 m

Brunnen

Hallig 1804

Habel

Tuffsteine

Friedhof

Süderwarft

Brunnen

Warft

0   500 m

© Dirk Meier nach
Albert Bantelmann

Kulturspuren des Mittelalters im Gebiet von Hallig Habel.

in das 19. Jahrhundert die kleine Hallig Hingstneß, welche durch das Vordringen des Schlütts unterging. Wie bei allen anderen Halligen im nördlichen nordfriesischen Wattenmeer sind auch um Langeneß und Gröde mittelalterliche Salztorfabbauspuren belegt. Ferner finden sich hier ebenso wie bei Föhr und Langeland Baumstubben im Watt. Die nordwestlich mit Langeneß zusammengewachsene Hallig Buthwehl gehörte ursprünglich zum Kirchspiel Gröde. Im heute zerstörten Gebiet westlich und südlich der Neu-Peterswarft lagen 1804 noch kleine Kornköge. Erst nach 1681 durften die Butwehler Einwohner aufgrund der Vergrößerung der Gezeitenrinne des Schlütts die Kirche von Langeneß besuchen. Heute weist Gröde mit der Kirch- und Knudswarft noch zwei Warften auf. Die in den Jahren 1759/60 erbauten uthlandfriesischen Häuser wichen nach

Baumwurzeln im Watt von Hallig Gröde.

1962 Neu- und Umbauten. Bis 1936 existierten noch zwei Getreidemühlen auf der Warft.

Halligen Oland und Nordmarsch-Langeneß: Oland trennt die Gezeitenrinne des Schlütts von Langeneß. Der starke Abbruch der Hallig war die Ursache für den 1896 erfolgten Bau einer Dammverbindung mit dem Festland. Nach dessen Zerstörung entstand in den Jahren 1914–1919 der heutige Damm, der weiter nach Langeneß führt.

Die Hallig ist im 19. Jahrhundert aus den Eilanden Nordmarsch im Westen, Langeneß im Osten sowie Butwehl im Süden zusammengewachsen. Ebenso wie bei den anderen nördlichen Halligen finden sich auch im Langeneß Spuren mittelalterlichen Salztorfabbaus. Nach dem *Catalogus vetustus* ging hier 1362 die Kirche von Nordmarsch unter, deren 1599 errichteter Nachfolgebau ebenfalls ein Raub der Fluten wurde. Auf der heutigen Kirchhofswarft entstand dann 1732 eine neue Kirche. Nach der Sturmflut 1825 wurde der beschädigte Bau abgerissen und die Gemeinde mit Langeneß vereinigt. Zurück blieb nur der Friedhof. Langeneß, wo der Gottesdienst zunächst in einem Bauern-

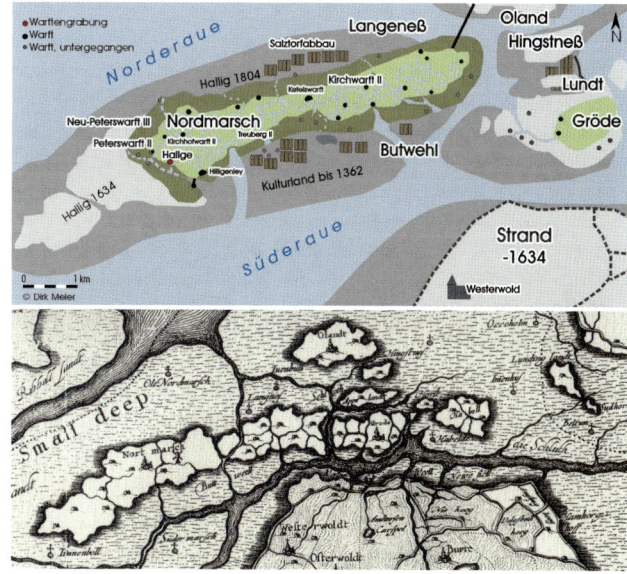

Halligen Langeneß und Gröde mit Kulturspuren. Die untere Karte zeigt die Küstenlinien von vor 1634.

Schema des Salztorfabbaus, der vor allem im Gebiet der nördlichen Halligen intensiv betrieben wurde.

haus abgehalten wurde, erhielt erst nach 1666 eine eigene Kirche, die 1725 und 1894 jeweils ein Neubau ersetzte. Heute befinden sich auf Langeneß 21 bebaute und vier verlassene Warften. Die Höhen der meisten Warften liegen zwischen etwa NN +3,80 und +4,50 m.

Wie Ausgrabungen auf der im 17. Jahrhundert aufgeworfenen Warft Hallge auf Nordmarsch zeigten, bestand der Untergrund hier aus 1,70 m hohen Anwachsschichten. Erst als die Hallig eine Höhe von NN +1,60 m erreicht hatte, wurde die bis NN +4,26 m hohe Warft aufgeschüttet. Zu den größeren gehört die bis NN +4,10 m hohe Großwarft Hilligenley, die 1749 noch 16 Wohnhäuser mit 65 Bewohnern umfasste. Nach der Zerstörung zweier Vorgängerwarften wurde 1890–94 die NN +4,46 m hohe Neupeterswarft errichtet. Den errichteten Hof zerstörte die Sturmflut von 1962.

Föhr

Föhr und Amrum auf der Karte Nordfriesland von Johannes Mejer (1651).

Im Schutz der Inseln Sylt und Amrum erstreckt sich die von Rutgat, Norder- und Süderaue sowie weiteren Prielströmen umgebene Insel Föhr. Nur Südweststürme über die Süderaue her sind besonders bedrohlich für die 82 km² große Insel, die im Süden aus Marschen im Norden und einem saaleiszeitlichen Geestkern im Süden besteht. Letzterer grenzt mit einem nur wenige Meter hohen Kliff bei Utersum, Witsum und Goting an das Wattenmeer. Im Norden fällt die Geest flach ab und wird hier von geringmächtigen Meeresablagerungen bedeckt; im Osten ist der Abfall etwas steiler. Die eiszeitliche Oberfläche durchziehen hier mehrere, später an der Basis mit Torf verfüllte Rinnen, die fließendes Wasser bis in eine Tiefe von NN –7 m eingeschnitten hat. Über der vermoorten Oberfläche haben sich Sedimente abgelagert, auf denen die Föhrer Marsch aufgewachsen ist.

Die vordringende Nordsee erreichte den Bereich Föhrs erstmals um 5.000 v. Chr. und vertrieb hier die mittelsteinzeitlichen Jäger und Sammler. Aus der jungsteinzeitlichen Trichterbecherkultur (4.200–2.800 v. Chr.) stammen die Megalithgräber bei Utersum und Nieblum. Weitere Gräber gehören zur Einzelgrabkultur (2.800–2.300 v. Chr.) sowie zur Bronzezeit (1.800–530 v. Chr.). Wie in den Perioden zuvor war auch in der vorrömischen Eisenzeit (500 v. Chr. –Chr. Geb.) und römischen Kaiserzeit (Chr. Geb.–400 n. Chr.) der Geestkern dicht besiedelt. Bei Groß Dunsum sind bis zu 2 m mächtige Kulturschichten in Form von Muschelschalenhaufen, Brandgruben und Brandschichten bekannt. Reste von Steinlagen deuten hier auf die Fußböden von Häusern hin. Bis um Chr. Geb. verkleinerte sich zwar der Geestkern im Süden, gleichzeitig vergrößerte sich aber die Insel im Norden durch Marschen. Diese nutzten die Menschen der im 2. Jahrhundert n. Chr. auf Geestkuppen von Alkersum und Borgsum angelegten Siedlungen als Weideland für ihr Vieh.

Weitere, nur aus wenigen Höfen bestehende Flachsiedlungen des frühen Mittelalters befanden sich bei Midlum. Deren Bewohner lebten von Viehhaltung und etwas Ackerbau in einer noch schwach salzwasserbeeinflussten Marsch. Brotgetreide bezog man von der nahegelegenen

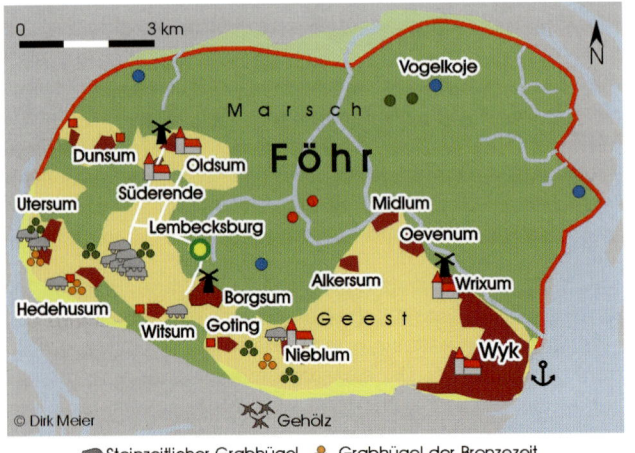

Föhr mit archäologischen Fundstellen und Orten.

Geest. Bei den in Midlum archäologisch erkundeten Plätzen erfolgte im 10. und frühen 11. Jahrhundert eine leichte Anhebung des Siedelniveaus. Die Siedler bestatteten ihre Toten in Grabhügelfeldern bei Wyk, Goting und Hedehusum. Einige Trachtbestandteile weisen dabei nach Skandinavien, während andere Funde friesischer Herkunft sind. Eine sozial herausgehobene Schicht dokumentiert sich hier in Reitergräbern. Das bedeutendste archäologische Denkmal bildet der Ringwall der im 9./10. Jahrhundert über einem eisenzeitlichen Siedelareal errichteten Lembecksburg (Borgsumburg). In der jüngsten Siedlungsphase um 1.000 n. Chr. befanden sich entlang des inneren Wallfußes einige Sodenwandhäuser. Obwohl den Wall kein Graben umgibt, könnte dieser eine fortifikatorische Funktion besessen haben. Vielleicht befand sich hier aber auch schon in der Eisenzeit auch ein Kultzentrum.

Erstmals wird Föhr in einer Urkunde Papst Innozenz' III. von 1198 erwähnt, der dem Propsten seine Probstei bestätigt, *die in jenen Gegenden gelegen, welche gewöhnlich Strand und Ford genannt werden.* Auch das Erdbuch Waldemars II. von 1231 nennt *Föör öster- et westerhareth* unter den uthländischen Harden. Der dänische König

Uthlandfriesisches Haus
Olesen auf Föhr, das im Stallteil
noch Sodenwände aufweist.
Foto: Bente Majchczack

besaß auf der Insel ein Jagdhaus. Seit dem 12. Jahrhundert verdichtete sich nach Ausweis der Geestdörfer das Siedlungsbild. Die Kirchen von Wyk-Boldixum, Nieblum und Süderende wurden im 12./13. Jahrhundert aus Backsteinen, rheinischem Tuffstein und Granit errichtet. Nach dem *Catalogus vetustus* gingen angeblich 1362 Kirchen im Gebiet von Föhr unter.

Traditionell bewirtschafteten die Bauern der Geestdörfer in ihren uthlandfriesischen Häusern Geest- und Marschflächen. Infolge der intensiven Landnutzung und der damit verbundenen Plaggenwirtschaft bedeckte noch in der Frühneuzeit Heide fast den gesamten Geestkern. Reste mittelalterlicher Wölbäcker sind auf der Geest noch zwischen älteren Grabügeln bei Tribergen erhalten. Da sich große Teile der Föhrer Marsch von den Geesträndern aus nutzen ließen, hatte man schon in der frühen Neuzeit die im Mittelalter in der Marsch angelegten kleinen Warften aufgegeben. Die Höfe wurden in die bestehenden Dörfer am Geestrand verlegt. Vor dem flächenhaften Schutz der Föhrer Marsch sicherten im Mittelalter nur lokale Deiche die Ackerflächen. Neben der traditionellen Landwirtschaft bot der Herings- und Walfang im 17./18. Jahrhundert ein gutes Auskommen.

Infolge der Sturmflut von 1634, über deren Auswirkungen kaum Nachrichten vorliegen, wurden die gesamte Föhrer Marsch nach Brüchen der zu niedrigen Deiche 1717/20 und 1825 überschwemmt. Seit dem 17. Jahrhundert vergrößerte sich Wyk, da nach der Sturmflut von 1634 viele Halligbewohner hierher übersiedelten. Der weitere Aufschwung des Ortes begann mit dem 1806 angelegten Hafen. Bei dessen Bau nutzte man eine Wehle aus, welche die Flut von 1717 eingerissen hatte.

Amrum

Die 10 km lange und 3 km breite Insel Amrum im Westen des nordfriesischen Wattenmeeres trennt im Norden das Vortrapp und Hörnum Tief von Sylt. Den geologisch ältesten Teil Amrums bildet neben den tertiären Schichten des Steenodder Kliffs ein Moränenkern aus dem Geschiebelehm und Sand der Saale-Eiszeit. Diesen prägen eine

Heidevegetation und seit 1880 gepflanzte Koniferenwälder. Stellenweise haben Binnendünen den alten Geestkern übersandet. Westlich schließen sich die Vordünen an, die an den breiten Kniepsand grenzen, der ursprünglich weiter westlich lag und sich erst in den letzten 150 Jahren mit der Insel vereinigte. Fortschreitende Sandzufuhr führte dabei zur Dünenbildung.

Wie der Kniepsand unterlag auch der sandige Nordhaken der Insel den ständigen Veränderungen von Strömung und Wind. Ursprünglich reichte die Dünenkette bis zur Nordspitze der Insel, bevor diese bei der Februarflut 1825 durchbrochen wurde. Um den Norden der Insel zu schützen, errichtete man hier seit Ende des 19. Jahrhunderts Küstenschutzbauwerke. Die Februarflut von 1825 führte auch zum Abbruch der Dünen auf dem Südhaken der Insel, den seit 1914/15 eine Ufermauer schützt. Im Schutz der Dünen und des Geestkernes landeten im Norden und Süden der Insel in der frühen Neuzeit kleine Marschflächen auf.

Die Besiedlung Amrums beginnt nach Ausweis von Megalithgräbern in der Jungsteinzeit seit etwa 3.000 v. Chr. Daneben finden sich Grabhügelfelder aus der Bronze- und Eisenzeit sowie aus dem frühen Mittelalter im Gebiet von

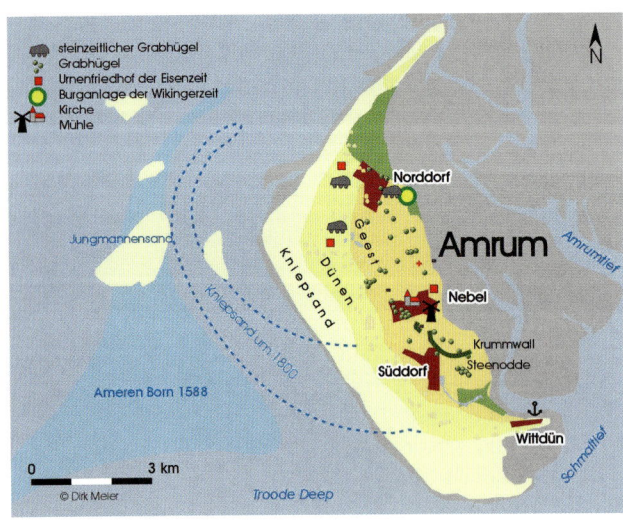

Amrum mit Orten und archäologischen Fundplätzen sowie dem Verlauf des Kniepsandes in der frühen Neuzeit.

Dünen auf Amrum.
Foto: Michael Joachim Lucke

Steenodde. Die verschiedenen Siedlungsgebiete trennten in der Eisenzeit die Erdwerke des Krummwalls bei Süddorf, des Hidadwalls südlich von Norddorf und des Auergruftswalls nördlich von Norddorf, bei dem es sich aber auch um einen Deich handeln könnte. Die westliche Küste Amrums bildete im 1. Jahrtausend n. Chr. einen Teil der nur durch Prielströme unterbrochenen, aus Nehrungen und Geestkernen bestehenden Küstenlinie Nordfrieslands. So liefen nach Aussage archäologischer Funde im 5./6. Jahrhundert Handelsschiffe wiederholt den Sand an, wo sich ein lokaler Strandmarkt befand, bevor dieser übersandet wurde.

Erstmals urkundlich erwähnt wird *Ambrum* im Erdbuch Waldemars II. von 1231, der hier ein Jagdhaus für die Hasen- und Kaninchenjagd besaß. In kirchlicher Hinsicht gehörte die Insel hingegen zur *Praepositura Strand* des Bistums Schleswig. Im 14. Jahrhundert erlitt die Insel sicher Landverluste, auch wenn dazu keine Nachrichten vorliegen. Die heutigen drei Orte Süddorf, Norddorf und das zentrale Nebel mit seiner St. Clemens-Kirche aus dem 13. Jahrhundert prägten in der frühen Neuzeit noch locker um ein Zentrum herum gebaute uthlandfriesische Bauernhäuser. Da die kargen Böden nicht genügend Ressourcen für die Bevölkerung boten, erlangten im 15./16. der Herings- und Schellfischfang in der Nordsee sowie später der Walfang größere Bedeutung. Der Hafen befand sich früher zwischen dem nördlichen Haken des Kniepsandes und der Inselküste. Noch 1879 legten dort gleichzeitig zwanzig Amrumer und Sylter Austernfischer an, bevor dieser versandete.

Sylt

Seit Jahrtausenden prägen Wind, Meer und Strömungen die Gestalt der heute 40 km langen, aber nur 0,4 bis 13,3 km breiten Insel Sylt mit ihren Geestkernen und angehängten Nehrungen mit aufgewehten Dünen im Norden und Süden. Die teilweise noch mit Heide bedeckten Geestkerne mit Westerland, Keitum, Morsum und Archsum bestehen aus dem Sand und Gesteinsschutt einer Grundmoräne der Saale-Eiszeit.

Die Zerstörungskraft des Meeres dokumentiert das Rote Kliff zwischen Wenningstedt und Kampen, das um 3.000 v. Chr. noch mehrere Kilometer weiter westlich lag. An der Sohle des Kliffs liegt der 2–3 Millionen Jahre alte weiße Kaolinensand, darüber befinden sich Geschiebemergel und Geschiebelehm der saaleeiszeitlichen Grundmoräne, die heller Sand der Kaltzeit bedeckt. Dann folgen durch den Gletscherwind geschliffene Steine und schließlich humoser Heidesand sowie Dünen. Bis zu den heutigen Küstenschutzmaßnahmen durch Sandvorspülungen legte die Brandung das Kliff noch in der Neuzeit jährlich um bis zu 5 m zurück. Insgesamt betrug der Abbruch am Geestkern bei Wenningstedt von 1928–1966 etwa 40 m. An den Nehrungshaken traten in den letzten 85 Jahren sogar mehrere hundert Meter Landabbruch ein.

Neben dem Roten Kliff gehört das Morsum-Kliff zu den eindrucksvollsten Naturdenkmälern der Insel. Ursprünglich lagen die Schichten des Glimmertons, des Limonitsandsteins und des Kaolinsandes übereinander, bevor diese gestaucht und verkippt wurden. Der schlammige Sand des Glimmertons mit seinen Fossilien befand sich vor mehr als 7 Millionen Jahren am Grund eines 30–60 m tiefen Meeres. Später hob sich das Land, und Flüsse schütteten eisenhaltige Sande auf. Dies verfestigte sich später unter dem Druck der darüberliegenden Schichten zum Limonitsandstein. Noch später lagerten Flüsse aus Skandinavien den hellen Kaolinsand ab. Der Druck der saaleeiszeitlichen Gletschermassen zerbrach dann die Erdschichten, stauchte sie und schob sie schuppenartig übereinander.

Am Ende der letzten Eiszeit vor 12.000 Jahren ragte Sylt ebenso wie Föhr und Amrum als Erhebung aus der Tundrenlandschaft empor. Im Verlauf des nacheiszeitlichen Meeresspiegelanstiegs geriet der Sylter Geestkern dann zwischen 5.000 und 3.000 v. Chr. in den Brandungsbereich des Meeres. Die ursprünglich weiter nach Westen reichenden Moränen zerstörte die Nordsee. Meeresangriffe, Wind und Strömung beeinflussten dabei die jüngere Landschaftsentwicklung. So verläuft hier vor der mittleren Küste eine auflandige Meeresströmung, die sich bei Westerland nach Süden und Norden hin teilt. Infolgedessen baute die nördliche Strömung den Lister, die südliche den Hörnumer Sandhaken auf, auf denen später Dünen aufwehten. In den beiden großen Prielströmen nördlich und südlich der Insel strömt das Wasser bei Flut in west-östlicher Richtung um die Insel herum und bei Ebbe entgegengesetzt. In Abhängigkeit dieser Gezeitenverhältnisse ist der Tidenhub entlang der Küste verschieden. So beträgt dieser beim Lister Tief etwa 1,5 m, bei Westerland 1,7 m und bei Hörnum Odde 1,7 m. Da entlang des Westrandes das vorgelagerte Sandriff den Wellengang vermindert, ist die Wirkung der Gezeiten auf die Westküste gering. Bei Südwest und Westnordwest türmen sich jedoch hohe Wellen entlang der flachen Westküste auf, die ohne Küstenschutz den Fuß der Dünen erreichen.

Die natürliche Ausbildung der Westküste ist ferner mit ihrem Vorstrand als auch mit ihrer Steilküste von den Windhältnissen abhängig. Der Wind beeinflusst ferner die Richtung und Stärke der Brandung, so dass in der Vergangenheit vor allem Südweststürme zu Landabbrüchen führten, während Nordweststürme weniger gefährlich sind. Auflandige Winde vermindern den Vorstrand, während dieser sich bei ablandigen Winden vergrößert. Ein Teil des abgebauten Sandes wird auf natürliche Weise den Dünen wiederzugeführt. Westwinde führen zu Sandflug.

Die bis 50 m hohen Dünen, die fast 40 Prozent der Insel einnehmen und sich nördlich und südlich des Westerländer-Kampener Geestkerns anschließen, sind auf Nehrungen aufgewachsen, die das Meer aus dem abgebauten Schuttmaterial und Sänden formte. Diese verlängerten sich im Laufe der Zeit. Infolge der Meeresangriffe verlagerten sich diese ebenso wie der Geestkern nach Osten. Die ältesten Dünen des Listlandes bildeten sich dabei erst vor etwa 600 Jahren. Erst die Sandvorspülungen der Neuzeit haben den Abbruch der westlichen Inselküste aufgehalten. Davor wirkte sich das Meer fast ungehindert entlang der gesamten Längsausdehnung der Insel aus. Dabei begünstigten die geologischen Verhältnisse die Erosion. So fällt der Meeresgrund in Küstennähe nach Westen ziemlich steil ab, verläuft dann in geringer Neigung bis zu einer Tiefe von 14 m und wird in einer Entfernung von 15 km von einer 3,5 m hohen alten Brandungsterrasse in Form einer Bodenschwelle begrenzt. Deren südliche Fortsetzung bildet die Amrum-Bank. Nördlich und südlich der Insel sind weitere Bänke vorgelagert, die das Lister Tief im Norden sowie das

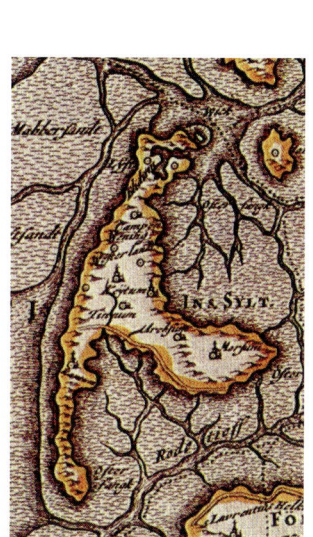

Sylt. Ausschnitt der Karte Nordfriesland von Johannes Mejer (1651)

Vortrapp-Tief im Süden von den benachbarten Inseln Röm und Amrum trennen. Bei Westerland befindet sich in nord-südlicher Ausdehnung in einer Entfernung von 200 bis 500 m ein Sandriff, dessen Einfluss auf den Abbruch der Westküste seit 1821 bekannt ist. So konzentrieren sich in dessen Öffnungen Strömung und Wellengang derart, dass sie den Erhalt der Küste gefährden.

Die Besiedlungsgeschichte der Sylter Geestkerne reicht bis in das Neolithikum zurück, wie zahlreiche Megalithgräber dokumentieren. In der Bronzezeit (1.800–530 v. Chr.) profitierten nach Ausweis reicher Frauen- und Männergräber unter Grabhügeln die Bewohner Sylts von den entlang der Küste verlaufenden überregionalen maritimen Verbindungen. Siedlungszentren befanden sich vor allem an den am Marschrand auf der Geest liegenden heutigen Orten Tinnum, Keitum, Archsum und Morsum. Teilweise wurden dabei Siedlungsreste der Bronzezeit von aufgebrachten Humusplaggen zur Bodenverbesserung bedeckt.

Während um 500 v. Chr. noch Marschen im Süden der Insel existierten, musste sich seit etwa Chr. Geb. infolge zunehmenden Landabbruchs die Landnutzung fast ausschließlich auf die Geestkerne beschränken. Deren schlechte Böden versuchte man mit Humus- und Heide-plaggen zu verbessern. Archäologische Untersuchungen auf dem Geestkern von Archsum belegen dabei eine sehr dichte Besiedlung von der Bronze- bis zur Wikingerzeit, die nur während der Völkerwanderungszeit stark ausdünn-te. Mit dem abgetragenen Ringwall der Archsum-Burg bestand dort ein Kultzentrum, ein weiteres könnte der noch erhaltene Ringwall der Tinnum-Burg gewesen sein. Inwieweit die nordfriesischen Inseln Sylt, Föhr und Amrum in der Völkerwanderungszeit besiedelt blieben, ist unklar. Obwohl um 500 n. Chr. alle bekannten Gräberfelder abbrechen, wäre in Alt-Archsum eine kontinuierliche Bodennutzung und Besiedlung denkbar. Da an der jütischen Westküste viele der völkerwanderungszeitlichen Siedlungen nahe der frühmittelalterlichen liegen, deutet dies auf eine Siedlungs-kontinuität hin, die jedoch nicht in allen Regionen bestanden haben muss. Seit dem 9. Jahrhundert verdichtete sich dann infolge der friesischen Einwanderung das Besied-lungsbild. In dieser Zeit wurde der Ringwall der Tinnum-

Burg ausgebaut und erhöht. Eine weitere bei Rantum zu vermutende Burg bedeckte der Dünensand.

Historisch ist *Sild* (vermutlich abgeleitet von Hering oder Seeland) erstmals 1141 in einer Urkunde bezeugt, mit der König Erich III. dem Kloster Odense einen Anteil des Landesgeldes der Insel übertrug. König Waldemar II. unterhielt auf Sylt 1231 ebenso wie auf Amrum ein Haus zur Hasenjagd. List kam 1292 ebenso wie Mandö, das Ripener Tief und der Ripener Vorstrand über König Erich VI. zur Stadt Ripen (Ribe). Nach Auseinandersetzungen zwischen den dänischen Königen, die seit dem hohen Mittelalter die Oberhoheit über Sylt besaßen, und den holsteinischen Grafen fiel die Insel 1435 als Lehen an die Gottorfer Herzöge, die 1721 auf ihren Schleswiger Anteil und damit Sylt verzichten mussten. Das Listland war reichsdänische Enklave geblieben.

Die Wirtschaft der Insel beruhte im Mittelalter auf Landwirtschaft, Fischfang sowie Strandraub. Von den noch nachweisbaren ursprünglich elf romanischen Kirchen mit Ausnahme der von Morsum und Keitum sind im späten Mittelalter und der frühen Neuzeit alle anderen vom Meer zerstört oder von Wanderdünen verschüttet worden. Die Struktur der Dörfer bestand ursprünglich aus einer lockeren Bebauung einzelner Höfe. Infolge des durch den Walfang gestiegenen Wohlstandes und der damit verbundenen

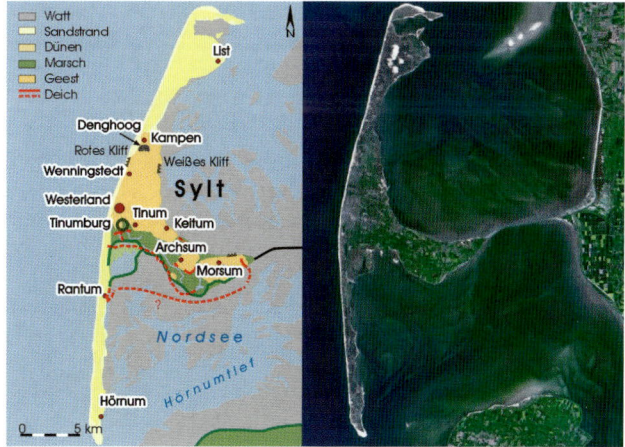

Das Satellitenbild zeigt, wie die Prielströme um die lange Insel Sylt herumlaufen.
Foto: NASA, Quelle: wikimedia

189

Bevölkerungszunahme verdichtete sich die Bebauung zu Haufendörfern. Die heute noch erhaltenen ältesten Bauernhäuser gehören zum Typ des uthländischen Einheitshauses mit Wohnung und Wirtschaft unter einem Dach. Eines der ältesten Häuser Sylts ist die 1649 erbaute alte Landvogtei in Tinnum. Der im 12. Jahrhundert gegründete Ort war stets ein Dorf der größeren Bauern; 1613 gab es dort 34 Landbesitzer und mehrere Mühlen.

Die Seemarsch der Insel südlich des Archsumer Geestkernes sicherte im hohen Mittelalter zwischen Tinnum und Morsum ein Deich. Nach dessen spätmittelalterlicher Zerstörung blieb die Sylter Südermarsch bei höheren Wasserständen Überflutungen ausgesetzt. Am Ende des Mittelalters oder in der frühen Neuzeit wurden dann ein Marschstreifen östlich von Rantum sowie die restliche

Dünen an der Westküste Sylts.
Foto: Birger Kühnel

Südermarsch mit dem Eidumdeich geschützt. Nach einer Sturmflut von 1593 wurde der Deich zwar erhöht, aber 1634 endgültig zerstört. Neben dem Eidumdeich schützten weitere niedrige Deiche kleine Marschflächen.

Infolge der Sturmfluten und damit verbundenen Landabbrüchen gingen mehrere Kirchen verloren. Nach dem im 15. Jahrhundert verfassten *Catalogus vetustus* sollen 1362 die Kirchen Morsum, Stedum, Keitum, Rantum und List untergegangen sein. Demgegenüber enthält die Liste des Schleswiger Bischofs Brun nur die Orte Stedum und List. Stedum lag nach der Karte von Mejer angeblich südwestlich von Morsum. Stedum *(Steidum)* und Eidum *(Eitum)* südlich von Westerland könnten aber die Flut von 1362 auch überdauert haben. In der Allerheiligenflut vom 1. November 1436 gingen dann Alt-Rantum mit seiner Kirche und Eidum unter. Die Überlebenden Eidums gründeten auf den nordöstlich gelegenen Heideflächen den neuen Ort Westerland. *Westerlant* vermerkt erstmals neben den Orten *Keytum, Morsun, Wynningstede, Rantum, Urrum* und *Tynnum* das 1432 begonnene und seit 1462 aufgeschriebene Zinsbuch des Schleswiger Domkapitels.

Nachdem die ehemaligen Eidumer noch 200 Jahre lang ihre zwischen den Dünen stehende Kirche benutzt hatten, begannen sie aufgrund der Dünenwanderung 1635 am Ostrand ihres neuen Dorfes Westerland mit dem Bau der heutigen Dorfkirche. Der Ort bestand 1778 nur aus 124 Häusern und war sehr arm, da das fruchtbare Marschland entweder von der See weggespült worden oder von den Dünen versandet war, wie das Kirchenkollegium an den Herzog schrieb. Auch das 16. Jahrhundert brachte Sturmfluten mit sich. Für 1593 heißt es in einer Nachricht: *up Christ Avendt is de Water Flodt up Sild gegan und ock in anderen Orden mehr ...* Zur gleichen Sturmflut führt die Keitumer Kirchenchronik aus, dass seit dieser Zeit die *Wohnungen* auf der Sylter Marsch verschwanden, *wovon im Süden von Archsum noch Spuren sichtbar sind*. Weitere Schäden verursachte die Sturmflut von 1597. Während in den ersten beiden Jahrzehnten des 17. Jahrhunderts Sylt von schweren Sturmfluten verschont blieb, brachen die Naturgewalten mit Sturmfluten und Sandstürmen 1622, 1630 und 1634 wieder über die Insel herein. Es herrschte eine so große Armut, dass die Bewohner nicht mehr ihre

Steuern bezahlen konnten. Als Folge der Katastrophen lebte die Masse der Bevölkerung von gesalzenen und in der Luft getrockneten Fischen, aber auch vom Muschelfang.

Neben der seit dem 14. Jahrhundert von Hörnum und List aus betriebenden Heringsfischerei kamen dabei seit dem 17. Jahrhundert der Walfang und die Jagd auf Robben hinzu, was Wohlstand versprach. Viele Kapitäne ließen sich in Keitum nieder, das bis zum Ende des 19. Jahrhunderts Hauptort der Insel blieb. Die Landwirtschaft war in dieser Zeit überwiegend Aufgabe der Frauen und Männer, die nicht zur See fahren konnten. Erst mit den Agrarreformen Ende des 18. Jahrhunderts besserte sich die Lage der Landwirtschaft.

List auf Sylt um 1894.
Foto: Wilhelm Dreesen

Auch im 18./19. Jahrhundert trafen Sturmfluten die Insel schwer. Am stärksten waren die landschaftlichen Veränderungen in List und am Ellenbogen. Zur Weihnachtsflut von 1717 heißt es in der Keitumer Kirchenchronik nur, dass das Wasser so hoch stieg *wie seit 83 Jahren [1634] nicht mehr*. Die Sturmflut von 1823 und die Februarflut von 1825 führten zu Abbrüchen an der Westküste. Im Oktober und Dezember 1825 wurde Sylt wiederum von Sturmfluten heimgesucht. Die Dünen befestigte man mit Sandroggen.

Davor hatten die Wanderdünen Marschen und Dörfer wiederholt unter sich begraben. Rantum wurde sogar mehrfach, 1462, 1757 und 1792/94, verschüttet. Wanderdünen bedeckten auch das 1292 erwähnte Dorf List, das danach verlegt wurde. Nördlich der Wanderdünen des Listlandes erstreckt sich als nördlichster Punkt der Insel der Ellenbogen, dessen Dünenküste in der Vergangenheit einer ständigen Veränderung infolge der Kräfte von Strömung und Wind unterlag. Im Schutz des Ellenbogens besaß List einen guten Naturhafen. Mit Beginn der Festlegung der Dünen gegen Ende des 18. Jahrhunderts wurde der Sandflug eingedämmt und mit Ausnahme der Lister Wanderdüne die weitere Ostwanderung der Dünen verhindert. In den letzten 400 Jahren trug das vordringende Lister Tief Dünen ab und verkleinerte auch die Wattflächen.

Ähnlich wie der Ellenbogen im Norden befindet sich auch bei Hörnum im Süden der Insel ein Nehrungshaken. Im 15. Jahrhundert ließen sich hier Flüchtlinge aus Dörfern nieder, die ein Raub der Sturmfluten geworden waren. Mit Heringfang vor Helgoland suchten die Bewohner ihr

Blick auf den Ellenbogen.
Foto: Sean O'Flaherty

Wasser und Wind formen den Ellenbogen auf Sylt.
Foto: Michael Gäbler

Auskommen, bevor Anfang des 17. Jahrhunderts eine Wanderdüne Hörnum unter sich begrub. Etwa 100 Wohnplätze dieser alten Fischersiedlung kamen 1825 infolge der östlichen Wanderung der Dünen wieder zutage. Zwischen 1850 und heute verlagerte sich der Westrand Hörnums um bis zu 200 m nach Osten. Bei Hörnum Odde betrug der Abbruch bis zu den heutigen Schutzmaßnahmen bis zu 2,5 m im Jahr. Sturmfluten der letzten Jahrzehnte verlagerten die Hörnum Odde weiter zurück. Den Südzipfel der Hörnum Odde spülte zuletzt die Sturmflut 1989 weg und ließ nur eine Sandbank übrig. Die spätmittelalterlichen und frühneuzeitlichen Sturmfluten haben die Insel nicht nur verkleinert, sondern auch die nördlich und südlich der Insel vorbeifließenden Prielströme vergrößert.

Heute prägt der Massentourismus die von den Naturgewalten geformte Insel, die seit 1927 der Hindenburgdamm mit dem Festland verbindet.

Von Strömung und Wind geformt: Dünen- und Sandinseln

Strömung und Wind formten im Laufe der Zeit die hochmobilen Düneninseln und Sandplaten an der südlichen Nordseeküste. Die west- und ostfriesischen Inseln sind dabei aus Sandbänken entstanden und unterliegen aufgrund der Wasser- und Windverhältnisse ständigen Wanderungsbewegungen in west- oder östlicher Richtung. Auf der Seeseite schützen breite Strände und Dünen die Düneninseln vor der Nordsee, auf der Wattseite teilweise Deiche. Ihre Entstehung ist mit der Sedimentation von Sanden und Tonen verbunden, die von der Nordsee im Verlauf des nacheiszeitlichen Meeresspiegelanstiegs im heutigen Küstengebiet abgelagert wurden. Wellen und Strömung verfrachteten die Sedimente in Küstennähe, wo sie sich als Sandbänke oberhalb des Mittleren Tidehochwassers ablagerten, auf denen Dünen aufwehten. Als Groningen 1594 den Niederlanden beitrat, entstand die politische Teilung in die ost- und westfriesischen Inseln.

Die westfriesischen Inseln

Zu den westfriesischen Sandinseln zwischen Texel und
der Emsmündung gehören heute Vlieland, Terschelling,
Ameland und Schiermonnikoog, in deren Schutz teilweise
Marschen aufwuchsen. Die ersten drei bestanden schon
im frühen Mittelalter, während sich Schiermonnikoog aus
mehreren mittelalterlichen Sandinseln bildete. Schiermonnikoog, das dem Abt des friesischen Klosters Klaarkamp
bei Dokkum gehörte, wird erstmals 1440 in einer Urkunde
des holländischen Grafen Philipp des Guten erwähnt.
Wie aktiv deren Dünen bis zu ihrer Befestigung waren,
dokumentiert die Kirche von Westerburen, die bereits
1717 aufgrund der Übersandung verlagert werden musste.
Zwischen West-Terschelling und Harlingen lag ursprünglich
die 1219 urkundlich erwähnte Insel Griend, die sich infolge
der Sturmflut von 1287 stark verkleinerte. Die nur noch 25
ha große Insel verlagerte sich nach Osten. Sie diente noch
längere Zeit den Einwohnern Terschellings als Weide-
gebiet für ihre Schafe und zur Heugewinnung. Heute ist
von ihr nur noch eine Sandbank nachgeblieben. Das 1354
genannte und nach 1483 besiedelte Rottumeroog war im
Besitz zweier Groninger Klöster, bevor die letzten Bewohner dieses Eiland im 18. Jahrhundert aufgaben. Neben
den westfriesischen Inseln befinden sich im Wattenmeer
mit Rottumeroog, Rottumerplaat, Simonszand, Engels-
manplaat, de Richel, het Balgzand und Noorderhaaks

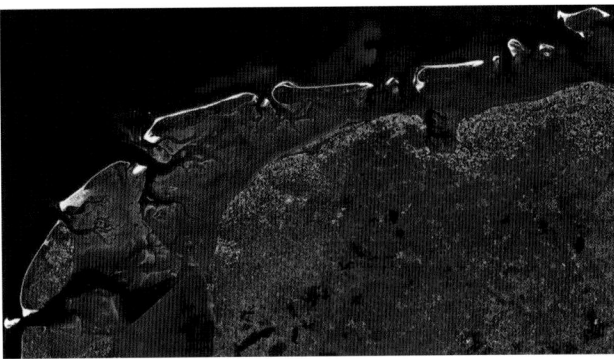

Die westfriesischen Inseln.
Satellitenaufnahme der NASA.
Quelle: wikimedia

auch unbewohnte Vorsände, die Teil des Weltnaturerbes Wattenmeer sind.

Die ostfriesischen Inseln

Zwischen Emsmündung und Jadebusen erstrecken sich vor der niedersächsischen Nordseeküste die von tiefen Tiderinnen getrennten ostfriesischen Inseln Borkum, Juist, Norderney, Baltrum, Langeoog, Spiekeroog und Wangerooge. Im Untergrund der ostfriesischen Inseln befindet sich im Bereich der von Meeresablagerungen bedeckten eiszeitlichen Oberfläche ein Sockel. Ebenso wie die westfriesischen entstanden auch die ostfriesischen Inseln infolge von Dünenanwehungen auf hochwasserfreien Sänden oberhalb des Watts, wobei der nasse Strand zwischen Mittlerem Tidenniedrig- und hochwasser die Küstenlinie bildet. Oberhalb folgen der trockene Strand sowie Dünen, in deren Schutz teilweise Marschen auflandeten. Infolge der Kräfte von Seegang, Brandung und starker Tideströmung in den zwischen den Inseln verlaufenden Gezeitenrinnen veränderten sie sich in den letzten 2000 Jahren ständig. Auf Grund der vorherrschenden Hauptströmung von Westen nach Osten erodiert das Wasser die Inselwestseiten, während sich an deren Ostküsten Sand ablagert. Insgesamt führt dies zu einer Ostbewegung von durchschnittlich einigen Metern pro Jahr, wobei einige – wie Wangerooge – einer größeren Wanderung unterliegen. Manche Inseln verlagerten sich dabei nach Osten, während bei anderen im Westen Landanwachs entsteht. Die Verdriftung der Dünen und Inseln führt dazu, das fast alle alten Inseldörfer, die früher in der Inselmitte lagen, heute am Westrand zu finden sind. Erst durch die Befestigung der Inselküsten Anfang des 20. Jahrhunderts wurde die natürlich Wanderung der Inseln eingedämmt.

Älteste Vorläufer der heutigen Inseln entstanden im Gebiet von Langeoog während des 1. Jahrtausend v. Chr. Die ältesten Salzwiesen auf Juist bildeten sich hingegen erst um 100 v. Chr., während andere noch 400 bis 500 Jahre jünger sind. Zwischen 1350 und 1464 gehörten die ostfriesischen Inseln der Häuptlingsfamilie tom Brok. Die Inseln sind bereits auf der Seekarte von Lucas Janszoon

Waghenaer um 1575 verzeichnet. Während einige der Inseln – wie Buise und Bosch zwischen Juist und Norderney
– verschwanden, änderten andere ihre Form. Der östliche
Teil von Buise, seit 1398 Osterende genannt, kam später zu
Norderney. Westlich von Buise verlagerte sich das Buiser-
tief nach Osten, wo es bis 1750 die restliche Sandplate der
ehemaligen Düneninseln vernichtete.

Südlich davon verschwand bis 1780 die bereits im 8.
Jahrhundert erwähnte Insel Bant. Im Unterschied zu den
Düneninseln war Bant eine Marscheninsel, deren Reste
bis zum Ende des 16. Jahrhunderts bewohnt waren. Hier
existierten mehrere Salzsiedereien. Als Folge des Salztorfabbaus verkleinerte sich die Insel, deren letzte Reste 1780
völlig überflutet wurden, stark.

Wechselvoll verlief auch die Geschichte von Borkum.
Plinius der Ältere zählt in seiner *Naturalis Historiae* (Buch
IV, 96) *Burcana* zu den berühmtesten Nordseeinseln. Die
Verbindung mit Borkum ist aber unsicher. 1227 wurde
die Insel *Borkana*, 1398 dann *Borkyn* genannt. Ab 1464
stand Borkum unter der Regentschaft der Grafen von
Ostfriesland. Das Hauptfahrwasser der Ems bildete im 16.
Jahrhundert bis zu ihrer teilweisen Verlandung die östlich
an der Insel vorbeifließende Osterems, danach die Wester-
ems. Der 1576 erbaute alte Leuchtturm sicherte dabei das
Fahrwasser. In der frühen Neuzeit beteiligten sich Borku-
mer Kapitäne am Walfang. Diese Fahrten kamen jedoch in-

Die ostfriesischen Inseln auf
der Karte von Ubbo Emmius
(1547–1629).

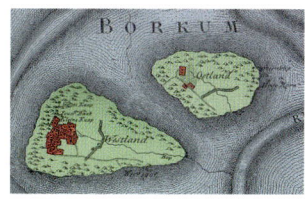

Insel Borkum noch mit West-
und Ostland. Zeichnung von
Borkum.
Stich von Le Coq um 1805

folge des holländisch-englischen Seekrieges zum Erliegen.
Den dann verarmten Bewohnern blieb als Erwerbsquelle
nur etwas Landwirtschaft auf den armen Sandböden,
Fischfang oder der Strandraub.

Das östlich von Borkum liegende Juist formte sich wohl
nach dem Abtrag der großen Insel Bant im späten Mittelalter. Archäologische Funde lassen auf eine Besiedlung
um 1400 schließen, was in die Zeit ihrer Ersterwähnung
von 1398 fällt. Nach der schadensreichen Allerheiligenflut
von 1570 durchbrach die Petriflut 1651 die nördlichen
Randdünen im Bereich des heutigen Hammersees und
zeriss Borkum in zwei Teile. Als Folge einer weiteren
Sturmflut stürzte 1662 die Inselkirche ein, die im Südosten
neu erbaut wurde. Nachdem die Fastnachtsflut 1715 das
Inseldorf zerstört hatte, entstanden mit Billdorf im Westen
und Loogdorf im Osten der Insel je ein neuer Ort. Nach
der Weihnachtsflut 1717 wurde das zerstörte Billdorf nicht
wiederaufgebaut. 1779 gründete man dann ein neues
Ostdorf mit einer Kirche. Infolge der Sturmfluten und sich
verringender Agrarflächen fuhren die meisten Männer im
17./18. Jahrhundert auf Handels- oder Walfangschiffen.
Dem Erhalt der Insel dient seit 1920 eine Schutzmauer.
Da an manchen Inselbereichen, wie im Osten, mehr Sand
angeschwemmt als abgetragen wird, verlängert sich die
Dünenkette nach Osten.

Zwischen Borkum und Juist entwickelt sich infolge der
Einwirkung von Strömung und Wind die Kachelotplate vom
Hochsand zur Düneninsel. Im Südwesten von Juist liegt die
Vogelinsel Memmert, und im Osten erstreckt sich die Insel
Norderney, die in ihrer exponierten Lage zwischen mehreren Seegatten immer wieder von Sturmfluten bedroht war,
wie ein breiter Dünendurchbruch *(Schlopp)* im Osten der
Insel belegt. Infolge der Gezeitenströmung aus nördlicher
und westlicher Richtung driftet Norderney wie die anderen
ostfriesischen Inseln nach Osten. Zwischen 1650 und 1960
verlängerte sich dabei der östliche Teil um etwa 6 km. Da
seit dem frühen 19. Jahrhundert das Meer den Weststrand
der Insel abtrug, musste man der Erosion mit Inselschutz-
werken und Sandvorspülungen entgegenwirken.

Die westlich von Norderney liegende, 1398 urkundlich
erwähnte Düneninsel Baltrum besaß früher die typische
langgestreckte Form einer Barriere-Insel wie Norderney

Blick auf Baltrum.
Foto: wikimedia

oder Juist heute. Zwischen 1650 und 1960 hat sich die Insel am Westende etwa um 5 km verlagert, während der Landanwachs im Osten geringer ist. Infolge von Übersandung wurde das alte Inseldorf mit seiner Kirche um 1800 aufgegeben. Nach der Sturmflut von 1825, die Baltrum in mehrere Teile zerriss, endete die Besiedlung des Westdorfes.

Östlich von Norderney prägten die Naturgewalten von Wind und Wasser auch die Düneninsel Langeoog. So wurde infolge Sandflugs das alte Inseldorf verschüttet und musste mit seiner Kirche von 1650–1700 neu erbaut werden. Sturmfluten wie die Petriflut vom 22. Februar 1651 oder die Weihnachtsflut von 1717 trafen die Insel wiederholt schwer. Letztere riss die Insel mit dem Dünendurchbruch des *Grote Sloop* in zwei Teile. Nach einer weiteren schweren Sturmflut wurde Langeoog 1721 aufgegeben. 1723 versuchten zwar Helgoländer, Langeoog wieder zu besiedeln, gaben jedoch bald wieder auf. Erst 1732 ließen sich wieder Bewohner dauerhaft nieder, die Landwirtschaft, Fischfang und Walfang betrieben. Außerdem wurde Muschelschill für die Herstellung von Kalk verkauft.

Die zwischen Langeoog und Wangerooge liegende Insel Spiekeroog erhielt erst durch die Verschmelzung mit den Inseln Lütjeoog und Oldeoog ihre heutige Größe und Form.

Mit der Entstehung der Harlebucht an der Festlandsküste verlagerte sich Wangerooge infolge geänderter Strömungen im 14. Jahrhundert etwas nach Süden sowie mit dem küstenparallelen Gezeitenstrom und der nagenden Tätigkeit des Seegatts der Harle in noch stärkerem Maße nach Osten. Dadurch verkleinerte sich die Insel zwischen dem 17. und 19. Jahrhundert im Westen um etwa 2 km, während sie im Osten um 4 km wuchs. Diese Wanderung dokumentiert nachhaltig die Geschichte der Inselkirchen und -dörfer: So zerstörte 1586 das Meer im Westen den alten Westturm der St.-Nicolai-Kirche, dessen Spuren noch 1821 bei Ebbe zu sehen waren. Danach entstand 1602 im Osten Wangerooges ein Turm. Um 1900 stand der schon beschädigte Turm am westlichen Inselende im Wasser und wurde Ende 1914 gesprengt. Der heutige, 1932 errichtete Westturm liegt etwa 900 m südlich des Vorgängerturms.

Erstmals urkundlich erwähnt wird eine Siedlung auf Wangerooge 1306 in einem Vertrag zum Strandrecht zwischen Bremen und dem Gau Östringen. Eine weitere Nennung erfolgt 1327. Bis zur Allerheiligenflut 1570 bestand das Inseldorf aus etwa 50 Häusern, während es 1650 schon etwa 60 Häuser mit 360 Bewohnern waren. Infolge der Weihnachtsflut 1717 ging die Bevölkerungszahl zurück, so sind für 1775 noch 150 Menschen in 28 Häusern überliefert. Nachdem an Neujahr 1855 eine schwere Sturmflut die Insel in drei Teile zerriss, verließen die meisten Bewohner die Insel. Die Oldenburger Regierung wollte das Eiland ganz aufgeben, 82 Wangerooger weigerten sich jedoch und gründeten 1865 ein neues Inseldorf am 1856 fertiggestell-

Juist im Satellitenbild
und 1805.
Stich von Le Coq um 1805
Foto: NASA, Quelle: wikimedia

199

Spiekeroog von Westen aus.
Foto: wikimedia

ten Alten Leuchtturm. In seiner heutigen Erscheinungsform ist Wangerooge infolge der seit 1870 eingeleiteten Küstenschutzmaßnahmen eine vom Menschen geformte Insel mit stabiler Lage und Form. Mit dem 1874 fertiggestellten Reichsdeich und der Reichsmauer wuchs die bis dahin dreigeteilte Insel zusammen.

Vor dem Bau der massiven Schutzwerke errichteten die Bewohner auf den ostfriesischen Inseln als Schutz vor Sturmfluten in der Frühneuzeit Häuser mit Schwimmdächern. Diese ließen sich bei einer Einsturzgefährdung infolge von Sturmfluten lösen und als Flöße verwenden. Eines solcher Häuser steht noch auf der Insel Spiekeroog. Auch die 1696 erbaute Kirche besitzt ein Schwimmdach.

Spiekeroog Kirche mit Driftdach.
Foto: H. du Cern

Die Sturmfluten führten nicht nur zu einem Rückgang der Bevölkerung, sondern verschiedentlich verließen sogar alle überlebenden Bewohner die Inseln, so auf Spiekeroog 1700, Langeoog 1701, Juist 1717 und Wangerooge 1854/55. Da die Erwerbsmöglichkeiten auf den armen Sandböden der Inseln gering waren, kehrten viele dieser Emigranten nicht zurück. Erst nachdem in Norderney 1797 nach englischem Vorbild ein erstes Seebad entstand und Emdener Familien seit 1830 ihren Jahresurlaub auf Borkum

verbrachten, war mit dem aufkeimenden Tourismus eine neue Entwicklung eingeleitet worden.

Sandplaten an der schleswig-holsteinischen Nordseeküste

Wo entlang der Dithmarscher Küste das Wattenmeer in die Nordsee übergeht, bilden die Gezeiten Sandbänke, die sich aufgrund des höheren Tidenhubs von über 3 m kaum zu Inseln entwickeln konnten. Dabei hat aber nur das etwa 14 km vor der südlichen Dithmarscher Küste gelegene Trischen eine ausreichende Höhe für eine salzwasserempfindliche Vegetation erreicht. Die in einer Kernzone des Nationalparks Schleswig-Holsteinisches Wattenmeer liegende Insel wird von zahlreichen Vögeln, wie Brandgänsen, Knutts oder Alpenstrandläufern als Brut- wie auch als Rastplatz besucht.

Erstmals erwähnen Gerichtsakten 1610 und 1645 Trischen. Die kartographische Darstellung von 1705 zeigt die Insel als *Buschsand* in einer viermal größeren Ausdehnung als heute. Um 1750 scheint aus der bewachsenen Insel wieder eine Sandbank entstanden zu sein. Ab 1850 und besonders zwischen 1882 und 1894 wuchsen infolge verstärkter Sedimentation die drei Sandbänke Polln, Buschsand und Riesensand zu einer Insel zusammen. In der Folgezeit bildeten sich Dünen, in deren Schutz sich Salz-

Trischen. Foto: Ralf Roletschek

wiesen etablieren konnten. Trischen wurde erstmals 1895 als Schafweide verpachtet. Um 1900 wurde die Insel von Eiersammlern und Vogeljägern so stark heimgesucht, dass Preußen Trischen 1909 zum Vogelschutzgebiet erklärte. Ein Hamburger Unternehmer pachtete 1922 dann die Insel und deichte einen Koog für den Klee- und Getreideanbau ein, bevor er Konkurs ging. Nach 1926 wurde Trischen zeitweise an die Stadt Altona verpachtet. 1934 fiel die Insel an einen Dithmarscher Landwirt, der bis 1943 blieb. Nachdem hier nochmals 1946/47 ein Ehepaar mit seinen Kindern und Schafen lebte, wurde die Landwirtschaft zugunsten des Naturschutzes aufgegeben.

Dithmarscher Watt, Tuschzeichnung von 1613. Die Karte entstand in einem Streit um die Nutzung des Außendeichslandes von Dieksand zwischen Norder- und Süderdithmarschen.

Die Ende des 19. Jahrhunderts noch etwa 736 ha Strandflächen, Dünen und Salzwiesen umfassende Insel hat sich bis heute auf etwa ein Viertel verkleinert, wobei Sturmfluten heute Trischen regelmäßig überfluten. Aufgrund der Strömungsverhältnisse trägt das Wasser beständig Sand im Westen ab, während sich an der Ostseite neues Land bildet. Trischen verlagert sich so im Jahr etwa 30 bis 35 m nach Osten.

Um eine weitere der Inseln vor der Dithmarscher Küste, dem aus Dünen und Marschen bestehenden Dieksand, gab es im 17. Jahrhundert Auseinandersetzungen um die Vorlandnutzung zwischen Norder- und Süderdithmarschen. Am Ende ließ der Süderdithmarscher Statthalter zur Sicherung seiner Herrschaftsansprüche ein festes Haus auf dem durch einen Ringdeich geschützten Dieksand errichten. Es hielt allerdings nur wenige Jahre den Stürmen stand.

Neben weiteren kleinen Sandplaten vor der Dithmarscher Küste erstrecken sich vom Westerhever Sand im Süden bis Amrum im Norden mit dem Süderoogsand, Norderoogsand und Japsand von Wattströmen getrennte größere Außensände an der Westseite des nordfriesischen Wattenmeeres. Infolge der Kräfte von Strömung und Wind verlagern sich diese Sände fortgesetzt.

Die dänischen Dünen- und Sandinseln

Nördlich von Sylt erstreckt sich die Düneninsel Rømø (deutsch: Röm, friesisch: Rem). Den Kern der Insel bilden im Osten mit Heide bewachsene alte Dünen, denen sich im Westen jüngere Dünen und der Hav- und Juvresand anschließen. Eine Besiedlung der 1190 dem St.-Knud-Kloster in Odensee gehörenden Insel erfolgte erst in dieser Zeit. Im Erdbuch Waldemars II. von 1231 wird Rømø als Krongut geführt. Nach 1290 erwarb das Kloster in Ribe Land auf der Insel. Die Wirtschaft der Insel mit ihren armen Sandböden beruhte auf Landwirtschaft und Fischerei, bevor diese mit dem Walfang zwischen 1680 und 1780 ein goldenes Zeitalter erlebte. Aus dieser Zeit stammt auch der Ausbau der um 1200 gegründeten St.-Clemens-Kirche mit dem Seefahrerfriedhof, dem Kommandeurshof (Kommandørgården) sowie einem Walknochenzaun in Juvre. Nach dem Ende der Walfangzeit verarmten die Bewohner.

Das ebenfalls 1231 erwähnte Jordsand südöstlich von Rømø umfasste im Mittelalter noch größere Sand- und Marschflächen. Auf der Insel, die sich infolge von Sturmfluten immer weiter verkleinerte, bestanden bis in das 19. Jahrhundert mehrere Warften. Nachdem die letzte nach einer Sturmflut 1895 aufgegeben wurde, nutzte man Jordsand nur noch als Weideland. Obwohl man die Hallig zu sichern versuchte, wurde diese im Winter 1998/99 von der stürmischen Nordsee völlig abgetragen, so dass nur eine Sandbank übrig blieb.

Nördlich von Rømø erstreckt sich zwischen den Seegatten des Knudedyb und Juvredyb die im Westen von einer Dünenkette geschützte Marscheninsel Mandø, die aus einem älteren und einem jüngeren, 1937 angedeichten Teil besteht (Gammel und Ny Mandø). Bereits 1231 als *Mannø Hus* erwähnt, zerstörten 1532 und 1558 Sturmfluten das einzige Dorf auf Gammel Mandø. Der im Südwesten der Düne wieder neu aufgebaute Ort erreichte seine frühere Bedeutung nicht mehr. In der Folgezeit wuchsen neue Marschen auf. Ein erster Sommerdeich (Tofte Dyke) umgab spätestens 1797 einen großen Teil der südlichen Marsch der Insel. Nach dessen Zerstörung infolge der Sturmflut von 1881 erfolgte der Bau eines neuen, höheren Deiches (By Dyke). Seit 1937 verbindet der Hav Dyke Gammel und Ny Mandø. Der südwestlich von Mandø liegende Koresand wird nur von Seehunden aufgesucht.

Nördlich von Mandø erstreckt sich die 16 km lange und 5 km breite Dünen- und Heideinsel Fanø. Von der West- und Ostküste der Insel stammende Steingeräte

Die Insel Mandø ist aus Gammel und Ny Mandø zusammengewachsen.

Blick auf die dänische Watten-
meerinsel Rømø.
Foto: Dirk Meier

ohne Verdriftungsspuren belegen, dass hier Sandflächen
in der Jungsteinzeit oder Bronzezeit begehbar waren. Das
nördliche Ende Insel mit seiner Dünenkette bildete sich in
seiner heutigen Form erst nach 1700 aus. Von jeher hatten
die Bewohner, die sich 1741 von der dänischen Krone
freikauften, mit Sandflug zu kämpfen. Einen wesentlichen
Wirtschaftszweig hatte im 19. Jahrhundert die Handels-
schifffahrt, woran noch die Hafenorte Nordby und Sønder-
ho erinnern. Die Hobugt trennt Fanø von der Dünenhalbinsel Skallingen, die das nördliche Ende des Wattenmeeres
bildet.

Blick auf Fanø und die Halbinsel Skallingen.
Foto: wikimedia

Die Gewalt des Binnenwassers: Moorkultivierung und Flussabdäm- mungen

Die umfangreichen Eindeichungen und Urbarmachungen
in den vermoorten Sietländern sowie die Trockenlegung
von Mooren, welche den Naturraum des südlichen Nordseeküstengebietes in eine seit dem Hochmittelalter vom
Menschen geprägte Kulturlandschaft umwandelten, wären
ohne die künstliche Regelung der Binnenentwässerung
nicht denkbar gewesen. Die ausgedehnten, wasserreichen

und vermoorten Gebiete im Hinterland der altbesiedelten See- und Flussmarschen bildeten zwar schwer zu kultivierende, aber notwendige Flächen für die Landnutzung und Ansiedlung einer zunehmenden Bevölkerung. Mussten bei Sturmfluten oder Flusshochwässern die Siele in den Deichen geschlossen werden, waren diese niedrigen Kulturlandflächen durch den Binnenwasserstau bedroht.

Moorkultivierung und Entwässerung

Seit dem Mittelalter waren in Holland die Verfahren der Moorkultivierung durch Regelung der Binnenentwässerung technisch verbessert worden, da ein starkes Bevölkerungswachstum zwischen 800 und 1200 Investitionen in die Agrarnutzung erforderte. Eine erste Urbarmachung des im Schutz der Küstendünen aufgewachsenen Hochmoors in Holland hatte die friesische Bevölkerung schon vor dem 9. Jahrhundert entlang kleiner, das Moor durchziehender Flüsse begonnen.

Die ältesten Kultivierungen mit ihren unregelmäßigen Entwässerungsgräben unterscheiden sich dabei von den regelmäßigeren Grabensystemen der seit dem 11. Jahrhundert erfolgten planmäßigen großen Urbarmachung, welche die holländischen Grafen im Gebiet von Randstad und Bischöfe von Utrecht zusammen mit dem Deichbau initiierten. Nach 1200 beteiligte sich auch der niedere Adel am Verkaufen von Moorparzellen an bäuerliche Käufer *(copers)*. Zur Anerkennung der landesherrlichen Gewalt wurde ein Zins *(botting)* erhoben. Die hoch- und spätmittelalterlichen Moorsiedlungen mit ihren Kirchen bilden lange Reihen, deren Höfe als Schutz gegen das Binnenwasser meist auf flachen Terpen lagen. Von diesen aus erstreckten sich die von Gräben begleiteten Streifen- bzw. Aufstreckfluren in das Moor. Verschiedene Entwässerungsgebiete trennten dabei Dämme voneinander. Innerhalb der bedeichten Gebiete sind seit 1225 regionale, genossenschaftlich organisierte Wasserverbände *(waterschapen)* nachweisbar. Die Geschworenenkollegien *(hooghemraden)* führten dabei die Deichbeschau durch. Die Agrarprodukte in diesem Neuland fanden Absatz in den über Kanäle erreichbaren Städte.

Als Folge der Moorkultivierung entstanden mehrere Binnenseen zwischen dem Fluss Ij und dem Alten Rhein, die später das Haarlemer Meer formten. Da nach 1200 die Dünenwanderung die Mündung des Alten Rheins blockierte, wurden Binnenwasserüberflutungen zu einem ständigen Problem der Moorlandschaft im Gebiet von Utrecht. Die Entwässerung musste sich dabei dem Rhythmus der Tiden mit zweimaligem Tidehoch- und Tideniedrigwasser anpassen, da der Abfluss des Binnenwassers durch ein Siel nur während des Tideniedrigwassers möglich ist. Blieben die Siele während hoch auflaufender Hochwässer länger geschlossen, ließ sich das ablaufende Wasser bei unzureichenden Rückhaltebecken nicht mehr abführen, so dass es zu Stauwasserproblemen kam. Erst die maschinell betriebenen Schöpfwerke der Neuzeit haben die Probleme des Binnenwasserstaus weitgehend beseitigt.

Infolge der intensiven Entwässerung verschwanden in Holland Moordecken von mehreren Metern Mächtigkeit. Bis in das 14. Jahrhundert gelang auf den urbar gemachten Böden der Anbau von Getreide. Die Entwässerung der Moore bewirkte aber gleichzeitig eine Set-

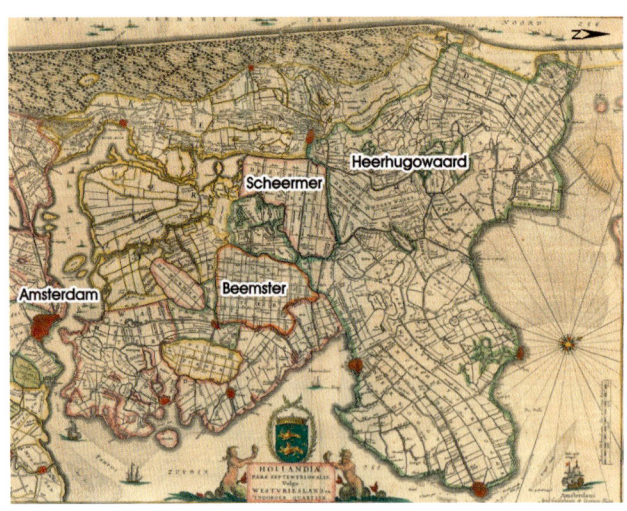

Holland mit Poldern, Trockenlegungen, Städten und Sielen. Karte von Blaeu 1645

Mit den Poldermühlen gelang die Trockenlegung von Moorseen in Holland und die Lösung der Binnenentwässerung tiefliegender Gebiete mit mehrfach hintereinander angelegten Mühlen.

zung, Humifizierung und Oxydation der Torfschicht, so dass urbar gemachte Böden nun unterhalb des Mittleren Tidehochwassers lagen. Deshalb drohten in Holland die urbar gemachten Gebiete wieder zu versumpfen, was den Getreideanbau unmöglich machte.

Nachdem schon im 11. Jahrhundert erste Entwässerungswindmühlen zum Einsatz kamen, lösten dann seit dem Anfang des 16. Jahrhunderts die effektiveren Poldermühlen die Entwässerungsprobleme. Bei diesen treibt das Flügelkreuz die Achse an, deren Drehbewegung sich auf das Wasserrad mit der Wasserachse (archimedische Schraube) überträgt. Bei günstigem Wind schafft so eine Mühle etwa 60 km³ in der Minute. Über mehrere nacheinander errichtete Poldermühlen konnte das Wasser immer höher in Sielzüge oder Kanäle abgeführt werden. Seit der zweiten Hälfte des 19. Jahrhunderts verdrängten mit Dampfmaschinen betriebene Pumpwerke die Poldermühlen.

Neben den Einpolderungen veränderte vor allem die Trockenlegung *(droogmakerije)* der zahlreichen Moorseen, wie des Achtermeers bei Alkmaar 1527, des Beemster 1612, des Heerhugowaard 1631, des Schermer 1635 und des Haarlemermeers 1852, das Landschaftsbild. In den neuen Poldern entwarfen bekannte Baumeister Kirchen, stattliche Haubarge und Häuser. Die Dörfer liegen dabei im Schnittpunkt gerader Wege, die Kanäle begleiten. Neben der Entwässerung des Moores richtete sich das Augenmerk der Wasserbauingenieure auch auf eine Verbesserung der Verkehrsverbindungen. So grub man Schifffahrtskanäle und Bootfahrten mit Schleusen, welche Städte wie Alkmaar mit der Nordsee verbanden. Vielerorts entstanden Sielhäfen.

Harleemer Meer vor der Trockenlegung. Gemälde von Jan van Goyen (1596–1656)

Die Kenntnis der Kultivierung und Entwässerung der Moore verbreitete sich von Holland aus entlang der südlichen Nordseeküste. So siedelte erstmals der Bremer Erzbischof in der Wesermarsch seit 1113 Holländer an. Ebenso wie in den Wesermarschen veränderte die Moorkultivierung auch das Gesicht der Elbmarschen. An diesem Prozess beteiligten sich neben bäuerlichen Verbänden und Kirchspielen auch Klöster und Adel. Wie südlich der Elbe wurden auch die schleswig-holsteinischen Elbmarschen durch die Hollerkolonisation kultiviert. So werden hier Holländerhufen mit eigenem Recht 1142 in der Haseldorfer Marsch, 1221 in der Wilstermarsch und 1342 in der Krempermarsch erwähnt. 1237 entschied der Graf von Holstein über die Deichverpflichtung mehrerer Hollerdörfer in der Krempermarsch. Typisch für die Hollerkolonisation in der Wilster- und Krempermarsch war im Mittelalter eine eigene Verwaltung und ein eigenes Gerichtswesen mit Schulzen und Schöffen. Die landwirtschaftlichen Produkte der eingedeichten und urbar gemachten Wilster- und Krempermarsch wurden in den Marktstädten Wilster (Stadtrecht 1282) und Krempe (Stadtrecht 1286) umgeschlagen.

Holländische Wasserbauspezialisten vermaßen die an Marschhufensiedlungen wie Dammfleth oder Krummdiek anschließenden Langstreifenfluren und errichteten Entwässerungsgräben, Siele, Schleusen sowie Sietwenden. Gegen rückwärtiges Moorwasser schützten weitere Dämme. Das für die Neusiedlung vorgesehene Gebiet wurde meist in etwa 2,25 km lange und 150 m breite Streifen (Hufen) geteilt. Die in einem Abstand von 15 bis 20 m senkrecht zum Hauptdeich gezogenen, von Deichen geschützten größeren Entwässerungsgräben (Wettern) endeten an den Sielen in den Hauptdeichen.

Mussten bei Stürmen die Siele oft länger geschlossen gehalten werden, drückte das Wasser nicht nur von außen her gegen die Seedeiche, sondern auch das Binnenwasser von innen, so dass es immer wieder zu Überschwemmungen der niedrigen Kulturlandflächen kam. So liegt in der Wilstermarsch mit NN –3,3 m der tiefste Landpunkt Deutschlands. Bei einem Deichbruch an der Stör oder Elbe würde die Wilstermarsch heute bei normaler Tide zweimal täglich bis 4,5 m und höher überflutet. Die tiefsten Gebiete wären auch während des Niedrigwassers überschwemmt.

Im 12. Jahrhundert bestanden die Siele meist aus ausgehöhlten Baumstämmen mit Klappen am Ende. Im späten Mittelalter existierten dann größere Kammersiele mit Holzklappen, die mehr Wasser abführen konnten. Beide Konstruktionen funktionierten als Klappsiele nach dem gleichen Prinzip. Stand bei Niedrigwasser das Binnenwasser höher als das Außenwasser, drückte der Wasserdruck die Klappe nach oben, so dass das Wasser ausströmte. Die einsetzende Flut verschloss die Klappe wieder und verhinderte so das Einströmen von Salzwasser. Zerstörungen infolge von Sturmfluten und geringe Haltbarkeit infolge des Absetzens von Sinkstoffen erforderten oft Neubauten dieser Siele. Bei viel Binnenwasser konnten nur große Siele mit einer Zusammenfassung des Wassers aus den einzelnen Sielzügen in einem Speicherbecken die Entwässerung optimal erfüllen. Seit dem 16. Jahrhundert errichtete man daher größere Torsiele mit offenem Außenvorsiel, rechteckigem Sieltunnel und offenem Binnenvorsiel, die in ihrer Länge der damaligen Deichbreite von etwa 30 m entsprachen. Zur Seeseite verschlossen Sturmtore das Siel. Bei Ebbe öffneten sich die schweren Tore mit ihrer Holzriegelkonstruktion und schlossen sich bei Flut durch den äußeren Wasserdruck. Infolge der Fäulnis des Holzes und der im Salzwasser lebenden Bohrmuschel war die Haltbarkeit des Holzes allerdings gering. Seit etwa 1750 kamen daher Siele mit Steinmauerwerk und gemauerten Tunneln auf. Ein gutes Beispiel bildet das 1798 erbaute Greetmersiel im ostfriesischen Greetsiel. Aus diesem Sieltyp entstanden dann Ende des 18. Jahrhunderts offene Sielschleusen

Überschwemmung der niedrigen Moorlandschaft in Holland nach Deichbrüchen 1995.
Foto: Paul Paris

Elbmarschen mit Kirchen, Deichen und Warften.

ohne Deichüberbauten. Seit Beginn des 20. Jahrhunderts verbesserten zunächst noch mit Dampfmaschinen betriebene Schöpfsiele die Entwässerung. An den größeren Sielen entstanden seit dem 13. Jahrhundert Sielhäfen wie etwa Tönning, von wo eine Bootfahrt in das Eiderstedter Hinterland bei Oldenswort führte.

Die Abdämmung von Treene und Eider

Zur Lösung der Binnenentwässerung trugen auch die Flussabdämmungen bei, wie sie in Schleswig-Holstein an der Treene und Eider durchgeführt wurden. Nachdem man beide Flüsse seit dem Hochmittelalter teilweise mit Deichen regulierte, führte dies nicht nur zu einem Anstieg des

Mittleren Tidehochwassers, sondern auch zu einer stärkeren Strömung. Da sich die Gezeiten der Treene bis Hollingstedt bzw. der Eider bis Rendsburg bemerkbar machten, versandeten diese nicht. Vor der Nordfelder Abdämmung betrug 1935 der Tidenhub der Eider bei Friedrichstadt noch 2,40 m und bei Rendsburg noch 1,50 m.

Mussten bei Hochwässern die Siele an den Flüssen geschlossen gehalten werden, kam es immer wieder zu Überflutungen. Deshalb bildete schon im 16. Jahrhundert der Gedanke eines umfassenden Deichschutzes für die ganze Treeneniederung und die verbesserte Regelung der Binnenentwässerung eine der wichtigsten herzoglichen Maßnahmen in Eiderstedt und Stapelholm. Die Abdämmung der Flussmündung in die Eider war von Koldenbüttel zum Oldenkoog geplant. Noch vor der Abriegelung des tiefen Flussbettes wurde die Treene durch vier Sielzüge mit vier Schleusen in die Eider umgeleitet, so dass der Dammbau 1570 gelang. Das *Newwerck* bei Koldenbüttel schützte nun zwar die Treenemündung, führte aber auch zu einer Verkleinerung des Tidestauraums im Eider-Treene-Raum und daher zu höheren Eiderhochwässern.

Erneut geriet die Treenemündung in das Blickfeld der Schleswiger Herzöge, als man hier eine günstige Möglichkeit für die Errichtung einer Handelsmetropole erblickte. Die Gründung Friedrichstadts durch Herzog Friedrich III. geht auf die politische Rivalität mit Dänemark zurück, dessen König Christian IV. erst kurz zuvor Glückstadt an der Elbe als Konkurrenz zu Hamburg gegründet hatte. Man hob nahe der Treeneabdämmung den heutigen Wester- und Ostsielzug aus und errichtete auf dem Aushub der kleinen Marscheninsel 1621 die Stadt. Den Neubürgern, holländische Glaubensflüchtlinge, sicherte der Herzog neben anderen Privilegien Religionsfreiheit und Selbstverwaltung zu. An der umgeleiteten Treenemündung in die Eider erfolgte hier 1639 der Bau einer dritten Schleuse.

Nach der Abdämmung des Zuflusses der Treene veränderten dann in noch weit größerem Maße der Bau der Eidersperrwerke bei Nordfeld 1936 und an der Mündung 1973 den Sedimenthaushalt und die Hydrologie des Flusses stark. Der Entschluss zur Abdämmung bei Nordfeld war nach den Eiderhochwässern zu Beginn des 20. Jahrhunderts gefasst worden, welche die Deiche

Festung Tönning an der Eider. Karte von Johannes Mejer 1651.

zerstört hatten. Da deren Erhöhung aufgrund des moorigen Untergrundes schwierig war, blieb keine andere Lösung. Zugleich war die Entwässerung der tiefen Eiderniederung schwierig, da die Deichsiele nur bei günstigen Tiden geöffnet werden konnten. Verhinderten dies Westwinde und hohe Wasserstände, kam es zu einer Binnenwasser-überschwemmung, die sich bei Regenfällen noch verstärkte. Ferner verschlang der Schöpfwerkbetrieb hohe Kosten. Die 1935 fertiggestellte Abdämmung bei Nordfeld oberhalb von Friedrichstadt beseitigte zwar die Sturmflutgefahr und verbesserte die Binnenentwässerung, aber unterhalb des Sperrwerks versandete das Flussbett stark, was Schifffahrt und Entwässerung gefährdete.

Um diese Probleme zu beseitigen und gleichzeitig das Eidermündungsgebiet vor Sturmfluten zu schützen, entschieden sich die Küstenschutzbehörden und die Landesregierung im Rahmen des Generalplanes zum Küstenschutz für den Bau eines neuen Sperrwerkes mit

Seit 1973 riegelt das Eidersperrwerk die Mündung der Eider ab.
Foto: Dirk Meier

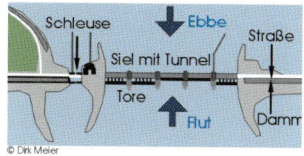

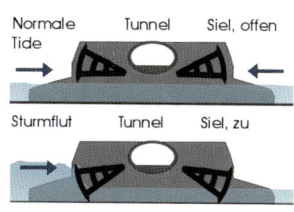

Eidersperrwerk.
Sielbetrieb bei normaler Tide
und bei Sturmflut.

Schleuse an der Außeneider zwischen Hundesknöll und
Vollerwiek, dessen Bauarbeiten 1967 begannen. Es zeigte
sich, dass die Strömungsverhältnisse aufgrund der sich
verlagernden tiefen Gezeitenströme im Eiderästuar außerordentlich schwierig waren. Bei Hundesknöll etwa fließen
bei jeder Tide 50 Millionen Kubikmeter Wasser mit der Flut
landeinwärts und mit der Ebbe wieder seewärts. Die Eider
selbst entwässert ein Einzugsgebiet von über 2000 km².
Durch das am 20. Mai 1973 eingeweihte größte deutsche
Küstenschutzbauwerk wurde die Deichlinie im Eiderbe-
reich von 60 km auf 4,8 km verkürzt. Der Eiderdamm liegt
mit seiner Höhe von NN +8,50 m etwa 3,50 m über dem
Mittleren Wasserstand von 1962. Das Sperrwerk besteht
aus zwei Reihen mit fünf Sieltoren, zwischen denen ein
Straßentunnel hindurchführt. Über dem Tunnel führt ein
Fußweg bis zur Kammerschleuse mit ihren doppelten
Toren.

Entsprechend der Wetterbedingungen und Strömungsverhältnisse wird das Sperrwerk in vier verschiedenen
Betriebsformen gefahren. Bei Normalbetrieb sind alle Tore
geöffnet, so dass das Eider- und Nordseewasser in beide
Richtungen fließen kann. Im Normalbetrieb mit Flutdrosse-
lung strömt das Meerwasser in die Eider. Zur Verringerung
des Sandeintrags in die Eider werden die seeseitigen Tore
dabei abgesenkt. Für den Sielbetrieb lässt man die
seeseitige Torreihe herunter, damit das Wasser aus der
Nordsee nicht in die Eider eindringen kann. Mit fallendem
Nordseepegel nach einer Flut, wenn der Wasserstand auf
beiden Seiten der geschlossenen Tore wieder ausgeglichen
ist, werden diese wieder zur Entwässerung des Hinterlandes geöffnet. Dadurch tritt ein verstärkt ablaufender
Strom mit erhöhter Räumkraft auf. Bei einem Wasserstand
oberhalb von einem Meter über dem Mittleren Tiedehoch-
wasser sind beide Torreihen aus Gründen einer doppelten
Deichsicherheit geschlossen.

Die nachhaltigste Gefährdung des Sperrwerks, das
seine Bewährungsprobe bei der Sturmflut 1976 bestand,
verursachen die starken Strömungen, weshalb es ständig
instand gehalten werden muss. Ferner hatte sich auch
ein Seitenpriel der Außeneider verlagert, so dass vor dem
Uelvesbüller Deich eine Sandvorspülung notwendig wurde.

Nach dem Sperrwerkbau entstanden die Naturschutzgebiete Katinger Watt und Dithmarscher Eiderwatt.

Sturmfluten der Neuzeit, Küstenschutzmaßnahmen und Szenarien

Nachdem wir die Auswirkungen von Sturmfluten des 14. bis 17. Jahrhunderts kennengelernt haben, sollen im Folgenden die schwersten Katastrophen der letzten 300 Jahre kurz thematisiert werden. Deren Analyse soll helfen, die zukünftigen Gefahren für die Nordseeküste abzuschätzen. Insbesondere wird zu fragen sein, wie sich der globale Meeresspiegelanstieg auf das Wattenmeer und den Küstenschutz auswirken wird. Bis in das 19. Jahrhundert hatte man die Deiche nach dem Maß der bis dahin höchsten Sturmflut errichtet, bevor man den Anstieg des Meeresspiegels erkannte, der mit der Klimaerwärmung im Zusammenhang steht. Vor 450 Jahren war der globale Einfluss des Menschen auf das Klima noch gering. Änderungen der Sonnenaktivität, Vulkanismus und natürliche Treibhausgase bildeten die wesentlichen Einflussfaktoren auf das Großklima. Deutlich zeichnen sich dabei zwischen 1675–1715 sowie 1810–1830 zwei ausgeprägte kühle Phasen der Kleinen Eiszeit ab, danach wurde das Klima wieder wärmer. Zwischen 1900 und 2000 stieg die Temperaturkurve vor allem als Folge der Industrialisierung trotz einiger kurzer Schwankungen um 0,5–1 Grad Celsius an.

Die Weihnachtsflut von 1717 und die Eisflut von 1718

Die Weihnachtsflut in der Nacht vom 24. auf den 25. Dezember 1717 übertraf in ihren Auswirkungen hinsichtlich der gesamten Küste sowohl die Burchardiflut von 1634 als auch alle weiteren bis heute. Nur die Allerheiligenflut von 1570 dürfte für den südlichen Nordseeraum ähnlich katastrophal gewesen sein.

Nachdem am 23. Dezember 1717 ein starker Wind aus Südwesten geweht hatte, drehte dieser mittags um

14 Uhr auf Westen und nachmittags um 16 Uhr auf Nordwesten. Da der Wind, nachdem er erst zugenommen hatte, wieder abflaute, gingen die meisten Küstenbewohner nach der Christnachtfeier schlafen, zumal der Mond im letzten Viertel stand und keine Springflut zu erwarten war. Jedoch nahm kurz nach 1 Uhr der Wind aus Nordwesten wieder zu und entwickelte sich zu einem Orkan, der an manchen Orten bis zum frühen Morgen dauerte. Die schnell ansteigenden Wassermassen zwischen Holland und dem südlichen Dänemark wurden gegen die Deiche gepresst, die dem Druck nicht mehr standhielten, so dass fast alle Marschgebiete überschwemmt wurden.

In dieser Nacht ertranken über 11.000 Menschen, 10.000 Pferde, 40.000 Rinder, 10.000 Schweine und 35.000 Schafe. Über 4000 Häuser wurden weggerissen. Zwischen Emden und Tondern kamen 1717 etwa 9000 Menschen, in den Niederlanden über 2500 um. Am schlimmsten betroffen war die zwischen Jadebusen und Wesermündung exponiert liegende Halbinsel Butjadingen. Hier war ein Bevölkerungsverlust von nahezu 30 Prozent zu verzeichnen. Groß waren auch die Verluste an Vieh. Unbeschreiblich waren die Schäden an Deichen und Sielen. Es gab Kirchspiele an der Nordsee, die – wie Minsen in der Herrschaft Jever – ein Viertel ihrer Bevölkerung einbüßten. Auf den ostfriesischen Inseln hatte das tobende Meer vielerorts Dünen durchbrochen und Dörfer überschwemmt.

Deichbruch auf Schouwen und Duiveland.

Im Dithmarscher Küstengebiet wurde die ganze Marsch bis 2,1 m hoch überschwemmt. Hier wollte man den Hedwigenkoog ganz aufgeben. Von der „großen Brake" bei Brunsbüttel wurde die Südermarsch ganz überschwemmt. Das Wasser überflutete auch das Hochmoor und die angrenzende Wilstermarsch. Die schwierige Abriegelung der Brake gelang erst 1721. Der Elbdeich der Wilstermarsch, der zuletzt 1683/84 zurückgenommen worden war, wurde mehrfach durchbrochen. Die Haseldorfer Marsch stand bis Uetersen unter Wasser. Für Glückstadt bestand die Gefahr des Untergangs. Erst der Bruch der Schleusen leitete hier das Wasser in die Krempermarsch ab.

In Eiderstedt waren große Deichschäden 1717 an den Deichen bei Osterhever und der Tümlauer Bucht eingetreten, wo der Graffenkoog verlorenging. Ferner brach der Westerhever Deich. Im Westen der Halbinsel wurden die Dünen bei St. Peter-Ording auf ca. 955 m Länge weggespült. Von den Deichbrüchen des Groothusenkooges an der Außeneider überschwemmte das Salzwasser die alte Niederung der Süderhever bis Garding. Ansonsten hielten die Deiche entlang der Eider zwischen Tönning und Koldenbüttel trotz Kammstürzen stand. Nach dem Bruch der Schleuse wurde jedoch das westliche Kirchspielgebiet von Tönning überflutet. Im östlichen Eiderstedt war der Harbleker Koog überschwemmt worden. Ferner drückte das Wasser von der Hever im Norden her gegen die vorspringenden Deiche der Lundenbergharde, deren restliche Gebiete bis 1720 untergingen.

Da auf Pellworm die einheimischen Deichverantwortlichen nicht den vorgeschlagenen Küstenschutzmaßnahmen der Obrigkeit gefolgt waren, besaßen viele der Deiche ein zu steiles Profil und wurden daher bis zu einer Höhe von 1,15 m überflutet. Auch die Nordstrander Köge standen unter Wasser, das hier bis 3,44 m über der Marsch anstieg und fast die Höhe der Mitteldeiche erreichte. Die größere Höhe ergibt sich aus der im Vergleich zu Pellworm niedrigeren Lage Nordstrands infolge der mittelalterlichen Urbarmachung des Moores. Da die Deichbrüche auf Pellworm und Nordstrand erst bei ablaufendem Wasser eintraten,

Die Weihnachtsflut von 1717. Ausschnitt der kolorierten Kupferstichkarte von Homann, Nürnberg, um 1718.

blieb die Zahl der Toten gering, wenn auch die Ernte vernichtet war.

Auf den Halligen, die sich stark verkleinert hatten, waren 34 Menschen, 140 Kühe und 74 Schafe umgekommen. Auf den nordfriesischen Geestinseln Sylt und Amrum ist in den wenigen Aufzeichnungen neben Viehverlusten meist von überschwemmten Marschen und gestrandeten Schiffen die Rede. Auf Föhr wurde die ganze Marsch überschwemmt.

An der nordfriesischen Festlandsküste brach der Deich der Wiedingharde, während der des Neuen Christian-Albrechts-Koogs hielt. Da deren Interessenten die Öffnung ihrer Siele zum benachbarten Gotteskoog verweigerten, staute sich hier auch aufgrund von zerstörten Binnendeichen das Sturmflut- und Binnenwasser. Ebenfalls betroffen waren die Köge entlang der Dagebüller Bucht. Dort stieg das Wasser um ca. 0,60 m höher als 1634. Nach den Flutmarken hatte dort das Wasser 1717 eine Höhe von ca. NN +4,30 m bei Klixbüll und +5,08 m bei Langenhorn erreicht. Der Deich des vorspringenden Dagebüller Kooges wurde ebenso wie weitere Deiche zerstört. Die Köge vor dem Bredstedter Geestvorsprung standen ebenfalls unter Wasser. Die vielen Deichbrüche an der nordfriesischen Küste gehen neben ihren ungenügenden Querschnitten vor allem auch auf das verbaute feinsandig-schluffige Material zurück.

Die Eisflut in der Nacht vom 25. auf den 26. Februar 1718 verschlimmerte die Lage in den Marschländern noch. Diese erreichte zwar nicht die Wasserstände vom Dezember 1717, aber hoher Wasserstand und an die Deiche rammende Eisschollen führten zu schweren Schäden. Die bei der Weihnachtsflut schon zerstörten Deiche wurden ganz weggerissen, und Grundbrüche vergrößerten sich. Erschwerend auf die Wiederherstellung der Deiche wirkte sich auch der Nordische Krieg aus. Im darauf folgenden Sommer waren die Wirtschaftsflächen immer noch versalzt, so dass viele Marschbauern ihr Vieh zur Gräsung an Geestbauern geben oder verkaufen mussten. Die Neujahrsflut vom 31. Dezember 1720 auf den 1. Januar 1721 richtete weitere schwere Schäden an. In manchen Marschregionen lief das Wasser entsprechend der Tide ständig ein und aus.

Die Auswirkungen der Sturmfluten von 1717 bis 1720 waren verheerend. Aufgrund der vernichteten Ernte war

Hunger eine Folge. Die schon vor der Flut armen Bewohner der Marschländer wie Kätner und Tagelöhner gerieten in große Not. Ihre kleinen, oft auf oder am Deich oder auch im Koog zu ebener Erde stehenden Häuser waren völlig zerstört worden. Versteigerungen aufgegebener Höfe bedingten niedrige Immobilien- und Bodenpreise. Die noch zahlungsfähigen Anteile der Bevölkerung mussten daher höhere Abgaben entrichten. Zwar gewährten die Regierungen Kredit, dennoch hatten die betroffenen Regionen vor allem selbst für die Schadensbeseitigung Sorge zu tragen. Viele Marschbewohner verließen in ihrer Verzeiflung ihre Heimat, was die restliche Arbeitskraft verringerte.

Hauptgründe für die katastrophalen Auswirkungen der Sturmflutenreihe von 1717/18, bei der es aber mit Ausnahme der Lundenbergharde kaum zu größeren dauerhaften Landverlusten kam, bildeten der organisatorisch nicht vereinheitlichte Küstenschutz sowie unzureichende Deiche mit ihren zu niedrigen Kronenhöhen, zu steilen Binnenseiten und ihrem auch oft zu sandigen Baumaterial. Erst zwei Jahrzehnte nach den Katastrophen begannen sich die Marschländer von deren Auswirkungen zu erholen.

Die Februarflut von 1825

Seit der zweiten Hälfte des 18. Jahrhunderts waren zwar auf der Basis des Lehrbuchs von Albert Brahms von 1767/73 neue Deiche entstanden, doch überströmte diese die Februarflut vom 3./4. Februar 1825, da man den Anstieg des Meeresspiegels nicht erkannt hatte. Weite Gebiete Ostfrieslands, Dithmarschens und Nordfrieslands standen oft bis an den Geestrand unter Wasser. Infolge der Sturmflut ertranken zwischen den Niederlanden und Nordfriesland mehr als 800 Menschen, etwa 50.000 Stück Vieh kamen um, und 2400 Gebäude wurden zerstört.

Der Februarflut von 1825 war ein stürmischer, regenreicher Herbst vorausgegangen, der die Deichkörper durchweicht und Zuwege unpassierbar gemacht hatte. Am 2. Februar 1825 brieste zunächst ein starker Südwestwind auf, der in der Nacht vom 3. Februar, begleitet von Starkregen, an Heftigkeit zunahm und bereits einen Anstieg des Tidehochwassers von ca. 2 m über dem Mittleren Tidehochwasser bewirkte. Am 3. Februar herrschte dann anhaltender Sturm mit starken Böen und Schneegestöber. In der Nacht vom 3. auf den 4. Februar drehte der Wind von Südwest auf Nordwest und erreichte seine größte Stärke. Die Heftigkeit des Sturms hat zwar die vom 15. November 1824 nicht überschritten, jedoch trat dieser zusammen mit einer Springflut ein. Wie die amtlichen Berichte und Flutmarken bestätigen, erreichte die Sturmflut vom 3./4. Februar 1825 einen bis dahin an der schleswig-holsteinischen Westküste unbekannten Stand. So betrugen die Sturmfluthöhen in Hamburg über der mittleren Flut etwa 3,55 m (NN +5,21 m), in Glückstadt 4,39 m (NN +5,05 m), in Cuxhaven 3,44 m (NN +4,64 m), in Tönning 3,87 m (NN +5,02 m) und in Husum 4,01 m (NN +5,23 m).

In den Elbmarschen waren große Schäden und Überschwemmungen in Glückstadt, entlang der Stör, im Bereich der Breitenburger Marsch, entlang der Elbdeiche und der Haseldorfer Marsch zu verzeichnen. Im Glückstädter Hafen hatte das Wasser die 4,06 m hohe Hafenmauer überströmt. Dabei wurde der Höchststand von 1756 um 0,44 m überschritten. Nur ein Durchbruch auf der Südseite des Hafens ließ das Wasser wieder ablaufen. Schon im November 1824 war ein Grundbruch im Stördeich eingetreten, in dessen Folge die gesamte Marsch zwischen dem Schloss und dem Dorf Breitenburg überschwemmt worden war. Infolge des Deichbruchs stand hier ständig Wasser

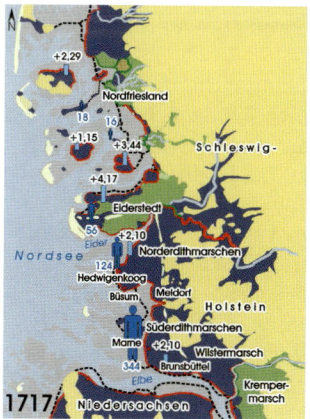

Überflutungskarte der Sturmfluten 1717 und 1825 in Schleswig-Holstein.

in der niedrigen Moormarsch. Ferner verlagerte sich die Tidegrenze in der Stör flussabwärts bis an den Grundbruch heran, der jedoch 1825 geschlossen werden konnte.

Auf der Dithmarscher Eiderseite hatten die zu niedrigen Deiche infolge Wellenüberschlags ihre Kronen verloren. Bis auf den Tielenhemmer Koog überschwemmte das Salzwasser die anschließende Eiderniederung. Im Gebiet von Schlichting ertranken sechs Menschen. Zu Deichbrüchen kam es ferner am Hedwigenkoog sowie im Gebiet von Büsum, wo nach der Zerstörung der Westerschleuse die Marschen des Kirchspiels überflutet wurden.

In Eiderstedt war der Deich des Neu-Augustenkooges fast ganz weggerissen. Ebenfalls der Holmkoog stand unter Wasser. Der zu steile Westerhever Deich wies Kappenstürze auf. Sogar der 1821 errichtete Wilhelminenkoogdeich hielt nicht stand. Bei diesem Bermedeich setzte die Berme bei 2,83 m über der gewöhnlichen Flut an und verlief mit einer Neigung von 1:15 zum Vorland oder Watt. Oberhalb folgte ohne Ausgleich eine steile Außenböschung von 1:3¼. Auch die Norderdeiche an der Tümlauer Bucht ebenso wie bei Süderhöft an der Außeneider waren beschädigt. Durch weggespülte Dünen bei St. Peter-Süderhöft drang das Wasser bis nach Garding. Nur östlich des Grothusenkooges blieben die Eiderdeiche fast intakt, während weitere Schäden im Nordosten der Halbinsel bei Uelvesbüll eintraten.

Auf Pellworm war fast die ganze Marsch überflutet worden, wobei die einzelnen Köge bis acht Wochen unter Wasser standen. Ebenfalls die Nordstrander Köge waren überschwemmt worden.

Auf den Halligen hatte die Höhe der Sturmflut die der Warften überschritten. Hier kamen 74 Menschen und 2.603 Stück Vieh um. An die 88 Häuser waren zerstört worden, und die Fethinge waren versalzt. Die Überlebenden brachten Segelboote zur benachbarten Insel Föhr. Von Wyk aus fuhren Schiffe auch Trinkwasser zu den Halligen. Der Husumer Hilfsverein spendete reichlich. Zwar sah ließ der dänische König die gröbste Not lindern, aber ansonsten half die staatliche Verwaltung kaum. Aufgrund der hohen Schäden erwog man eine Aufgabe der Halligen, was jedoch am Widerstand ihrer Bewohner scheiterte. Deshalb beabsichtigte die Regierung eine Erhöhung der Halligwarften auf 22 Fuß (6,56 m), was jedoch unterblieb. Schließlich sah man eine Höhe von 4,77 m als ausreichend an.

Auf Sylt wurden die Marschen überschwemmt und mehrere Häuser auf den Geestdörfern zerstört. Ferner waren die niedrigen Dünen südlich von Westerland durchbrochen und Ländereien übersandet worden. Im Listland stand nach einem Deichbruch das Ackerland unter Salzwasser. Auf Amrum hatte infolge eines Dünendurchbruchs das Salzwasser die Marsch überflutet. Auch die Föhrer Marsch war nach Deichbrüchen überschwemmt worden. Hingegen verlief die Sturmflut an der nordfriesischen Festlandsküste aufgrund der teilweise neu errichteten Bermedeiche glimpflich.

Im Regelfall waren alle Schäden der Sturmflut bis zum Sommer 1825 beseitigt, wobei an gefährdeten, direkt an die See grenzenden Lagen nun Bermedeiche errichtet wurden.

Die Holland-Sturmflut von 1953

Die schwerste Sturmflutkatastrophe im 20. Jahrhundert war die Holland-Sturmflut von 1953, auch wenn sie das nordwestdeutsche Küstengebiet verschonte. Infolge des Zusammentreffens eines Nordweststurmes mit einer gleichzeitigen Springflut traten in der Nacht vom 31. Januar auf den 1. Februar 1953 nie gesehene Scheitelwasserstände ein (Hoek van Holland: NAP +3,85 m, Kruiningen auf der Insel Zuid-Beveland: +5,25 m). Über Dänemark und der Deutschen Bucht erreichte der Sturm am Abend des 31. Januars Windstärke 11, an der niederländischen Küste Windstärke 10. Da sich dieser kaum abschwächte und im Südwesten der Niederlande 20 Stunden lang Windstärke 9 gemessen wurde, drückte er die Wassermassen in das Rhein-Maas-Schelde-Ästuar. Hier staute sich das Wasser an den Deichen, die unterspült wurden. In Holland brachen an 67 Stellen die zu schwach dimensionierten und aufgrund des erst vor acht Jahren zu Ende gegangenen Zweiten Weltkrieges in Mitleidenschaft gezogenen Deiche. Zudem hatte man sich nach der Flutkatastrophe von 1825, die schon Geschichte war, und der Sturmflut von 1916, die fast ausschließlich die nördlichen Niederlande um die Zuiderzee betroffen hatte, auf andere Küstenfragen konzentriert.

Bei der Sturmflut 1953 überflutete deshalb das Meer 143.000 ha Land, darunter die Marschen der Inseln Putten, Goree und Overflakkee. Nach offiziellen Angaben ertranken 1.835 Menschen und 47.000 Stück Vieh, der größte Teil davon in der Provinz Zeeland. Ferner waren Schäden von etwa 50 Milliarden Gulden zu verzeichnen. Daher entstanden im Rahmen des Deltaplanes nach 1953 künstlich angelegte Dünen, Sperrwerke und Deiche, welche die Küstenlinie um 700 km verkürzten. Mit der Fertigstellung des für Schiffe passierbaren Sperrwerkes an der OOsterschelde war 1986 das schwierigste Vorhaben abgeschlossen. Die Umsetzung des Deltaplanes hat die Landschaft des Rhein-Maas-Schelde Ästuars völlig verwandelt.

Die Hamburg-Sturmflut von 1962

Die Holland-Sturmflut von 1953 zeigte die Notwendigkeit neuer Küstenschutzmaßnahmen. Diese waren jedoch nicht überall zum Abschluss gekommen, als am 16./17. Februar ein Orkan über das nordwestdeutsche Küstengebiet fegte, der sich in Hamburg zur Katastrophe ausweitete. Hier wiesen die bis NN +5,70 m hohen Deiche, deren Erhöhung um 1,20 nicht überall fertig war, noch einen Bemessungsstand nach den Erfahrungen der Februarflut von 1825 auf.

Die Entwicklung des Orkans hatte am 12. Februar mit einem kräftigen Sturmtief begonnen, dessen Kern nach Skandinavien zog und Orkanböen über die deutsche Nordseeküste brachte. Da der Wind wieder abflaute, blieb eine Sturmflut aus. Am 13. Februar setzte jedoch, ausgehend von Zyklonen über Neufundland, ein stürmischer Nordwest- bis Nordwind ein, der bis zum folgenden Tag anhielt. Um 20 Uhr meldeten die Nordsee-Feuerschiffe Borkumriff und P 8 Südweststurm in einer Stärke von 8 Beaufort (Bft), am nächsten Vormittag waren es 9 Bft. Um 22 Uhr wurden 9–10 Bft, in Böen bis 12 Bft erreicht. Am heftigsten tobte der Sturm in der mittleren und nördlichen Nordsee. In der Nacht vom 16. auf den 17. Februar rollte dann aus nordwestlicher Richtung eine sehr hohe Flutwelle auf die deutsche Nordseeküste zu. Die Sturmtide wurde dabei

In der Sturmflut 1962 zerstörtes Hallighaus auf der Peterswarft auf Nordmarsch/Langeneß. Foto: Erich Wohlenberg

von einer Fernwelle aus dem Atlantik verstärkt, so dass nie gesehene Scheitelwasserstände von NN +5,70 m in Hamburg, +4,94 m in Büsum, +5,21 m in Tönning und +5,61 m in Husum eintraten. Hoher Wasserstand, starke Brandung, hoher Wellenauflauf und Wellenüberschlag gefährdeten alle Deiche, die auf einer Länge von etwa 400 km starke Schäden aufwiesen. An den Flussmündungen der Ems, Oste und Elbe kam es zu vielen Deichbrüchen, ebenso am Jadebusen.

In Hamburg brachen die Deiche an 60 Stellen, und 12.500 ha des Stadtgebiets – rund ein Sechstel – wurden überflutet. Es blieb keine Vorwarnzeit, da die Flutwelle in Hamburg 40 Minuten vor der berechneten Zeit eintraf. Im Unterschied zu Schleswig-Holstein, wo die Sturmflut keine Menschenleben forderte, ertranken in Hamburg 315 Menschen, 1255 Wohnungen wurden zerstört und weitere 27.000 Wohnungen beschädigt. Der gesamte materielle Schaden belief sich etwa auf 5 Milliarden DM.

An der schleswig-holsteinischen Nordseeküste wurde der Christianskoog in Dithmarschen vorsorglich evakuiert. Auch Büsum war stark gefährdet, während der Deich des Uelvesbüller Kooges in Eiderstedt brach. In Nordfriesland flaute der Wind kurz vor dem höchsten Wasserstand ab. Zu diesem Zeitpunkt war die Nordsee aber bereits in viele der Häuser auf den Halligen eingedrungen. Die Halligbewohner überlebten zwar die Sturmflut, doch blieben von 150 Häusern nur 34 unbeschädigt. Da die Fethinge versalzt waren, bestand nach dem Ablaufen der Flut ein akuter Trinkwassermangel. Als Resultat der Katastrophe verkürzte man die Seedeichlinie, verstärkte die Deiche, dämmte das Eider-Ästuar ab und verbesserte die Küstenschutzpläne. Neue Speicherbecken gewährleisteten die Binnenentwässerung.

Der Cappella-Orkan von 1976

Die nach 1962 durchgeführten Küstenschutzmaßnahmen bewährten sich in der „Jahrhundertflut" vom 3. Januar 1976. Der auslösende „Capella-Orkan" erreichte in Büsum Windstärken von 10–12 Beaufort mit Spitzenböen von bis zu 145 km/h. Der Winddruck staute die Wassermassen der Nordsee fünf Stunden an den Deichen der Elbe und an der Westküste Schleswig-Holsteins auf eine bis dahin nicht erreichte Höhe über NN an. So waren es in Hamburg +6,45 m, in Büsum +5,16 m und in Husum +5,66 m. In der Haseldorfer Marsch und im Christianskoog brachen die noch nicht verstärkten Deiche; die neuen Seedeiche und das Eidersperrwerk hielten jedoch. Der höchste in Nordfriesland gemessene Wasserstand trat infolge eines heftigen Orkanwirbels in Dagebüll mit NN +4,71 m am 24. November 1981 ein. Bedrohlich war auch die Orkankette vom 26. bis 28. Februar 1990. Größere Schäden blieben jedoch auf den Seedeich bei Dagebüll und den Westrand der Insel Sylt beschränkt.

Sturmflut am Westerhever Deich 1976.
Quelle: Meier 2007

Als Folge dieser Katastrophen wurden neue Generalpläne für den Küstenschutz erstellt. Seit 1976 gilt in Schleswig-Holstein, dass die seeseitige Deich-Außenböschung in der Höhe des maßgeblichen Sturmflutwasserstandes nicht steiler als 1:8 geneigt sein darf, darunter 1:10 bis 1:12, darüber bis zur Deichkrone 1:4. Maßgeblich für die Bemessung der Deichhöhen ist der Sturmtidewasserstand, der statistisch einmal in 100 Jahren erreicht oder überschritten wird (Verfahren des maßgebenden Sturmflutwasserstandes). An der niedersächsischen Küste errechnen sich die Deichhöhen nach dem höchstmöglichen Springtidehochwasser, dem dazugerechneten maximalen Wasserstau sowie dem erwarteten Anstieg des Mittleren Tidehochwassers (Einzelwertverfahren). Die Höhe der heute aus Sand aufgespülten und mit Kleidecken befestigten Deiche berücksichtigen den Wellenschlag infolge des Windstaus und ein daraus abgeleitetes Sicherheitsmaß.

Landunter auf den Halligen. Ein häufiges Bild bei Sturmfluten.
Foto: Walter Raabe

Szenarien des Meeresspiegelanstiegs

Reichen die Bemessungen der heutigen Deiche aus, um auch den durch die Klimaerwärmung zukünftig zu erwartenden höher auflaufenden Sturmfluten zu widerstehen? So errechnen die Szenarien des Intergovernmental Panel on Climate Change (IPCC) für das 21. Jahrhundert höhere Maximal- und Minimaltemperaturen, eine Zunahme von Trockenheit, Starkregen sowie von Wirbelstürmen mit höheren Windgeschwindigkeitsspitzen und Niederschlagsmengen. Klimaprojektionen bis 2100 sprechen für eine Erwärmung von 1,8 Grad Celsius im niedrigsten und 4,0 Grad im höchsten Szenario. Als wesentliche Ursache der Klimaänderungen gilt die starke Zunahme des Kohlendioxidgehaltes in der Atmosphäre. Hinzu kommen andere Treibhausgase wie Methan und Lachgas.

So eine starke Erwärmung würde zum Abschmelzen der Eismassen an den Polen führen, wo heute fast 30 Millionen km^3 der Süßwasservorräte der Erde im Inlandeis gebunden sind, davon in der Antarktis etwa 28 Millionen. Bei einem totalen Abschmelzen dieser Eismassen könnte der Meeresspiegel global um etwa 71 m steigen und die Flachmeerküsten erheblich verändern. Das Schmelzen des grönländischen Eisschildes allein ließe den Meeresspiegel um etwa 6–7 m ansteigen. Sollte sich die Erwärmung bei +3 °C gegenüber dem vorindustriellen Wert stabilisieren, lässt sich eine Meeresspiegelerhöhung bis zum Jahr 2300 um 2,5–5,1 m prognostizieren. Diese Aussagen sind jedoch relativ, da der Meeresspiegelanstieg aufgrund eustatischer Schwankungen global ungleich ist und man das Ausmaß der durch den Menschen verursachten Klimaerwärmung nicht prognostizieren kann.

Der globale Meeresspiegelanstieg trägt neben anderen Faktoren auch zum Anstieg des Mittleren Tidehochwassers an der Nordseeküste bei. Seit etwa 1850 wird der Wasserstand an der niederländischen Küste systematisch gemessen. Je nach Lage der Pegel stieg dabei das Mittlere Tidehochwasser von 1865–1965 zwischen 13–20 cm.

Ferner ergibt eine Auswertung historischer Windstatistiken anhand der seit 200 Jahren durchgeführten Druckmessungen eine größere Höhe der Nordseewellen seit Anfang der 1990er Jahre, wenn auch keine Zunahme der Stürme. Aus regionalen Sturmflutmodellen lässt sich dabei ein Anstieg windbedingter Hochwasserstände von bis zu 30 cm in den nächsten 150 Jahren errechnen. Zusammen mit dem prognostizierten Anstieg des MThw von etwa 40 cm errechnet sich daraus für die südliche Nordsee ein Szenario von bis zu 80 cm. Die Wellenhöhe könnte im Bereich der südlichen Nordsee um 50 cm in 150 Jahren ansteigen. Für den Nordseeraum werden bodennahe Starkwinde bis 2100 um etwa 5–10 Prozent zunehmen. In m/s ausgedrückt entspricht dies einer Zunahme von bis zu 2 m/s im Vergleich zu heute. Im Schnitt beträgt der maximale Windstau bei einer Sturmflut etwa in Cuxhaven heute ca. 2 m (Wasserstand ohne Tideanteil). Für 2100 wird hier mit einer Erhöhung um 30 cm gerechnet. Zuzüglich eines Mittleren Meeresspiegelanstiegs um 40 cm würden sich damit deutlich höhere Sturmflutwasserstände ergeben.

Zudem ist bis 2100 mit einer längeren Sturmflutdauer in der Deutschen Bucht zu rechnen. Hoher Windstau würde dann in der Deutschen Bucht und der südlichen Nordseeküste nicht wie bisher im Mittel 7–8 Stunden am Deich stehen, sondern 2–3 Stunden länger. Dies erhöht die Möglichkeit des Zusammentreffens eines hohen Windstauereignisses mit dem Gezeitenmaximum, was zu höherer Belastungsdauer der Deiche führt. Simulierte Änderungen der hohen, bodennahen Windgeschwindigkeiten zeigen ein entgegengesetztes Bild für die Sommer- und Wintermonate. Änderungen der hohen Windgeschwindigkeiten werden erst zum Ende dieses Jahrhunderts deutlich. Ferner werden die Stürme um 10 Prozent zunehmen und sich die Sturmfluten um 20–40 cm zwischen 2070–2100 erhöhen. Zur Zeit sind es im Winterhalbjahr statistisch drei bis vier Stürme. Für den Hamburger Pegel St. Pauli lässt sich beispielsweise ein Anstieg der Sturmwasserstände für 2030 von etwa 20 cm, für das Jahr 2085 von bis zu 70 cm annehmen. Die Nützlichkeit aller Szenarien besteht darin, schon heute die Küstenschutzfragen von morgen zu formulieren.

In Schleswig-Holstein sind fast ein Viertel der Landesfläche im Falle einer Sturmflut ohne ausreichenden Küstenschutz gefährdet. Die Küsten an Nord- und Ostsee sind etwa 1200 km lang, wovon 553 km auf die Westküste (297 km Festland, 195 km Inseln, 61 km Halligen) entfallen. In den potentiell gefährdeten Gebieten leben 334.000 Menschen und befinden sich Sachwerte von rund 50 Milliarden Euro. Verschiedentlich ist die Strategie eines linienhaften Küstenschutzes ohne realistische Alternativen in Frage gestellt worden.

Epilog: Trutz, blanke Hans

Heut bin ich über Rungholt gefahren
die Stadt ging unter vor fünfhundert Jahren
Noch schlagen die Wellen da wild und empört
wie damals, als sie die Marschen zerstört
Die Maschine des Dampfers zitterte, stöhnte
aus den Wassern rief es unheimlich und höhnte:
Trutz, blanke Hans

So beginnt die bekannteste Ballade Detlev von Lilienchrons, in welcher der „Blanke Hans" das sagenhafte Rungholt in die Tiefe riss. Dramatischer noch als die Sage war das tatsächliche Unheil der spätmittelalterlichen Sturmfluten, die weite Bereiche der besiedelten nordfriesischen Uthlande in das Wattenmeer einbezogen, das nicht nur Wildnis ist, sondern auch eine ertrunkene Kulturlandschaft.

Die Kraft des Windes, welche immer wieder zu katastrophalen Stürmen führte, hat aber nicht nur negative Seiten. So waren es die durch Windkraft angetriebenen, im 16./17. Jahrhundert in Holland eingeführten Poldermühlen, mit denen die Trockenlegung von Seen und die Entwässerung immer tiefer sackender kultivierter Moorböden gelang. Während wir mit der technischen Notwendigkeit der Poldermühle eine romantische Landschaftsidylle verbinden, was uns die niederländische Landschaftsmalerei suggeriert, empfinden wir die heutige Massierung der Windkraftkonverter als störend. Windkraft ist aber auch eine umweltfreundliche Energie. Deshalb sollen bis 2014 sieben Offshore-Windparks vor der schleswig-holsteinischen Nordseeküste mit 550 Rotoren und 2000 Megawatt Leistung ans Netz gehen.

Diese Technisierung des Küstenraumes scheint unaufhaltsam. Erstmals hatte das Hochmittelalter eine intensivere Landnutzung durch Deichbau und Entwässerung erfordert. Rücksicht auf die Umwelt konnte man sich nicht leisten. Deren Schutz ist eine Erkenntnis des 20. Jahrhunderts. Dabei erlaubt erst die Einbindung der historischen Dimension einen ganzheitlichen Blick auf das Weltnaturerbe Wattenmeer in all seinen Facetten, das die Naturkräfte von Wind und Wasser nachhaltig prägen.

Literatur in Auswahl

Bahnsen, H. u. R. 2005: Spurensuche im Wattenmeer. Rungholt Museum Pellworm (Breklum 2005).

Bantelmann, A. 1966: Die Landschaftsentwicklung an der schleswig-holsteinischen Westküste dargestellt am Beispiel Nordfriesland. Eine Funktionschronik durch fünf Jahrtausende. Die Küste, Heft 2, 1966, 5–99.

Behre, K.-E. 1999: Die Veränderung der niedersächsischen Küstenlinien in den letzten 3000 Jahren und ihre Ursachen. Probleme der Küstenforschung im südlichen Nordseegebiet 26, 1999, 9–33.

Behre, K.-E. 2003: Eine neue Meeresspiegelkurve für die südliche Nordseeküste. Transgressionen und Regressionen in den letzten 10.000 Jahren. Probleme der Küstenforschung im südlichen Nordseegebiet 28, 2003, 9–63.

Borger, G. J. u. Bruines, S. 1994: Binnewaters gewelt. 450 jaar boezembeheer in Hollands Noorderkwartier. Uitgegeven ter gelegenheid van het jubileumjaar 1994 door het Hoogheemraadschap van Uitwaterende Sluizen in Hollands Noorderkwartier, in samenwerking met Stichting Uitgeverij Noord-Holland, Wormerveer (Edam 1994).

Brauer, R., Wilckerling, A. u. Mertens, C. 2009: Im Meer vergangen. Rungholt und die Insel Strand (Heide 2009).

Dannenberg, H.-E. u. Schulze, H.-E. (Hrsg.) 1995: Geschichte des Landes zwischen Elbe und Weser. Landschaftsverband ehemalige Herzogtümer Bremen und Verden. Bd. I, Vor- und Frühgeschichte; Bd. II Mittelalter; Bd. III Neuzeit (Stade 1995).

Ehlers, J. 1988: The Morphydynamics of the Wadden Sea (Rotterdam-Brookfield 1988).

Fansa, O. (Hrsg.) 2005: Kulturlandschaft Marsch. Natur – Geschichte – Gegenwart. Symposium Oldenburg. Schriftenreihe Landesmuseum Natur- und Mensch 33 (Oldenburg 2005).

Glaser, P.-H. 2001: Klimageschichte Mitteleuropas. 1000 Jahre Wetter, Klima, Katastrophen (Darmstadt 2001).

Henningsen, H.-H. 1998: Rungholt. Der Weg in die Katastrophe. Aufstieg, Blütezeit und Untergang eines bedeutenden mittelalterlichen Ortes in Nordfriesland. Bd. I: Die Entstehungsgeschichte Rungholts, seine Ortslage, heutige Kulturspuren im Wattenmeer und die Geschichte und Bedeutung der Hallig Südfall (Husum 1998).

Henningsen, H.-H. 2000: Rungholt. Der Weg in die Katastrophe. Aufstieg, Blütezeit und Untergang eines bedeutenden mittelalterlichen Ortes in Nordfriesland. Bd. II: Das Leben der Bewohner und ihre Einrichtungen, die Landschaft, der Aufstieg zu einem Handelsplatz, Rungholts Untergang, der heutige Zustand von Kulturspuren, der Mythos von Rungholt und ein Epilog: Die Geschichte im Zeitraffer (Husum 2000).

Karff, F. 1978: Nordstrand. Geschichte einer friesischen Insel (Leck 1978).

Knol, E., Bardet, A. C. u. Prummel, W. 2005: Professor van Giffen in het geheim van de Wierden. Museum Groningen (Groningen 2005).

Knottnerus, O. S. 2005: Fivelboezem: de erfenis van een verdwenen rivier. Archeologie in Groningen 2 (Bedum 2005).

Knottnerus, O. S. 2008: Natte voeten, vette klei. Oostelijk Fivelingo en het water. Archeologie in Groningen 3 (Bedum 2005).

Kramer, J. 1989: Kein Deich, Kein Land, Kein Leben. Geschichte des Küstenschutzes an der Nordsee (Leer 1989).

Kramer, J. u. Rhode, H. (Hrsg.) 1992: Historischer Küstenschutz. Deichbau, Inselschutz und Binnenentwässerung an
Nord- und Ostsee (Stuttgart 1992).

Kühn, H.-J. u. Panten, A, 1989: Der frühe Deichbau in
Nordfriesland. Archäologisch-historische Untersuchungen
(Bredstedt 1989).

*Landesamt für den Nationalpark Schleswig-Holsteinisches
Wattenmeer und Umweltbundesamt 1998:* Umweltatlas
Wattenmeer. Bd. 1, Nordfriesisches und Dithmarscher
Wattenmeer (Stuttgart 1998).

Meier, D. 2007: Die Nordseeküste. Geschichte einer Landschaft (Heide [2]2007).

Meier, D. 2010: Weltnaturerbe Wattenmeer. Kulturlandschaft ohne Grenzen (Heide 2010).

Meier, D. 2011: Schleswig-Holstein im frühen Mittelalter.
Landschaft – Archäologie – Geschichte (Heide 2011).

*Müller-Wille, M., Higelke, B., Hoffmann, D., Menke, B.,
Brande, A., Bokelmann, K., Saggau, H.-E. u. Kühn, H.-J.
1988:* Norderhever-Projekt 1. Landschaftsentwicklung und
Siedlungsgeschichte im Einzugsgebiet der Norderhever
(Nordfriesland). Offa-Bücher 66, Studien Küstenarchäolo-
gie Schleswig-Holsteins Ser. C. (Neumünster 1988).

Raabe, W. 2002: Auf Spurensuche im Wattenmeer. Ein
Luftbildatlas (Heide 2002).

Wilhelmsen, U. u. Stock, M. 2011: Wissen Wattenmeer
(Neumünster 2011).

Autor

Dr. habil. Dirk Meier studierte Vor- und Frühgeschichte, Geologie und Ethnologie an den Universitäten Köln und Kiel, Promotion 1987, Habilitation 1998; leitet seit 1988 zahlreiche Forschungen zur Geoarchäologie der schleswig-holsteinischen Nordseeküste, Projektleiter der EU-Projekte Landscape and Cultural of the Wadden Sea (LANCEWAD) und Pathways to European Landscapes (PCL). Zahlreiche Publikationen, darunter: *Die Nordseeküste. Geschichte einer Landschaft* (Heide [2]2007), *Land in Sicht. Die Entwicklung der Seefahrt an Nord- und Ostsee* (Heide 2009) und *Schleswig-Holstein im frühen Mittelalter* (Heide 2011). www.kuestenarchaeologie.de

![Buchcover: Dirk Meier – Die Nordseeküste. Geschichte einer Landschaft. BOYENS]

ISBN: 978-3-8042-1182-7

BOYENS
BUCHVERLAG

www.buecher-von-boyens.de